重庆市房屋建筑与装饰工程计价定额

CQJZZSDE—2018

第二册 装饰工程

批准部门：重庆市城乡建设委员会

主编部门：重庆市城乡建设委员会

主编单位：重庆市建设工程造价管理总站

参编单位：重庆港庆建筑装饰有限公司

重庆一凡工程造价咨询有限公司

重庆金汇工程造价咨询事务所有限公司

重庆华迅地产发展有限公司

施行日期：2018年8月1日

重庆大学出版社

图书在版编目(CIP)数据

重庆市房屋建筑与装饰工程计价定额.第二册,装饰工程/重庆市建设工程造价管理总站主编.——重庆:重庆大学出版社,2018.7(2022.1 重印)

ISBN 978-7-5689-1219-8

Ⅰ.①重… Ⅱ.①重… Ⅲ.①建筑工程—工程造价—重庆②建筑装饰—工程造价—重庆 Ⅳ.①TU723.3

中国版本图书馆 CIP 数据核字(2018)第 141097 号

重庆市房屋建筑与装饰工程计价定额

CQJZZSDE — 2018

第二册 装饰工程

重庆市建设工程造价管理总站 主编

责任编辑:王 婷 版式设计:王 婷

责任校对:邬小梅 责任印制:赵 晟

*

重庆大学出版社出版发行

出版人:饶帮华

社址:重庆市沙坪坝区大学城西路 21 号

邮编:401331

电话:(023) 88617190 88617185(中小学)

传真:(023) 88617186 88617166

网址:http://www.cqup.com.cn

邮箱:fxk@cqup.com.cn (营销中心)

全国新华书店经销

重庆市正前方彩色印刷有限公司印刷

*

开本:890mm×1240mm 1/16 印张:14.5 字数:461 千

2018 年 7 月第 1 版 2022 年 1 月第 3 次印刷

ISBN 978-7-5689-1219-8 定价:50.00 元

前 言

为合理确定和有效控制工程造价，提高工程投资效益，维护发承包人合法权益，促进建设市场健康发展，我们组织重庆市建设、设计、施工及造价咨询企业，编制了2018年《重庆市房屋建筑与装饰工程计价定额》CQJZZSDE—2018。

在执行过程中，请各单位注意积累资料，总结经验，如发现需要修改和补充之处，请将意见和有关资料提交至重庆市建设工程造价管理总站(地址：重庆市渝中区长江一路58号)，以便及时研究解决。

领导小组

组　　长：乔明佳

副 组 长：李　明

成　　员：夏太凤　张　琦　罗天菊　杨万洪　冉龙彬　刘　洁　黄　刚

综 合 组

组　　长：张　琦

副 组 长：杨万洪　冉龙彬　刘　洁　黄　刚

成　　员：刘绍均　邱成英　傅　煜　娄　进　王鹏程　吴红杰　任玉兰　黄　怀　李　莉

编 制 组

组　　长：刘绍均

编制人员：王荣川　陈远航　申小莉　杨文军　彭海于

材 料 组

组　　长：邱成英

编制人员：徐　进　吕　静　李现峰　刘　芳　刘　畅　唐　波　王　红

审查专家：潘绍荣　牟　洁　吴生久　王　东　吴学伟　蒋文泽　范陵江　刘国权　徐国芳　余　霞　杨荣华　邹　缨　张国兰　杨华钧

计算机辅助：成都鹏业软件股份有限公司　杨　浩　张福伦

重庆市城乡建设委员会

渝建〔2018〕200 号

重庆市城乡建设委员会
关于颁发 2018 年《重庆市房屋建筑与装饰工程计价定额》等定额的通知

县)城乡建委，两江新区、经开区、高新区、万盛经开区、双桥经开区建设局，有关

确定和有效控制工程造价，提高工程投资效益，规范建设市场计价行为，推动建设建康发展，结合我市实际，我委编制了 2018 年《重庆市房屋建筑与装饰工程计价定庆市仿古建筑工程计价定额》、《重庆市通用安装工程计价定额》、《重庆市市政工程计价定额》、《重庆市园林绿化工程计价定额》、《重庆市构筑物工程计价定额》、《重庆市城市轨道交通工程计价定额》、《重庆市爆破工程计价定额》、《重庆市房屋修缮工程计价定额》、《重庆市绿色建筑工程计价定额》和《重庆市建设工程施工机械台班定额》、《重庆市建设工程施工仪器仪表台班定额》、《重庆市建设工程混凝土及砂浆配合比表》(以上简称 2018 年计价定额)，现予以颁发，并将有关事宜通知如下：

一、2018 年计价定额于 2018 年 8 月 1 日起在新开工的建设工程中执行，在此之前已发出招标文件或已签订施工合同的工程仍按原招标文件或施工合同执行。

二、2018 年计价定额与 2018 年《重庆市建设工程费用定额》配套执行。

三、2008 年颁发的《重庆市建筑工程计价定额》、《重庆市装饰工程计价定额》、《重庆市安装工程计价定额》、《重庆市市政工程计价定额》、《重庆市仿古建筑及园林工程计价定额》、《重庆市房屋修缮工程计价定额》，2011 年颁发的《重庆市城市轨道交通工程计价定额》，2013 年颁发的《重庆市建筑安装工程节能定额》，以及有关配套定额、解释和规定，自 2018 年 8 月 1 日起停止使用。

四、2018 年计价定额由重庆市建设工程造价管理总站负责管理和解释。

重庆市城乡建设委员会

2018 年 5 月 2 日

目　录

A　楼地面装饰工程

B　装饰墙柱面工程

C　天棚工程

D 门窗工程

E 油漆、涂料、裱糊工程

F 其他装饰工程

G 垂直运输及超高降效

总　说　明

一、《重庆市房屋建筑与装饰工程计价定额 第二册 装饰工程》(以下简称"本定额")是根据《房屋建筑与装饰工程消耗量定额》(TY－31－2015)、《房屋建筑与装饰工程工程量计算规范》(GB 50854－2013)、《重庆市建设工程工程量计算规则》(CQJLGZ－2013)、《重庆市装饰工程计价定额》(CQZSDE－2008),以及现行有关设计规范、施工验收规范、质量评定标准、国家产品标准、安全操作规程等相关规定,并参考了行业、地方标准及代表性的设计、施工等资料,结合本市实际情况进行编制的。

二、本定额适用于本市行政区域内的新建、扩建、改建的房屋建筑及市政基础设施装饰工程。

三、本定额是本市行政区域内国有资金投资的建设工程编制和审核施工图预算、招标控制价(最高投标限价)、工程结算的依据,是编制投标报价的参考,也是编制概算定额和投资估算指标的基础。

非国有资金投资的建设工程可参照本定额规定执行。

四、本定额是按正常施工条件,大多数施工企业采用的施工方法、机械化程度和合理的劳动组织及工期进行编制的,反映了社会平均人工、材料、机械消耗水平。本定额中的人工、材料、机械消耗量除规定允许调整外,均不得调整。

五、本定额综合单价是指完成一个规定计量单位的分部分项工程项目或措施项目所需的人工费、材料费、施工机具使用费、企业管理费、利润及一般风险费。综合单价计算程序见下表:

定额综合单价计算程序表

序号	费用名称	计费基础
		定额人工费
	定额综合单价	1+2+3+4+5+6
1	定额人工费	
2	定额材料费	
3	定额施工机具使用费	
4	企业管理费	1×费率
5	利 润	1×费率
6	一般风险费	1×费率

(一)人工费:

本定额人工以工种综合工表示,内容包括基本用工、超运距用工、辅助用工、人工幅度差,定额人工按8小时工作制计算。

定额人工单价为:金属制安装综合工120元/工日,木工、油漆、抹灰、幕墙、装饰综合工125元/工日,镶贴综合工130元/工日。

(二)材料费:

1.本定额材料消耗量已包括材料、成品、半成品的净用量,以及从工地仓库、现场堆放地点或现场加工地点至操作或安装地点的运输损耗、施工操作损耗、施工现场堆放损耗。

2.本定额材料已包括施工中消耗的主要材料、辅助材料和零星材料,辅助材料和零星材料合并为其他材料费。

3.本定额已包括材料、成品、半成品从工地仓库、现场堆放地点或现场加工地点至操作或安装地点的水平运输。

4.本定额已包括工程施工的周转性材料30km以内,从甲工地(或基地)至乙工地的搬迁运输费和场内运输费。

(三)施工机具使用费:

1.本定额不包括机械原值(单位价值)在2000元以内、使用年限在一年以内、不构成固定资产的工具用具性小型机械费用，该“工具用具使用费”已包含在企业管理费用中，但其消耗的燃料动力已列入材料内。

2.本定额已包括工程施工的中小型机械的30km以内，从甲工地(或基地)至乙工地的搬迁运输费和场内运输费。

(四)企业管理费、利润：

本定额企业管理费、利润的费用标准是按《重庆市建设工程费用定额》规定的专业工程取定的，使用时不作调整。

(五)一般风险费：

本定额包含了《重庆市建设工程费用定额》所指的一般风险费，使用时不作调整。

六、人工、材料、机械燃料动力价格调整：

本定额人工、材料、成品、半成品和机械燃料动力价格，是以定额编制期市场价格确定的，建设项目实施阶段市场价格与定额价格不同时，可参照建设工程造价管理机构发布的工程所在地的信息价格或市场价格进行调整，价差不作为计取企业管理费、利润、一般风险费的计费基础。

七、本定额的抹灰砂浆配合比以及砂石品种，如设计与定额不同时，应根据设计和施工规范要求，按“混凝土及砂浆配合比表”进行换算。

八、本定额中所采用的水泥强度等级是根据市场生产与供应情况和施工操作规程考虑的，施工中实际采用水泥强度等级不同时不作调整。

九、本定额中木饰面胶合板适用于5mm以内的柚木板、榉木板等，胶合板适用于5mm以内三层板、五层板，木夹板适用于5mm以上的九厘板、十二厘板、十五厘板、十八厘板、刨花木屑板、水泥木丝板、细木工板等，装饰石材适用于天然石材和人造石材。

十、本定额执行中涉及绿色建筑项目的，按《重庆市绿色建筑工程计价定额》执行。

十一、本定额的缺项，按其他专业计价定额相关项目执行；再缺项时，由建设、施工、监理单位共同编制一次性补充定额。

十二、本定额的工作内容已说明了主要的施工工序，次要工序虽未说明，但均已包括在内。

十三、本定额中未注明单位的，均以“mm”为单位。

十四、本定额中注有“×××以内”或者“×××以下”者，均包括×××本身；“×××以外”或者“×××以上”者，则不包括×××本身。

十五、本定额总说明未尽事宜，详见各章说明。

A　楼地面装饰工程（0111）

说　　明

一、块料面层：

1.同一铺贴面上如有不同种类、材质的材料，分别按本章相应定额子目执行。

2.镶贴块料子目是按规格料考虑的，如需倒角、磨边者，按相应定额子目执行。

3.块料面层中单、多色已综合编制，颜色不同时，不作调整。

4.单个镶拼面积小于 $0.015m^2$ 的块料面层执行石材点缀定额，材料品种不同可换算。

5.块料面层斜拼、工字形、人字形等拼贴方式执行块料面层斜拼定额子目。

6.块料面层的水泥砂浆粘结厚度按 20mm 编制，实际厚度不同时可按实调整。

7.块料面层的勾缝按白水泥编制，实际勾缝材料不同时可按实调整。

8.块料面层现场拼花项目是按现场局部切割并分色镶贴成直线、折线图案综合编制的，现场局部切割并分色镶贴成弧形或不规则形状时，按相应项目人工乘以系数 1.2，块料消耗量损耗按实调整。

9.楼地面贴青石板按装饰石材相应定额子目执行。

10.玻璃地面的钢龙骨、玻璃龙骨设计用量与定额子目不同时，允许调整，其余不变。

二、地毯分色、对花、镶边时，人工乘以系数 1.10，地毯损耗按实调整，其余不变。

三、踢脚线：

1.成品踢脚线按 150mm 编制，设计高度与定额不同时，材料允许调整，其余不变。

2.木踢脚线不包括压线条，如设计要求时，按相应定额子目执行。

3.踢脚线为弧形时，人工乘以系数 1.15，其余不变。

4.楼梯段踢脚线按相应定额子目人工乘以系数 1.15，其余不变。

四、楼梯面层定额子目按直形楼梯编制，弧形楼梯楼地面面层按相应定额子目人工、机械乘以系数 1.20，块料用量按实调整。螺旋形楼梯楼面层按相应定额子目人工、机械乘以系数 1.30，块料用量按实调整。

五、零星装饰项目适用于楼梯侧面、楼梯踢脚线中的三角形块料、台阶的牵边、小便池、蹲台、池槽，以及单个面积在 $0.5m^2$ 以内的其他零星项目。

六、石材底面刷养护液包括侧面涂刷。

工程量计算规则

一、块料面层、橡塑面层及其他材料面层：

1.块料面层、橡塑面层及其他材料面层，按设计图示面积以“m^2”计算。门洞、空圈、暖气包槽、壁龛的开口部分并入相应的工程量内。

2.拼花部分按实铺面积以“m^2”计算，块料拼花面积按拼花图案最大外接矩形计算。

3.石材点缀按“个”计算，计算铺贴地面面积时，不扣除点缀所占面积。

二、踢脚线按设计图示长度以“延长米”计算。

三、楼梯面层按设计图示楼梯（包括踏步、休息平台及≤500mm 的楼梯井）水平投影面积以“m^2”计算。楼梯与楼地面相连时，算至梯口梁内侧边沿；无梯口梁者，算至最上一层踏步边沿加 300mm。

其中，单跑楼梯面层水平投影面积计算如下图所示：

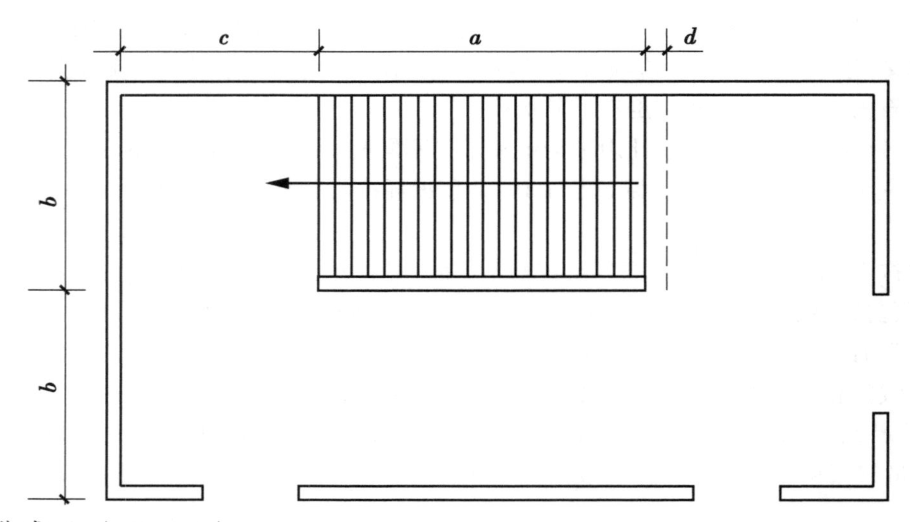

（1）计算公式：$(a+d)\times b+2bc$。

（2）当 $c>b$ 时，c 按 b 计算；当 $c\leqslant b$ 时，c 按设计尺寸计算。

（3）有锁口梁时，$d=$锁口梁宽度；无锁口梁时，$d=300$mm。

四、台阶面层按设计图示水平投影面积以“m^2”计算，包括最上层踏步边沿加 300mm。

五、零星项目按设计图示面积以“m^2”计算。

六、其他：

1.石材底面刷养护液工程量按设计图示底面积以“m^2”计算。

2.石材表面刷保护液、晶面护理按设计图示表面积以“m^2”计算。

A.1　块料面层(编码:011102)

A.1.1　石材楼地面(编码:011102001)

工作内容:清理基层、试排弹线、锯板修边、刷素水泥浆、铺贴饰面、清理净面。　　计量单位:10m²

定额编号					LA0001	LA0002
项目名称					石材楼地面	
					周长 3200mm 以内	周长 3200mm 以外
费用	综合单价(元)				**1683.22**	**1696.14**
	其中	人工费(元)			294.97	304.98
		材料费(元)			1302.65	1302.65
		施工机具使用费(元)			5.90	6.10
		企业管理费(元)			46.04	47.61
		利润(元)			28.35	29.31
		一般风险费(元)			5.31	5.49
	编码	名称	单位	单价(元)	消耗量	
人工	000300120	镶贴综合工	工日	130.00	2.269	2.346
材料	082100010	装饰石材	m²	120.00	10.300	10.300
	810201030	水泥砂浆 1:2(特)	m³	256.68	0.202	0.202
	810425010	素水泥浆	m³	479.39	0.010	0.010
	040100120	普通硅酸盐水泥 P.O 32.5	kg	0.30	19.890	19.890
	040100520	白色硅酸盐水泥	kg	0.75	1.030	1.030
	002000010	其他材料费	元	—	3.27	3.27
机械	002000045	其他机械费	元	—	5.90	6.10

A.1.2　拼花、碎石石材楼地面(编码:011102002)

工作内容:清理基层、试排弹线、锯板修边、刷素水泥浆、铺贴饰面、清理净面。

定额编号					LA0003	LA0004	LA0005	LA0006	LA0007
项目名称					石材楼地面				
					拼花		点缀	碎拼	斜拼
					水泥砂浆				水泥砂浆
					现场	成品			现场
单位					10m²		10 个	10m²	
费用	综合单价(元)				**2003.14**	**2243.67**	**1500.46**	**1256.88**	**1821.31**
	其中	人工费(元)			431.34	349.18	360.10	408.20	391.82
		材料费(元)			1446.63	1793.15	1035.86	730.22	1315.79
		施工机具使用费(元)			8.63	6.98	7.20	8.16	7.84
		企业管理费(元)			67.33	54.51	56.21	63.72	61.16
		利润(元)			41.45	33.56	34.61	39.23	37.65
		一般风险费(元)			7.76	6.29	6.48	7.35	7.05
	编码	名称	单位	单价(元)	消耗量				
人工	000300120	镶贴综合工	工日	130.00	3.318	2.686	2.770	3.140	3.014
材料	082100010	装饰石材	m²	120.00	11.500	—	—	—	10.800
	081700700	装饰石材弧形(成品)	m²	170.94	—	10.100	—	—	—
	080700620	装饰石材点缀	个	102.56	—	—	10.100	—	—
	081700800	碎装饰石材	m²	68.38	—	—	—	9.600	—
	810201030	水泥砂浆 1:2(特)	m³	256.68	0.202	0.202	—	0.202	0.020
	810425010	素水泥浆	m³	479.39	0.010	0.010	—	0.010	0.010
	040100120	普通硅酸盐水泥 P.O 32.5	kg	0.30	19.890	19.890	—	19.890	19.890
	040100520	白色硅酸盐水泥	kg	0.75	1.000	1.030	—	—	1.000
	850101010	白水泥砂浆 1:1.5	m³	174.76	—	—	—	0.050	—
	002000010	其他材料费	元	—	3.27	3.27	—	2.42	3.15
机械	002000045	其他机械费	元	—	8.63	6.98	7.20	8.16	7.84

A.1.3 地面砖地面(编码:011102003)

工作内容:清理基层、试排弹线、锯板修边、刷素水泥浆、铺贴饰面、清理净面。　　**计量单位:**10m²

定额编号					LA0008	LA0009	LA0010	LA0011	LA0012
项目名称					地面砖楼地面				
					周长(mm 以内)			周长(mm 以外)	斜拼
					1600	2400	3200		现场
费用	综合单价(元)				**735.09**	**739.75**	**755.09**	**772.50**	**813.51**
	其中	人工费(元)			260.00	262.34	271.70	283.92	306.80
		材料费(元)			399.63	401.28	404.55	406.19	417.68
		施工机具使用费(元)			5.20	5.25	5.43	5.68	6.14
		企业管理费(元)			40.59	40.95	42.41	44.32	47.89
		利润(元)			24.99	25.21	26.11	27.28	29.48
		一般风险费(元)			4.68	4.72	4.89	5.11	5.52
	编码	名称	单位	单价(元)	消耗量				
人工	000300120	镶贴综合工	工日	130.00	2.000	2.018	2.090	2.184	2.360
材料	070502000	地面砖	m²	32.48	10.250	10.300	10.400	10.450	10.800
	810201030	水泥砂浆 1:2(特)	m³	256.68	0.202	0.202	0.202	0.202	0.202
	810425010	素水泥浆	m³	479.39	0.010	0.010	0.010	0.010	0.010
	040100120	普通硅酸盐水泥 P.O 32.5	kg	0.30	19.890	19.890	19.890	19.890	19.890
	040100520	白色硅酸盐水泥	kg	0.75	1.030	1.030	1.030	1.030	1.030
	002000010	其他材料费	元	—	3.33	3.35	3.38	3.39	3.51
机械	002000045	其他机械费	元	—	5.20	5.25	5.43	5.68	6.14

A.1.4 玻璃地面(编码:011102004)

工作内容:1.清理基层、试排弹线、型材校正、调直、放样、下料、骨架安装。
2.安装玻璃、清理净面。　　**计量单位:**10m²

定额编号					LA0013	LA0014	LA0015	LA0016	LA0017	LA0018
项目名称					玻璃地面			架空玻璃地面		
					周长在(mm 以内)			钢龙骨		
					2000	2400	3600	玻璃周长在(mm 以内)		
								2000	2400	3600
费用	综合单价(元)				**911.41**	**886.61**	**883.12**	**1778.72**	**1705.01**	**1621.67**
	其中	人工费(元)			374.40	378.56	393.90	695.24	715.65	729.30
		材料费(元)			435.85	405.77	382.79	881.73	781.69	680.72
		施工机具使用费(元)			—	—	—	13.90	14.31	14.59
		企业管理费(元)			58.44	59.09	61.49	108.53	111.71	113.84
		利润(元)			35.98	36.38	37.85	66.81	68.77	70.09
		一般风险费(元)			6.74	6.81	7.09	12.51	12.88	13.13
	编码	名称	单位	单价(元)	消耗量					
人工	000300120	镶贴综合工	工日	130.00	2.880	2.912	3.030	5.348	5.505	5.610
材料	060100020	平板玻璃	m²	17.09	10.300	10.300	10.300	10.300	10.300	10.300
	144101320	玻璃胶 350 g/支	支	27.35	9.500	8.400	7.560	10.000	8.500	7.000
	010000010	型钢 综合	kg	3.09	—	—	—	112.040	95.240	78.428
	002000010	其他材料费	元	—	—	—	—	86.00	78.90	70.90
机械	002000045	其他机械费	元	—	—	—	—	13.90	14.31	14.59

工作内容:1.清理基层、试排弹线、型材校正、调直、放样、下料、骨架安装。
2.安装玻璃、清理净面。

计量单位:10m²

定额编号					LA0019	LA0020	LA0021
项目名称					架空玻璃地面		
					玻璃龙骨		
					玻璃周长在(mm 以内)		
					2000	2400	3600
费用	综合单价(元)				**3011.32**	**2676.17**	**2600.82**
	其中	人工费(元)			926.64	954.72	973.44
		材料费(元)			1834.30	1463.49	1364.36
		施工机具使用费(元)			—	—	—
		企业管理费(元)			144.65	149.03	151.95
		利润(元)			89.05	91.75	93.55
		一般风险费(元)			16.68	17.18	17.52
	编码	名称	单位	单价(元)	消耗量		
人工	000300120	镶贴综合工	工日	130.00	7.128	7.344	7.488
材料	060100020	平板玻璃	m²	17.09	10.300	10.300	10.300
	060500200	钢化玻璃 12	m²	89.74	14.160	10.470	9.660
	144101320	玻璃胶 350 g/支	支	27.35	13.000	11.440	10.400
	002000010	其他材料费	元	—	32.00	35.00	37.00

A.1.5 马赛克地面(编码:011102005)

工作内容:清理基层、试排弹线、锯板修边、刷素水泥浆、铺贴饰面、清理净面。

计量单位:10m²

定额编号					LA0022	LA0023
项目名称					马赛克地面	
					不拼花	拼花
费用	综合单价(元)				**1078.19**	**1389.22**
	其中	人工费(元)			387.92	473.20
		材料费(元)			577.70	778.70
		施工机具使用费(元)			7.76	9.46
		企业管理费(元)			60.55	73.87
		利润(元)			37.28	45.47
		一般风险费(元)			6.98	8.52
	编码	名称	单位	单价(元)	消耗量	
人工	000300120	镶贴综合工	工日	130.00	2.984	3.640
材料	070700100	马赛克	m²	50.00	10.200	13.690
	810201030	水泥砂浆 1:2(特)	m³	256.68	0.202	0.299
	040100520	白色硅酸盐水泥	kg	0.75	2.420	2.420
	040100120	普通硅酸盐水泥 P.O 32.5	kg	0.30	19.890	19.890
	810425010	素水泥浆	m³	479.39	0.010	0.010
	002000010	其他材料费	元	—	3.27	4.88
机械	002000045	其他机械费	元	—	7.76	9.46

A.1.6　水泥花砖、广场砖地面(编码:011102006)

工作内容:清理基层、试排弹线、锯板修边、铺贴饰面、清理净面。　　**计量单位:**10m²

定额编号					LA0024	LA0025	LA0026
项目名称					水泥花砖	广场砖(缝宽 13mm)	
					楼地面	拼图案	不拼图案
费用	综合单价(元)				**417.67**	**656.28**	**623.28**
	其中	人工费(元)			199.29	285.87	267.02
		材料费(元)			160.54	287.45	278.77
		施工机具使用费(元)			3.99	5.72	5.34
		企业管理费(元)			31.11	44.62	41.68
		利润(元)			19.15	27.47	25.66
		一般风险费(元)			3.59	5.15	4.81
	编码	名称	单位	单价(元)	消耗量		
人工	000300120	镶贴综合工	工日	130.00	1.533	2.199	2.054
材料	360500410	水泥花砖 200×200	m²	10.26	10.200	—	—
	360900100	广场砖 综合	m²	24.79	—	8.300	7.950
	810201030	水泥砂浆 1:2(特)	m³	256.68	0.202	0.303	0.303
	040100520	白色硅酸盐水泥	kg	0.75	1.030	2.000	2.000
	002000010	其他材料费	元	—	3.27	2.42	2.42
机械	002000045	其他机械费	元	—	3.99	5.72	5.34

A.2　橡塑面层(编码:011103)

A.2.1　塑料、橡胶板地面(编码:011103001)

工作内容:清理基层、刮腻子、涂刷粘结剂、贴面层、净面。　　**计量单位:**10m²

定额编号					LA0027	LA0028
项目名称					楼地面	
					橡胶、塑料板	橡胶、塑料卷材
费用	综合单价(元)				**511.84**	**393.59**
	其中	人工费(元)			181.00	147.00
		材料费(元)			281.94	206.86
		施工机具使用费(元)			—	—
		企业管理费(元)			28.25	22.95
		利润(元)			17.39	14.13
		一般风险费(元)			3.26	2.65
	编码	名称	单位	单价(元)	消耗量	
人工	000300050	木工综合工	工日	125.00	1.448	1.176
材料	071900020	塑料地板 综合 1.6×2000×20000	m²	21.37	10.200	—
	020901230	塑料卷材	m²	12.99	—	11.000
	144102700	胶粘剂	kg	12.82	4.500	4.500
	002000010	其他材料费	元	—	6.28	6.28

A.3 其他材料面层(编码:011104)

A.3.1 地毯楼地面(编码:011104001)

工作内容:清理基层、拼接、铺设、修边、净面、刷胶、钉压条。　　计量单位:10m²

定额编号					LA0029	LA0030
项目名称					地毯楼地面	
					固定	
					不带垫	带垫
费用	综合单价(元)				**743.95**	**856.85**
	其中	人工费(元)			125.00	148.75
		材料费(元)			585.18	667.91
		施工机具使用费(元)			—	—
		企业管理费(元)			19.51	23.22
		利润(元)			12.01	14.29
		一般风险费(元)			2.25	2.68
	编码	名称	单位	单价(元)	消耗量	
人工	000300050	木工综合工	工日	125.00	1.000	1.190
材料	072900020	地毯 国产 4m×5m	m²	51.28	10.700	10.700
	203300400	地毯胶垫	m²	7.52	—	11.000
	014901500	铝收口条(压条)	m	4.79	0.980	0.980
	144102700	胶粘剂	kg	12.82	0.729	0.730
	002000010	其他材料费	元	—	22.44	22.44

A.3.2 竹、木(复合)地板(编码:011104002)

工作内容:木龙骨制作安装、刷防腐油、刷胶、地板铺设、净面。　　计量单位:10m²

定额编号					LA0031	LA0032	LA0033
项目名称					楼地面		实木地板安装
					木龙骨	木龙骨及木夹板基层	成品
费用	综合单价(元)				**438.81**	**695.12**	**2164.55**
	其中	人工费(元)			131.88	219.50	173.75
		材料费(元)			268.66	411.93	1940.37
		施工机具使用费(元)			2.64	4.39	3.48
		企业管理费(元)			20.59	34.26	27.12
		利润(元)			12.67	21.09	16.70
		一般风险费(元)			2.37	3.95	3.13
	编码	名称	单位	单价(元)	消耗量		
人工	000300050	木工综合工	工日	125.00	1.055	1.756	1.390
材料	292500110	木夹板	m²	12.82	—	10.500	—
	071300020	实木地板 平口 610×92×18	m²	180.34	—	—	10.500
	050303800	木材 锯材	m³	1547.01	0.142	0.142	—
	032131310	预埋铁件	kg	4.06	5.001	5.001	—
	002000010	其他材料费	元	—	28.68	37.34	46.80
机械	002000045	其他机械费	元	—	2.64	4.39	3.48

工作内容：木龙骨制作安装、刷防腐油、刷胶、地板铺设、净面。 计量单位：$10m^2$

定额编号					LA0034	LA0035	LA0036	LA0037
项目名称					长条复合地板			竹地板
					铺在砼地面	铺在木龙骨上	铺在木夹板上	胶粘
费用	综合单价（元）				**1420.22**	**1683.93**	**1736.23**	**1878.18**
	其中	人工费（元）			148.38	176.75	282.50	302.63
		材料费（元）			1226.56	1453.23	1367.50	1493.78
		施工机具使用费（元）			5.19	6.19	9.89	—
		企业管理费（元）			23.16	27.59	44.10	47.24
		利润（元）			14.26	16.99	27.15	29.08
		一般风险费（元）			2.67	3.18	5.09	5.45
	编码	名称	单位	单价（元）	消耗量			
人工	000300050	木工综合工	工日	125.00	1.187	1.414	2.260	2.421
材料	072300020	复合木地板 808×131×12	m^2	111.11	10.500	10.500	10.500	—
	071700020	竹地板 930×90×15	m^2	132.48	—	—	—	10.500
	050303800	木材 锯材	m^3	1547.01	—	0.142	—	—
	292500110	木夹板	m^2	12.82	—	—	10.500	—
	144102700	胶粘剂	kg	12.82	1.100	—	1.500	7.000
	032131310	预埋铁件	kg	4.06	—	5.000	—	—
	002000010	其他材料费	元	—	45.80	46.60	47.00	13.00
机械	002000045	其他机械费	元	—	5.19	6.19	9.89	—

A.3.3 防静电活动地板（编码：011104003）

工作内容：清理基层、安装支架横梁、地板铺设、清扫净面。 计量单位：$10m^2$

定额编号					LA0038	LA0039	LA0040
项目名称					防静电活动地板安装		防静电地毯安装
					铝质	木质	
费用	综合单价（元）				**2270.09**	**1955.09**	**1085.38**
	其中	人工费（元）			287.50	287.50	146.25
		材料费（元）			1904.90	1589.90	899.62
		施工机具使用费（元）			—	—	—
		企业管理费（元）			44.88	44.88	22.83
		利润（元）			27.63	27.63	14.05
		一般风险费（元）			5.18	5.18	2.63
	编码	名称	单位	单价（元）	消耗量		
人工	000300050	木工综合工	工日	125.00	2.300	2.300	1.170
材料	072500110	铝质防静电地板 600×600×7	m^2	180.00	10.500	—	—
	072500030	木质防静电地板 600×600×30	m^2	150.00	—	10.500	—
	072900110	防静电地毯 国产 4m×5m	m^2	75.21	—	—	10.300
	203300400	地毯胶垫	m^2	7.52	—	—	11.000
	144102700	胶粘剂	kg	12.82	—	—	0.730
	014901500	铝收口条（压条）	m	4.79	—	—	0.980
	002000010	其他材料费	元	—	14.90	14.90	28.18

A.3.4 水泥基自流平砂浆地面(编码:011101004)

工作内容:清理基层、面层铺设。　　计量单位:$10m^2$

		定额编号			LA0041	LA0042
		项目名称			水泥基自流平砂浆地面	
					厚度 4mm	每增减 1mm
费用		综合单价(元)			**199.57**	**32.37**
	其中	人工费(元)			128.75	20.00
		材料费(元)			20.23	6.51
		施工机具使用费(元)			15.80	0.46
		企业管理费(元)			20.10	3.12
		利润(元)			12.37	1.92
		一般风险费(元)			2.32	0.36
	编码	名称	单位	单价(元)	消耗量	
人工	000300110	抹灰综合工	工日	125.00	1.030	0.160
材料	850401120	水流基自流平砂浆	m^3	300.00	0.041	0.010
	143503500	界面剂	kg	2.14	2.040	—
	341100100	水	m^3	4.42	0.014	0.003
	002000010	其他材料费	元	—	3.50	3.50
机械	990611010	干混砂浆罐式搅拌机 20000L	台班	232.40	0.068	0.002

A.3.5 地坪漆地面(编码:011101005)

工作内容:清理基层、满刮腻子、打磨、刷防护涂料、刷油漆、磨退等。　　计量单位:$10m^2$

		定额编号			LA0043
		项目名称			环氧地坪漆 (底、中、面层)
费用		综合单价(元)			**252.97**
	其中	人工费(元)			146.13
		材料费(元)			67.36
		施工机具使用费(元)			—
		企业管理费(元)			22.81
		利润(元)			14.04
		一般风险费(元)			2.63
	编码	名称	单位	单价(元)	消耗量
人工	000300140	油漆综合工	工日	125.00	1.169
材料	130101120	地坪漆色漆	kg	28.21	1.200
	130101110	地坪漆清漆	kg	29.06	0.470
	040100017	水泥 42.5	kg	0.32	6.000
	144107400	建筑胶	kg	1.97	2.580
	143301300	二甲苯	kg	3.42	0.160
	002000010	其他材料费	元	—	12.30

A.4 踢脚线(编码:011105)

A.4.1 石材踢脚线(编码:011105001)

工作内容:清理基层、试排弹线、锯板修边、刷素水泥浆、铺贴饰面、清理净面。 **计量单位:**10m

		定额编号			LA0044	LA0045	LA0046	LA0047
		项目名称			石材直线形踢脚线		石材成品踢脚板	
					水泥砂浆	粘结剂	水泥砂浆	粘结剂
费用		**综合单价(元)**			**289.77**	**339.77**	**282.61**	**276.95**
	其中	人工费(元)			75.53	66.30	55.51	53.17
		材料费(元)			192.32	254.23	210.99	208.35
		施工机具使用费(元)			1.51	1.33	1.11	1.06
		企业管理费(元)			11.79	10.35	8.67	8.30
		利润(元)			7.26	6.37	5.33	5.11
		一般风险费(元)			1.36	1.19	1.00	0.96
	编码	名称	单位	单价(元)	消耗量			
人工	000300120	镶贴综合工	工日	130.00	0.581	0.510	0.427	0.409
材料	082100010	装饰石材	m^2	120.00	1.550	1.550	—	—
	081700400	装饰石材直线形踢脚板(成品) 150mm高	m	20.00	—	—	10.100	10.100
	810201030	水泥砂浆 1:2 (特)	m^3	256.68	0.020	—	—	—
	810201010	水泥砂浆 1:1(特)	m^3	334.13	—	—	0.025	—
	810425010	素水泥浆	m^3	479.39	0.001	—	0.001	—
	040100520	白色硅酸盐水泥	kg	0.75	0.210	0.210	0.124	0.124
	144105200	石材胶	kg	34.19	—	1.750	—	—
	144102700	胶粘剂	kg	12.82	—	0.600	—	0.482
	002000010	其他材料费	元	—	0.55	0.55	0.06	0.08
机械	002000045	其他机械费	元	—	1.51	1.33	1.11	1.06

A.4.2 地砖踢脚线(编码:011105002)

工作内容:清理基层、试排弹线、锯板修边、刷素水泥浆、铺贴饰面、清理净面。 **计量单位:**10m

		定额编号			LA0048	LA0049
		项目名称			地砖踢脚制作安装	地砖成品踢脚线安装
费用		**综合单价(元)**			**144.05**	**172.43**
	其中	人工费(元)			67.86	52.00
		材料费(元)			56.50	106.37
		施工机具使用费(元)			1.36	—
		企业管理费(元)			10.59	8.12
		利润(元)			6.52	5.00
		一般风险费(元)			1.22	0.94
	编码	名称	单位	单价(元)	消耗量	
人工	000300120	镶贴综合工	工日	130.00	0.522	0.400
材料	070502000	地面砖	m^2	32.48	1.560	—
	070502010	地面砖踢脚线(成品)	m	10.00	—	10.100
	810201040	水泥砂浆 1:2.5 (特)	m^3	232.40	0.020	0.020
	810425010	素水泥浆	m^3	479.39	0.001	0.001
	040100520	白色硅酸盐水泥	kg	0.75	0.210	0.210
	002000010	其他材料费	元	—	0.55	0.09
机械	002000045	其他机械费	元	—	1.36	—

A.4.3 塑料板踢脚线(编码:011105003)

工作内容:制作及预埋木砖、安装踢脚线板。 **计量单位:**10m

定额编号					LA0050	LA0051
项目名称					塑料板踢脚线	
					装配式	粘贴
费用	综合单价(元)				**191.60**	**159.57**
	其中	人工费(元)			44.63	48.63
		材料费(元)			134.91	97.80
		施工机具使用费(元)			—	—
		企业管理费(元)			6.97	7.59
		利润(元)			4.29	4.67
		一般风险费(元)			0.80	0.88
	编码	名称	单位	单价(元)	消耗量	
人工	000300050	木工综合工	工日	125.00	0.357	0.389
材料	120900510	塑料踢脚板	m	8.55	10.200	10.200
	050303800	木材 锯材	m^3	1547.01	0.023	—
	032131310	预埋铁件	kg	4.06	2.370	—
	144102700	胶粘剂	kg	12.82	—	0.745
	002000010	其他材料费	元	—	2.50	1.04

A.4.4 木质踢脚线(编码:011105004)

工作内容:清理基层、预埋木块、刷防腐油、木龙骨制作安装、木夹板及踢脚线安装、净面等。 **计量单位:**10m

定额编号					LA0052	LA0053
项目名称					成品木踢脚板	
					钉在木龙骨上	安在木龙骨、木夹板上
费用	综合单价(元)				**133.29**	**268.50**
	其中	人工费(元)			31.50	48.13
		材料费(元)			92.95	206.89
		施工机具使用费(元)			0.32	0.48
		企业管理费(元)			4.92	7.51
		利润(元)			3.03	4.62
		一般风险费(元)			0.57	0.87
	编码	名称	单位	单价(元)	消耗量	
人工	000300050	木工综合工	工日	125.00	0.252	0.385
材料	292500110	木夹板	m^2	12.82	—	1.580
	120101610	木踢脚板	m	8.55	10.500	10.500
	050303800	木材 锯材	m^3	1547.01	0.001	0.031
	144102700	胶粘剂	kg	12.82	—	0.580
	002000010	其他材料费	元	—	1.63	41.47
机械	002000045	其他机械费	元	—	0.32	0.48

A.4.5 金属踢脚线(编码:01105005)

工作内容:清理基层、踢脚线安装。 计量单位:10m

定额编号					LA0054
项目名称					金属板踢脚线
费用	综合单价(元)				195.21
	其中	人工费(元)			48.75
		材料费(元)			133.29
		施工机具使用费(元)			—
		企业管理费(元)			7.61
		利润(元)			4.68
		一般风险费(元)			0.88
	编码	名称	单位	单价(元)	消耗量
人工	000300050	木工综合工	工日	125.00	0.390
材料	120300900	金属踢脚线 综合	m	10.26	10.200
	144102700	胶粘剂	kg	12.82	2.000
	002000010	其他材料费	元	—	3.00

A.4.6 防静电踢脚线(编码:011105006)

工作内容:清理基层、踢脚线安装。 计量单位:10m

定额编号					LA0055
项目名称					防静电板踢脚线
费用	综合单价(元)				338.40
	其中	人工费(元)			48.25
		材料费(元)			277.11
		施工机具使用费(元)			—
		企业管理费(元)			7.53
		利润(元)			4.64
		一般风险费(元)			0.87
	编码	名称	单位	单价(元)	消耗量
人工	000300050	木工综合工	工日	125.00	0.386
材料	120900010	防静电踢脚线	m	24.36	10.200
	144102700	胶粘剂	kg	12.82	2.000
	002000010	其他材料费	元	—	3.00

A.4.7 地坪漆踢脚线(编码:011105007)

工作内容:清理基层、满刮腻子、打磨、刷防护涂料、刷油漆、磨退等。 计量单位:10m

定额编号					LA0056
项目名称					踢脚线地坪漆饰面
费用	综合单价(元)				**41.63**
	其中	人工费(元)			26.50
		材料费(元)			7.96
		施工机具使用费(元)			—
		企业管理费(元)			4.14
		利润(元)			2.55
		一般风险费(元)			0.48
	编码	名称	单位	单价(元)	消耗量
人工	000300140	油漆综合工	工日	125.00	0.212
材料	130101120	地坪漆色漆	kg	28.21	0.070
	130101110	地坪漆清漆	kg	29.06	0.170
	040100017	水泥 42.5	kg	0.32	0.840
	144107400	建筑胶	kg	1.97	0.360
	143301300	二甲苯	kg	3.42	0.020

A.5 楼梯面层(编码:011106)

A.5.1 石材面层楼梯面层(编码:011106001)

工作内容:清理基层、试排弹线、锯板修边、刷素水泥浆、铺贴饰面、清理净面。 计量单位:10m²

定额编号					LA0057	LA0058
项目名称					楼梯石材面层	石材楼梯石材面层
					水泥砂浆	粘结剂
费用	综合单价(元)				**2488.07**	**2613.74**
	其中	人工费(元)			517.40	480.22
		材料费(元)			1812.76	1986.96
		施工机具使用费(元)			18.11	16.81
		企业管理费(元)			80.77	74.96
		利润(元)			49.72	46.15
		一般风险费(元)			9.31	8.64
	编码	名称	单位	单价(元)	消耗量	
人工	000300120	镶贴综合工	工日	130.00	3.980	3.694
材料	810201040	水泥砂浆 1:2.5(特)	m³	232.40	0.276	—
	810425010	素水泥浆	m³	479.39	0.014	—
	040100520	白色硅酸盐水泥	kg	0.75	1.410	1.410
	082100010	装饰石材	m²	120.00	14.470	14.470
	144105200	石材胶	kg	34.19	—	5.120
	144102700	胶粘剂	kg	12.82	—	5.460
	002000010	其他材料费	元	—	4.45	4.45
机械	002000045	其他机械费	元	—	18.11	16.81

A.5.2　地面砖楼梯面层(编码:011106002)

工作内容:清理基层、试排弹线、锯板修边、刷素水泥浆、铺贴饰面、清理净面。　　**计量单位:**$10m^2$

		定额编号			LA0059
		项目名称			楼梯地面砖面层
费用	综合单价(元)				**1161.76**
	其中	人工费(元)			471.51
		材料费(元)			546.35
		施工机具使用费(元)			16.50
		企业管理费(元)			73.60
		利润(元)			45.31
		一般风险费(元)			8.49
	编码	名称	单位	单价(元)	消耗量
人工	000300120	镶贴综合工	工日	130.00	3.627
材料	810201040	水泥砂浆 1:2.5(特)	m^3	232.40	0.276
	810425010	素水泥浆	m^3	479.39	0.014
	040100520	白色硅酸盐水泥	kg	0.75	1.410
	070502000	地面砖	m^2	32.48	14.470
	002000010	其他材料费	元	—	4.45
机械	002000045	其他机械费	元	—	16.50

A.5.3　地毯楼梯面层(编码:011106003)

工作内容:清理基层、拼接、铺设、修边、净面、刷胶、钉压条。

		定额编号			LA0060	LA0061	LA0062	LA0063
		项目名称			楼梯地毯面层		楼梯地毯配件	
							金属	
					不带垫	带垫	压棍	压板
		单位			$10m^2$	$10m^2$	套	10m
费用	综合单价(元)				**1106.83**	**1265.48**	**39.71**	**900.96**
	其中	人工费(元)			252.50	288.50	13.88	69.25
		材料费(元)			786.09	899.04	22.08	813.00
		施工机具使用费(元)			—	—	—	—
		企业管理费(元)			39.42	45.03	2.17	10.81
		利润(元)			24.27	27.72	1.33	6.65
		一般风险费(元)			4.55	5.19	0.25	1.25
	编码	名称	单位	单价(元)	消耗量			
人工	000300050	木工综合工	工日	125.00	2.020	2.308	0.111	0.554
材料	072900020	地毯 国产 4m×5m	m^2	51.28	14.610	14.610	—	—
	203300400	地毯胶垫	m^2	7.52	—	15.020	—	—
	120302030	金属压棍	m	12.82	—	—	1.530	—
	014901500	铝收口条(压条)	m	4.79	2.040	2.040	—	—
	370909210	金属压板	m	76.07	—	—	—	10.600
	002000010	其他材料费	元	—	27.12	27.12	2.47	6.66

A.5.4 木板楼梯面层(编码:011106004)

工作内容:刷防腐油、刷胶、地板铺设、净面。 计量单位:10m²

定额编号					LA0064
项目名称					楼梯木地板面层
					成品
费用	综合单价(元)				3208.44
	其中	人工费(元)			354.00
		材料费(元)			2746.40
		施工机具使用费(元)			12.39
		企业管理费(元)			55.26
		利润(元)			34.02
		一般风险费(元)			6.37
	编码	名称	单位	单价(元)	消耗量
人工	000300050	木工综合工	工日	125.00	2.832
材料	071500510	实木地板 企口 610×92×18	m²	180.34	14.330
	144102700	胶粘剂	kg	12.82	9.550
	002000010	其他材料费	元	—	39.70
机械	002000045	其他机械费	元	—	12.39

A.5.5 橡胶、塑料楼梯面层(编码:011106005)

工作内容:清理基层、刮腻子、涂刷粘结剂、贴面层、清理净面。 计量单位:10m²

定额编号					LA0065
项目名称					楼梯橡胶、塑料面层
费用	综合单价(元)				735.44
	其中	人工费(元)			265.00
		材料费(元)			398.83
		施工机具使用费(元)			—
		企业管理费(元)			41.37
		利润(元)			25.47
		一般风险费(元)			4.77
	编码	名称	单位	单价(元)	消耗量
人工	000300050	木工综合工	工日	125.00	2.120
材料	071900020	塑料地板 综合 1.6×2000×20000	m²	21.37	14.470
	144102700	胶粘剂	kg	12.82	6.500
	002000010	其他材料费	元	—	6.28

A.6 台阶装饰(编码:011107)

A.6.1 石材台阶面层(编码:011107001)

工作内容:清理基层、试排弹线、锯板修边、刷素水泥浆、铺贴饰面、清理净面。　　　　**计量单位**:$10m^2$

定额编号					LA0066	LA0067	LA0068
项目名称					台阶石材面层		弧形台阶石材面层
					水泥砂浆	粘结剂	水泥砂浆
费用	综合单价(元)				**2569.94**	**2619.04**	**3561.80**
	其中	人工费(元)			467.87	409.76	610.87
		材料费(元)			1959.28	2084.22	2764.49
		施工机具使用费(元)			16.38	14.34	21.38
		企业管理费(元)			73.03	63.96	95.36
		利润(元)			44.96	39.38	58.70
		一般风险费(元)			8.42	7.38	11.00
	编码	名称	单位	单价(元)	消耗量		
人工	000300120	镶贴综合工	工日	130.00	3.599	3.152	4.699
材料	082100010	装饰石材	m^2	120.00	15.690	15.690	21.966
	810201040	水泥砂浆 1:2.5(特)	m^3	232.40	0.229	—	0.419
	810425010	素水泥浆	m^3	479.39	0.015	—	0.021
	040100520	白色硅酸盐水泥	kg	0.75	1.550	1.550	2.170
	144105200	石材胶	kg	34.19	—	5.550	—
	002000010	其他材料费	元	—	14.91	10.50	19.50
机械	002000045	其他机械费	元	—	16.38	14.34	21.38

A.6.2 地面砖台阶面层(编码:011107002)

工作内容:清理基层、试排弹线、板修边、刷素水泥浆、铺贴饰面、清理净面。　　　　**计量单位**:$10m^2$

定额编号					LA0069	LA0070
项目名称					台阶地面砖面层	台阶水泥花砖面层
费用	综合单价(元)				**1157.38**	**763.99**
	其中	人工费(元)			432.90	398.58
		材料费(元)			592.36	243.77
		施工机具使用费(元)			15.15	13.95
		企业管理费(元)			67.58	62.22
		利润(元)			41.60	38.30
		一般风险费(元)			7.79	7.17
	编码	名称	单位	单价(元)	消耗量	
人工	000300120	镶贴综合工	工日	130.00	3.330	3.066
材料	360500410	水泥花砖 200×200	m^2	10.26	—	15.690
	070502000	地面砖	m^2	32.48	15.690	—
	810201040	水泥砂浆 1:2.5(特)	m^3	232.40	0.299	—
	810425010	素水泥浆	m^3	479.39	0.015	—
	810201030	水泥砂浆 1:2(特)	m^3	256.68	—	0.299
	040100520	白色硅酸盐水泥	kg	0.75	1.550	1.550
	002000010	其他材料费	元	—	4.91	4.88
机械	002000045	其他机械费	元	—	15.15	13.95

A.7 零星装饰项目(编码:011108)

A.7.1 石材零星装饰(编码:011108001)

工作内容:清理基层、试排弹线、锯板修边、刷素水泥浆、铺贴饰面、清理净面。 计量单位:10m²

定额编号					LA0071	LA0072	LA0073	LA0074
项目名称					石材零星项目			石材波打线
					水泥砂浆	粘结剂	碎拼	嵌边
费用	综合单价(元)				**2088.76**	**2017.28**	**1680.87**	**1830.12**
	其中	人工费(元)			586.17	531.70	688.74	406.38
		材料费(元)			1329.56	1328.62	788.81	1303.78
		施工机具使用费(元)			14.65	13.29	17.22	10.16
		企业管理费(元)			91.50	83.00	107.51	63.44
		利润(元)			56.33	51.10	66.19	39.05
		一般风险费(元)			10.55	9.57	12.40	7.31
	编码	名称	单位	单价(元)	消耗量			
人工	000300120	镶贴综合工	工日	130.00	4.509	4.090	5.298	3.126
材料	082100010	装饰石材	m²	120.00	10.600	10.600	—	10.400
	081700800	碎装饰石材	m²	68.38	—	—	10.600	—
	810201040	水泥砂浆 1:2.5(特)	m³	232.40	0.202	—	0.232	0.202
	810425010	素水泥浆	m³	479.39	0.011	—	0.013	0.010
	040100520	白色硅酸盐水泥	kg	0.75	1.130	1.130	1.300	1.030
	144102700	胶粘剂	kg	12.82	—	4.000	—	—
	002000010	其他材料费	元	—	4.49	4.49	2.86	3.27
机械	002000045	其他机械费	元	—	14.65	13.29	17.22	10.16

A.7.2 地面砖零星装饰(编码:011108002)

工作内容:清理基层、试排弹线、锯板修边、刷素水泥浆、铺贴饰面、清理净面。 计量单位:10m²

定额编号					LA0075	LA0076
项目名称					地面砖零星项目	地砖波打线
					水泥砂浆	嵌边
费用	综合单价(元)				**1087.92**	**978.60**
	其中	人工费(元)			529.36	419.25
		材料费(元)			402.30	441.88
		施工机具使用费(元)			13.23	4.19
		企业管理费(元)			82.63	65.44
		利润(元)			50.87	40.29
		一般风险费(元)			9.53	7.55
	编码	名称	单位	单价(元)	消耗量	
人工	000300120	镶贴综合工	工日	130.00	4.072	3.225
材料	070502000	地面砖	m²	32.48	10.600	10.400
	810201040	水泥砂浆 1:2.5(特)	m³	232.40	0.202	0.202
	810425010	素水泥浆	m³	479.39	0.011	0.110
	040100520	白色硅酸盐水泥	kg	0.75	1.130	1.130
	002000010	其他材料费	元	—	4.95	3.56
机械	002000045	其他机械费	元	—	13.23	4.19

A.8 分格嵌条、防滑条(编码:011109)

A.8.1 金属嵌条、防滑条(编码:011109001)

工作内容:清理基层、试排弹线、锯板修边、刷素水泥浆、铺贴饰面、清理净面。　　**计量单位:**10m

定额编号					LA0077	LA0078	LA0079
项目名称					楼地面嵌金属分隔条	楼梯、台阶踏步防滑条	
					整体面层金属嵌条	金属嵌条	金属板(直角)
费用	综合单价(元)				**208.50**	**244.32**	**1351.35**
	其中	人工费(元)			27.50	56.00	74.00
		材料费(元)			173.57	173.19	1257.36
		施工机具使用费(元)			—	—	—
		企业管理费(元)			4.29	8.74	11.55
		利润(元)			2.64	5.38	7.11
		一般风险费(元)			0.50	1.01	1.33
	编码	名称	单位	单价(元)	消耗量		
人工	000300020	装饰综合工	工日	125.00	0.220	0.448	0.592
材料	013900400	铜条	m	16.22	10.600	10.600	—
	013500610	青铜板(直角)5×50	m	118.50	—	—	10.600
	002000010	其他材料费	元	—	1.64	1.26	1.26

A.9 石材护理(编码:011110)

A.9.1 石材护理(编码:011110001)

工作内容:石材底面刷养护液、石材表面刷保护液、石材表面磨光。　　**计量单位:**$10m^2$

定额编号					LA0080	LA0081	LA0082	LA0083
项目名称					石材底面刷养护液		石材表面刷保护液	晶面护理
					光面石材			
					花岗岩	大理石		
费用	综合单价(元)				**91.36**	**92.94**	**60.57**	**311.83**
	其中	人工费(元)			68.75	68.75	45.88	229.00
		材料费(元)			4.03	5.61	2.29	7.21
		施工机具使用费(元)			—	—	—	13.74
		企业管理费(元)			10.73	10.73	7.16	35.75
		利润(元)			6.61	6.61	4.41	22.01
		一般风险费(元)			1.24	1.24	0.83	4.12
	编码	名称	单位	单价(元)	消耗量			
人工	000300020	装饰综合工	工日	125.00	0.550	0.550	0.367	1.832
材料	143505700	石材养护液	kg	8.33	0.484	0.673	0.275	0.505
	002000010	其他材料费	元	—	—	—	—	3.00
机械	002000045	其他机械费	元	—	—	—	—	13.74

B　装饰墙柱面工程
(0112)

说　明

一、装饰抹灰：

1.本章中的砂浆种类、配合比，如设计或经批准的施工组织设计与定额规定不同时，允许调整，人工、机械不变。

2.本章中的抹灰厚度如设计与定额规定不同时，允许调整。

3.本章中的抹灰子目中已包括按图集要求的刷素水泥浆和建筑胶浆，不含界面剂处理，如设计要求时，按相应子目执行。

4.抹灰中“零星项目”适用于：各种天沟、扶手、花台、梯帮侧面，以及凸出墙面宽度在500mm以内的挑板、展开宽度在500mm以上的线条及单个面积在$0.5m^2$以内的抹灰。

5.弧形、锯齿形等不规则墙面抹灰按相应定额子目人工乘以系数1.15，材料乘以系数1.05。

6.如设计要求混凝土面需凿毛时，其费用另行计算。

7.墙面面砖专用勾缝剂勾缝块料面层规格是按周长1600mm考虑的，当面砖周长小于1600mm时，按定额执行；当面砖周长大于1600mm时，按定额项目乘以系数0.75执行。

8.墙面面砖勾缝宽度与定额规定不同时，勾缝剂耗量按缝宽比例进行调整，人工不变。

9.柱面采用专用勾缝剂套用墙面勾缝相应定额子目，人工乘以系数1.15，材料乘以系数1.05。

二、块料面层：

1.镶贴块料子目中，面砖分别按缝宽5mm和密缝考虑，如灰缝宽度不同，其块料及灰缝材料（水泥砂浆1∶1）用量允许调整，其余不变。调整公式如下（面砖损耗及砂浆损耗率详见损耗率表）：

$10m^2$ 块料用量＝$10m^2$×（1＋损耗率）÷［（块料长＋灰缝宽）×（块料宽＋灰缝宽）］。

$10m^2$ 灰缝砂浆用量＝（$10m^2$－块料长×块料宽×$10m^2$ 相应灰缝的块料用量）×灰缝深×（1＋损耗率）。

2.本章块料面层定额子目只包含结合层砂浆，未包含基层抹灰面砂浆。

3.块面面层结合层使用白水泥砂浆时，套用相应定额子目，结合层水泥砂浆中的普通水泥换成白水泥，消耗量不变。

4.镶贴块料及墙柱面装饰“零星项目”适用于：各种壁柜、碗柜、池槽、阳台栏板（栏杆）、雨篷线、天沟、扶手、花台、梯帮侧面、遮阳板、飘窗板、空调隔板、压顶、门窗套、扶手、窗台线以及凸出墙面宽度在500mm以内的挑板、展开宽度在500mm以上的线条及单个面积在$0.5m^2$以内的项目。

5.镶贴块料面层均不包括切斜角、磨边，如设计要求切斜角、磨边时，按“其他工程”章节相应定额子目执行。弧形石材磨边人工乘以系数1.3；直形墙面贴弧形图案时，其弧形部分块料损耗按实调整，弧形部分每100m增加人工6工日。

6.弧形墙柱面贴块料及饰面时，按相应定额子目人工乘以系数1.15，材料乘以系数1.05，其余不变。

7.弧形墙柱面干挂石材或面砖钢骨架基层时，按相应定额子目人工乘以系数1.15，材料乘以系数1.05，其余不变。

8.墙柱面贴块料高度在300mm以内者，按踢脚板定额子目执行。

9.干挂定额子目仅适用于室内装饰工程。

三、其他饰面：

1.本章定额子目中龙骨（骨架）材料消耗量，如设计用量与定额取定用量不同时，材料消耗量应予调整，其余不变。

2.墙面木龙骨基层是按双向编制的，如设计为单向时，人工乘以系数0.55。

3.隔墙（间壁）、隔断（护壁）面层定额子目均未包括压条、收边、装饰线（板），如设计要求时，按相应定额子目执行。

4.墙柱面饰面板拼色、拼花按相应定额子目人工乘以系数1.5，材料耗量允许调整，机械不变。

5.木龙骨、木基层均未包括刷防火涂料，如设计要求时，按相应定额子目执行。

6.墙柱面饰面高度在300mm以内者，按踢脚板定额执行。

7.外墙门窗洞口侧面及顶面(底面)的饰面面层工程量并入相应墙面。

8.装饰钢构架适用于屋顶平面或立面起装饰作用的钢构架。

9.零星钢构件适用于台盆、浴缸、空调支架及质量在50kg内的单个钢构件。

10.铁件、金属构件除锈是按手工除锈编制的，若采用机械(喷砂或抛丸)除锈时，执行金属构件章节中相应定额子目。

11.铁件、金属构件已包含刷防锈漆一遍，若设计需要刷第二遍或多遍防锈漆时，按相应定额子目执行。

12.铝塑板、铝单板定额子目仅适用于室内装饰工程。

四、幕墙、隔断：

1.铝合金明框玻璃幕墙是按120系列、隐框和半隐框玻璃幕墙是按130系列、铝塑板(铝板)幕墙是按110系列编制的。幕墙定额子目在设计与定额材料消耗量不同时，材料允许调整，其余不变。

2.玻璃幕墙设计有开窗者，并入幕墙面积计算，窗型材、窗五金用量相应增加，其余不变。

3.点支式支撑全玻璃幕墙定额子目不包括承载受力结构。

4.每套不锈钢玻璃爪包括驳接头、驳接爪、钢底座。定额不分爪数，设计不同时可以换算，其余不变。

5.玻璃幕墙中的玻璃是按成品玻璃编制的；幕墙中的避雷装置已综合，幕墙的封边、封顶按本章相应定额项目执行，封边、封顶材料与定额不同时，材料允许调整，其余不变。

6.斜面幕墙指倾斜度超过5%的幕墙，斜面幕墙按相应幕墙定额子目人工、机械乘以系数1.05执行，其他不变；曲面、弧形幕墙按相应幕墙定额子目人工、机械乘以系数1.2执行，其余不变。

7.干挂石材幕墙和金属板幕墙定额子目适用于按照《金属与石材幕墙技术规范》(JGJ 133－2013)、《建筑装饰装修工程质量验收规范》(JB 50210－2001)进行设计、施工、质量检测和验收的室外围护结构或室外墙、柱、梁装饰干挂石材面和金属板面。室内干挂石材如采用《金属与石材幕墙技术规范》(JGJ 133－2013)，执行石材幕墙定额。

8.定额钢材消耗量不含钢材镀锌层增加质量。铝合金型材消耗量为铝合金型材理论净重，不含包装增加质量。

工程量计算规则

一、装饰抹灰：

1.内墙面、墙裙抹灰工程量均按设计结构面积（有保温、隔热、防潮层者按其外表面尺寸）以“m^2”计算。应扣除门窗洞口和单个面积大于 $0.3m^2$ 的空圈所占的面积，不扣除踢脚板、挂镜线及单个面积在 $0.3m^2$ 以内的孔洞和墙与构件交接处的面积，但门窗洞口、空圈、孔洞的侧壁和顶面（底面）面积亦不增加。附墙柱（含附墙烟囱）的侧面抹灰应并入墙面、墙裙抹灰工程量内计算。

2.内墙面、墙裙的抹灰长度以墙与墙间的图示净长计算。其高度按下列规定计算：

（1）无墙裙的，其高度按室内地面或楼面至天棚底面之间距离计算。

（2）有墙裙的，其高度按墙裙顶至天棚底面之间距离计算。

（3）有吊顶天棚的内墙抹灰，其高度按室内地面或楼面至天棚底面另加 100mm 计算（有设计要求的除外）。

3.外墙抹灰工程量按设计结构面积（有保温、隔热、防潮层者按其外表面尺寸）以“m^2”计算。应扣除门窗洞口、外墙裙（墙面与墙裙抹灰种类相同者应合并计算）和单个面积大于 $0.3m^2$ 的孔洞所占面积，不扣除单个面积在 $0.3m^2$ 以内的孔洞所占面积，门窗洞口及孔洞的侧壁、顶面（底面）面积亦不增加。附墙柱（含附墙烟囱）侧面抹灰面积应并入外墙面抹灰工程量内。

4.柱抹灰按结构断面周长乘以抹灰高度以“m^2”计算。

5.装饰抹灰分格、填色按设计图示展开面积以“m^2”计算。

6.“零星项目”的抹灰按设计图示展开面积以“m^2”计算。

7.单独的外窗台抹灰长度，如设计图纸无规定时，按窗洞口宽两边共加 200mm 计算。

二、块料面层：

1.墙柱面块料面层，按设计饰面层实铺面积以“m^2”计算，应扣除门窗洞口和单个面积大于 $0.3m^2$ 的空圈所占的面积，不扣除单个面积在 $0.3m^2$ 以内的孔洞所占面积。

2.专用勾缝剂工程量计算按块料面层计算规则执行。

三、其他饰面：

墙柱面其他饰面面层，按设计饰面层实铺面积以“m^2”计算，龙骨、基层按饰面面积以“m^2”计算，应扣除门窗洞口和单个面积大于 $0.3m^2$ 的空圈所占的面积，不扣除单个面积在 $0.3m^2$ 以内的孔洞所占面积。

四、幕墙、隔断：

1.全玻幕墙按设计图示面积以“m^2”计算。带肋全玻幕墙的玻璃肋并入全玻幕墙内计算。

2.带骨架玻璃幕墙按设计图示框外围面积以“m^2”计算。与幕墙同种材质的窗所占面积不扣除。

3.金属幕墙、石材幕墙按设计图示框外围面积以“m^2”计算，应扣除门窗洞口面积，门窗洞口侧壁工程量并入幕墙面积计算。

4.幕墙定额子目不包含预埋铁件或后置埋件，发生时按实计算。

5.幕墙定额子目不包含防火封层，防火封层按设计图示展开面积以“m^2”计算。

6.全玻幕墙钢构架制安按设计图示尺寸计算的理论质量以“t”计算。

7.隔断按设计图示外框面积以“m^2”计算，应扣除门窗洞口及单个在 $0.3m^2$ 以上的孔洞所占面积，门窗按相应定额子目执行。

8.全玻隔断的装饰边框工程量按设计尺寸以“延长米”计算，玻璃隔断按框外围面积以“m^2”计算。

9.玻璃隔断如有加强肋者，肋按展开面积并入玻璃隔断面积内以“m^2”计算。

10.钢构架制作、安装按设计图示尺寸计算的理论质量以“kg”计算。

B.1　墙面抹灰(编码:011201)

B.1.1　墙面装饰抹灰(编码:011201002)

B.1.1.1　水刷石

工作内容:1.清理基层、修补堵眼、湿润基层、调运砂浆、清扫落地灰。
2.刷素水泥浆、分层抹灰找平、抹装饰面、勾分格缝。

计量单位:$10m^2$

定额编号					LB0001	LB0002
项目名称					水刷石子	
					砖、砼墙面	毛石墙面
					厚度	
					15+10mm	20+10mm
费用	综合单价(元)				**504.99**	**495.25**
	其中	人工费(元)			284.25	267.25
		材料费(元)			133.70	146.17
		施工机具使用费(元)			10.23	9.62
		企业管理费(元)			44.37	41.72
		利润(元)			27.32	25.68
		一般风险费(元)			5.12	4.81
	编码	名称	单位	单价(元)	消耗量	
人工	000300110	抹灰综合工	工日	125.00	2.274	2.138
材料	810201050	水泥砂浆 1:3(特)	m^3	213.87	0.174	0.232
	810401030	水泥白石子浆 1:2	m^3	775.39	0.116	0.116
	810425010	素水泥浆	m^3	479.39	0.011	0.011
	002000010	其他材料费	元	—	1.27	1.33
机械	002000045	其他机械费	元	—	10.23	9.62

B.1.1.2　干粘石

工作内容:1.清理基层、修补堵眼、湿润基层、调运砂浆、清扫落地灰。
2.刷素水泥浆、分层抹灰找平、抹装饰面、勾分格缝。

计量单位:$10m^2$

定额编号					LB0003	LB0004
项目名称					干粘石子	
					砖、砼墙面	毛石墙面
					厚度	
					18mm	30mm
费用	综合单价(元)				**309.78**	**340.74**
	其中	人工费(元)			194.75	195.63
		材料费(元)			55.39	85.21
		施工机具使用费(元)			7.01	7.04
		企业管理费(元)			30.40	30.54
		利润(元)			18.72	18.80
		一般风险费(元)			3.51	3.52
	编码	名称	单位	单价(元)	消耗量	
人工	000300110	抹灰综合工	工日	125.00	1.558	1.565
材料	810201050	水泥砂浆 1:3(特)	m^3	213.87	0.208	0.347
	810425010	素水泥浆	m^3	479.39	0.011	0.011
	040501760	石子	kg	0.07	75.537	75.530
	002000010	其他材料费	元	—	0.34	0.44
机械	002000045	其他机械费	元	—	7.01	7.04

B.1.1.3 斩假石

工作内容:1.清理基层、修补堵眼、湿润基层、调运砂浆、清扫落地灰。
2.刷素水泥浆、分层抹灰找平、抹装饰面、勾分格缝。

计量单位:10m²

		定额编号			LB0005	LB0006
		项目名称			斩假石	
					砖、砼墙面	毛石墙面
					厚度	
					19+11	18+10
费用		**综合单价(元)**			**953.75**	**941.86**
	其中	人工费(元)			614.25	614.25
		材料费(元)			151.42	139.53
		施工机具使用费(元)			22.11	22.11
		企业管理费(元)			95.88	95.88
		利润(元)			59.03	59.03
		一般风险费(元)			11.06	11.06
	编码	名称	单位	单价(元)	消耗量	
人工	000300110	抹灰综合工	工日	125.00	4.914	4.914
材料	810201050	水泥砂浆 1:3(特)	m³	213.87	0.220	0.208
	810401020	水泥白石子浆 1:1.5	m³	770.22	0.128	0.116
	810425010	素水泥浆	m³	479.39	0.011	0.011
	002000010	其他材料费	元	—	0.51	0.43
机械	002000045	其他机械费	元	—	22.11	22.11

B.1.1.4 拉条灰、甩毛灰

工作内容:1.清理基层、修补堵眼、湿润基层、调运砂浆、清扫落地灰。
2.刷素水泥浆、分层抹灰找平、作饰面、勾分格缝。

计量单位:10m²

		定额编号			LB0007	LB0008	LB0009	LB0010
		项目名称			拉条灰、甩毛灰			
					墙、柱面拉条		墙、柱面甩毛	
					砖墙面	砼墙面	砖墙面	砼墙面
					厚度 14+10	厚度 10+14	厚度 12+6	厚度 10+6
费用		**综合单价(元)**			**270.27**	**275.57**	**243.64**	**267.31**
	其中	人工费(元)			145.75	153.88	143.88	160.00
		材料费(元)			79.89	74.57	55.70	58.31
		施工机具使用费(元)			5.25	5.54	5.18	5.76
		企业管理费(元)			22.75	24.02	22.46	24.98
		利润(元)			14.01	14.79	13.83	15.38
		一般风险费(元)			2.62	2.77	2.59	2.88
	编码	名称	单位	单价(元)	消耗量			
人工	000300110	抹灰综合工	工日	125.00	1.166	1.231	1.151	1.280
材料	810201010	水泥砂浆 1:1(特)	m³	334.13	—	—	0.032	0.032
	810201040	水泥砂浆 1:2.5(特)	m³	232.40	—	—	—	0.069
	810201050	水泥砂浆 1:3(特)	m³	213.87	—	0.162	0.115	0.115
	810202020	混合砂浆 1:0.5:1(特)	m³	297.84	0.115	0.115	—	—
	810202140	混合砂浆 1:0.5:2.5(特)	m³	246.85	0.162	—	—	—
	810202080	混合砂浆 1:1:6(特)	m³	194.55	—	—	0.069	—
	810425010	素水泥浆	m³	479.39	0.011	0.011	0.011	0.011
	002000010	其他材料费	元	—	0.38	0.40	1.72	1.71
机械	002000045	其他机械费	元	—	5.25	5.54	5.18	5.76

B.1.2 墙面嵌缝(编码:011201003)

B.1.2.1 装饰抹灰分格嵌缝

工作内容:基层清理、嵌缝、分格。

计量单位:10m²

定额编号					LB0011	LB0012	LB0013
项目名称					分格嵌缝		
					玻璃嵌缝	分格	分格填色
费用	综合单价(元)				**84.85**	**60.02**	**91.30**
	其中	人工费(元)			63.50	47.25	52.50
		材料费(元)			4.20	—	24.60
		施工机具使用费(元)			—	—	—
		企业管理费(元)			9.91	7.38	8.20
		利润(元)			6.10	4.54	5.05
		一般风险费(元)			1.14	0.85	0.95
	编码	名称	单位	单价(元)	消耗量		
人工	000300110	抹灰综合工	工日	125.00	0.508	0.378	0.420
材料	060100020	平板玻璃	m²	17.09	0.246	—	—
	142303000	颜料	kg	21.45	—	—	1.147

B.2 柱(梁)面抹灰(编码:011202)

B.2.1 柱、梁面装饰抹灰(编码:011202002)

B.2.1.1 水刷石

工作内容:1.清理基层、修补堵眼、湿润基层、调运砂浆、清扫落地灰。
2.刷素水泥浆、砂浆打底、抹装饰面等。

计量单位:10m²

定额编号					LB0014
项目名称					水刷石子
					柱面
费用	综合单价(元)				**576.74**
	其中	人工费(元)			342.88
		材料费(元)			128.88
		施工机具使用费(元)			12.34
		企业管理费(元)			53.52
		利润(元)			32.95
		一般风险费(元)			6.17
	编码	名称	单位	单价(元)	消耗量
人工	000300110	抹灰综合工	工日	125.00	2.743
材料	810201050	水泥砂浆 1:3(特)	m³	213.87	0.166
	810401030	水泥白石子浆 1:2	m³	775.39	0.112
	810425010	素水泥浆	m³	479.39	0.011
	002000010	其他材料费	元	—	1.26
机械	002000045	其他机械费	元	—	12.34

B.2.1.2 干粘石

工作内容：1.清理基层、修补堵眼、湿润基层、调运砂浆、清扫落地灰。
2.刷素水泥浆、砂浆打底、抹装饰面等。

计量单位：10m²

定额编号					LB0015
项目名称					干粘石子 柱面
费用	综合单价（元）				**414.42**
	其中	人工费（元）			276.13
		材料费（元）			53.74
		施工机具使用费（元）			9.94
		企业管理费（元）			43.10
		利润（元）			26.54
		一般风险费（元）			4.97
	编码	名称	单位	单价（元）	消耗量
人工	000300110	抹灰综合工	工日	125.00	2.209
材料	810201050	水泥砂浆 1∶3（特）	m³	213.87	0.200
	810425010	素水泥浆	m³	479.39	0.011
	040501760	石子	kg	0.07	76.667
	002000010	其他材料费	元	—	0.33
机械	002000045	其他机械费	元	—	9.94

B.2.1.3 斩假石

工作内容：1.清理基层、修补堵眼、湿润基层、调运砂浆、清扫落地灰。
2.刷素水泥浆、砂浆打底、抹装饰面等。

计量单位：10m²

定额编号					LB0016
项目名称					斩假石 柱面
费用	综合单价（元）				**1170.86**
	其中	人工费（元）			784.88
		材料费（元）			145.64
		施工机具使用费（元）			28.26
		企业管理费（元）			122.52
		利润（元）			75.43
		一般风险费（元）			14.13
	编码	名称	单位	单价（元）	消耗量
人工	000300110	抹灰综合工	工日	125.00	6.279
材料	810201050	水泥砂浆 1∶3（特）	m³	213.87	0.211
	810401020	水泥白石子浆 1∶1.5	m³	770.22	0.123
	810425010	素水泥浆	m³	479.39	0.011
	002000010	其他材料费	元	—	0.50
机械	002000045	其他机械费	元	—	28.26

B.3 零星抹灰(编码:011203)

B.3.1 零星项目装饰抹灰(编码:011203002)

B.3.1.1 水刷石

工作内容:1.清理基层、修补堵眼、湿润基层、调运砂浆、清扫落地灰。
2.刷素水泥浆、分砂浆打底、抹装饰面等。

计量单位:10m²

定额编号						LB0017
项目名称						水刷石子 零星项目
费用	综合单价(元)					**996.74**
	其中	人工费(元)				633.63
		材料费(元)				169.09
		施工机具使用费(元)				22.81
		企业管理费(元)				98.91
		利润(元)				60.89
		一般风险费(元)				11.41
	编码	名称		单位	单价(元)	消耗量
人工	000300110	抹灰综合工		工日	125.00	5.069
材料	810201050	水泥砂浆 1:3(特)		m³	213.87	0.354
	810401030	水泥白石子浆 1:2		m³	775.39	0.112
	810425010	素水泥浆		m³	479.39	0.011
	002000010	其他材料费		元	—	1.26
机械	002000045	其他机械费		元	—	22.81

B.3.1.2 干粘石

工作内容:1.清理基层、修补堵眼、湿润基层、调运砂浆、清扫落地灰。
2.刷素水泥浆、分砂浆打底、抹装饰面等。

计量单位:10m²

定额编号						LB0018
项目名称						干粘石子 零星项目
费用	综合单价(元)					**757.12**
	其中	人工费(元)				538.63
		材料费(元)				53.56
		施工机具使用费(元)				19.39
		企业管理费(元)				84.08
		利润(元)				51.76
		一般风险费(元)				9.70
	编码	名称		单位	单价(元)	消耗量
人工	000300110	抹灰综合工		工日	125.00	4.309
材料	810201050	水泥砂浆 1:3(特)		m³	213.87	0.200
	810425010	素水泥浆		m³	479.39	0.011
	040501760	石子		kg	0.07	74.194
	002000010	其他材料费		元	—	0.32
机械	002000045	其他机械费		元	—	19.39

B.3.1.3 斩假石

工作内容:1.清理基层、修补堵眼、湿润基层、调运砂浆、清扫落地灰。
2.刷素水泥浆、分砂浆打底、抹装饰面等。

计量单位:10m²

		定额编号			LB0019
		项目名称			斩假石 零星项目
费用		综合单价(元)			**1265.55**
	其中	人工费(元)			857.38
		材料费(元)			145.64
		施工机具使用费(元)			30.87
		企业管理费(元)			133.84
		利润(元)			82.39
		一般风险费(元)			15.43
	编码	名称	单位	单价(元)	消耗量
人工	000300110	抹灰综合工	工日	125.00	6.859
材料	810201050	水泥砂浆 1:3(特)	m³	213.87	0.211
	810401020	水泥白石子浆 1:1.5	m³	770.22	0.123
	810425010	素水泥浆	m³	479.39	0.011
	002000010	其他材料费	元	—	0.50
机械	002000045	其他机械费	元	—	30.87

B.4 墙面块料面层(编码:011204)

B.4.1 石材墙面(编码:011204001)

B.4.1.1 粘贴装饰石材

工作内容:1.清理基层、修补基层表面、调运砂浆、铺抹结合层砂浆(刷粘结剂或专用胶泥)。
2.选料、贴块料面层。
3.擦缝、清理表面。

计量单位:10m²

		定额编号			LB0020	LB0021	LB0022	LB0023
		项目名称			粘贴装饰石材	粘贴石材浮雕	粘贴装饰石材	粘贴石材浮雕
					水泥砂浆粘贴		粘结剂粘贴	
					墙面			
费用		综合单价(元)			**2059.64**	**18413.63**	**2852.93**	**19354.18**
	其中	人工费(元)			556.27	684.06	566.15	725.66
		材料费(元)			1339.16	17527.64	2119.65	18414.30
		施工机具使用费(元)			13.91	17.10	14.15	18.14
		企业管理费(元)			86.83	106.78	88.38	113.28
		利润(元)			53.46	65.74	54.41	69.74
		一般风险费(元)			10.01	12.31	10.19	13.06
	编码	名称	单位	单价(元)	消耗量			
人工	000300120	镶贴综合工	工日	130.00	4.279	5.262	4.355	5.582
材料	810201010	水泥砂浆 1:1(特)	m³	334.13	0.067	0.074	—	—
	040100520	白色硅酸盐水泥	kg	0.75	1.550	1.700	1.550	1.700
	082100010	装饰石材	m²	120.00	10.300	—	10.300	—
	081701030	成品石材浮雕	m²	1709.40	—	10.200	—	10.200
	144102700	胶粘剂	kg	12.82	5.790	4.662	68.420	75.758
	002000010	其他材料费	元	—	5.38	5.99	5.34	5.93
机械	002000045	其他机械费	元	—	13.91	17.10	14.15	18.14

工作内容:1.清理基层、修补基层表面、调运砂浆、铺抹结合层砂浆(刷粘结剂或专用胶泥)。
2.选料、贴块料面层。
3.擦缝、清理表面。

计量单位:10m²

定额编号					LB0024	LB0025
项目名称					粘贴装饰石材	粘贴石材浮雕
					专用胶泥粘贴	
					墙面	
费用	**综合单价(元)**				**2232.11**	**18607.29**
	其中	人工费(元)			594.49	711.10
		材料费(元)			1462.13	17686.27
		施工机具使用费(元)			14.86	17.78
		企业管理费(元)			92.80	111.00
		利润(元)			57.13	68.34
		一般风险费(元)			10.70	12.80
	编码	名称	单位	单价(元)	消耗量	
人工	000300120	镶贴综合工	工日	130.00	4.573	5.470
材料	040100520	白色硅酸盐水泥	kg	0.75	1.550	1.700
	082100010	装饰石材	m²	120.00	10.300	—
	081701030	成品石材浮雕	m²	1709.40	—	10.200
	133504950	专用胶泥	kg	3.21	68.420	75.758
	002000010	其他材料费	元	—	5.34	5.93
机械	002000045	其他机械费	元	—	14.86	17.78

B.4.1.2 挂贴装饰石材

工作内容:1.清理、修补基层表面、刷浆、安预埋铁件、制作安装钢筋、焊接固定。
2.选料湿水、钻孔成槽、穿丝固定、挂贴面层。
3.调运砂浆、灌浆、擦缝、清洁表面。

计量单位:10m²

定额编号					LB0026	LB0027
项目名称					挂贴装饰石材	挂贴石材浮雕
					墙面	
费用	**综合单价(元)**				**2344.89**	**18908.60**
	其中	人工费(元)			640.77	881.53
		材料费(元)			1514.97	17766.83
		施工机具使用费(元)			16.02	22.04
		企业管理费(元)			100.02	137.61
		利润(元)			61.58	84.72
		一般风险费(元)			11.53	15.87
	编码	名称	单位	单价(元)	消耗量	
人工	000300120	镶贴综合工	工日	130.00	4.929	6.781
材料	810201040	水泥砂浆 1:2.5(特)	m³	232.40	0.555	0.606
	040100520	白色硅酸盐水泥	kg	0.75	1.550	1.550
	010100010	钢筋 综合	kg	3.07	10.883	15.780
	030130120	膨胀螺栓	套	0.94	52.400	60.600
	082100010	装饰石材	m²	120.00	10.300	—
	081701030	成品石材浮雕	m²	1709.40	—	10.200
	002000010	其他材料费	元	—	66.16	83.54
机械	002000045	其他机械费	元	—	16.02	22.04

B.4.1.3 金属骨架上干挂装饰石材

工作内容:1.清理基层、清洗石材、钻孔成槽、安挂件(螺栓)。
2.面层安装、勾缝、打胶、清洁表面。

计量单位:10m²

定额编号					LB0028	LB0029
项目名称					装饰石材	石材浮雕
					金属骨架上干挂	
					墙面	
费用	综合单价(元)				**2549.49**	**19020.61**
	其中	人工费(元)			647.53	856.96
		材料费(元)			1710.80	17910.68
		施工机具使用费(元)			16.19	21.42
		企业管理费(元)			101.08	133.77
		利润(元)			62.23	82.35
		一般风险费(元)			11.66	15.43
	编码	名称	单位	单价(元)	消耗量	
人工	000300120	镶贴综合工	工日	130.00	4.981	6.592
材料	330105000	不锈钢干挂件(钢骨架干挂材专用)	套	4.70	56.100	56.100
	082100010	装饰石材	m²	120.00	10.300	—
	081701030	成品石材浮雕	m²	1709.40	—	10.200
	144102320	硅酮密封胶	支	23.09	3.000	3.000
	144107500	结构胶	kg	34.17	2.000	2.000
	002000010	其他材料费	元	—	73.52	73.52
机械	002000045	其他机械费	元	—	16.19	21.42

B.4.2 拼碎石材墙面(编码:011204002)

B.4.2.1 粘贴装饰石材

工作内容:1.清理基层、修补基层表面、调运砂浆、铺抹结合层砂浆(刷粘结剂)。
2.选料、贴块料面层。
3.擦缝、清理表面。

计量单位:10m²

定额编号					LB0030
项目名称					拼碎装饰石材
					水泥砂浆
					墙面
费用	综合单价(元)				**1621.28**
	其中	人工费(元)			627.77
		材料费(元)			808.20
		施工机具使用费(元)			15.69
		企业管理费(元)			97.99
		利润(元)			60.33
		一般风险费(元)			11.30
	编码	名称	单位	单价(元)	消耗量
人工	000300120	镶贴综合工	工日	130.00	4.829
材料	810201020	水泥砂浆 1:1.5(特)	m³	290.25	0.051
	081700800	碎装饰石材	m²	68.38	10.300
	144102700	胶粘剂	kg	12.82	4.492
	002000010	其他材料费	元	—	31.50
机械	002000045	其他机械费	元	—	15.69

B.4.3 块料墙面(编码:011204003)

B.4.3.1 文化石砖

工作内容:1.清理基层、修补基层表面、调运砂浆、铺抹结合层砂浆(刷粘结剂)。
2.选料、贴块料面层。
3.擦缝、清理表面。

计量单位:10m²

定额编号					LB0031	LB0032	LB0033	LB0034
项目名称					文化石砖			
					水泥砂浆粘贴		粘结剂粘贴	
					墙面			
					密缝	灰缝 5mm	密缝	灰缝 5mm
费用	综合单价(元)				**1088.56**	**1123.48**	**1639.43**	**1741.12**
	其中	人工费(元)			483.60	531.96	507.26	532.61
		材料费(元)			462.21	434.48	982.43	1051.28
		施工机具使用费(元)			12.09	13.30	12.68	13.32
		企业管理费(元)			75.49	83.04	79.18	83.14
		利润(元)			46.47	51.12	48.75	51.18
		一般风险费(元)			8.70	9.58	9.13	9.59
	编码	名称	单位	单价(元)	消耗量			
人工	000300120	镶贴综合工	工日	130.00	3.720	4.092	3.902	4.097
材料	810201010	水泥砂浆 1:1(特)	m³	334.13	—	0.016	—	0.010
	810201020	水泥砂浆 1:1.5(特)	m³	290.25	0.067	0.089	—	—
	040100520	白色硅酸盐水泥	kg	0.75	1.550	1.550	1.550	1.550
	080700050	文化石砖	m²	42.74	10.300	9.386	10.300	9.386
	144102700	胶粘剂	kg	12.82	—	—	42.100	50.272
	002000010	其他材料费	元	—	1.38	0.98	1.32	1.13
机械	002000045	其他机械费	元	—	12.09	13.30	12.68	13.32

B.4.3.2 天然文化石

工作内容:1.清理基层、修补基层表面、调运砂浆、铺抹结合层砂浆(刷粘结剂)。
2.选料、贴块料面层。
3.擦缝、清理表面。

计量单位:10m²

定额编号					LB0035	LB0036	LB0037	LB0038
项目名称					天然文化石			
					水泥砂浆粘贴		粘结剂粘贴	
					墙面			
					密缝	灰缝 5mm	密缝	灰缝 5mm
费用	综合单价(元)				**1699.39**	**1682.72**	**2257.81**	**2339.77**
	其中	人工费(元)			564.85	621.27	593.06	652.34
		材料费(元)			967.80	878.06	1489.67	1494.86
		施工机具使用费(元)			14.12	15.53	14.83	16.31
		企业管理费(元)			88.17	96.98	92.58	101.83
		利润(元)			54.28	59.70	56.99	62.69
		一般风险费(元)			10.17	11.18	10.68	11.74
	编码	名称	单位	单价(元)	消耗量			
人工	000300120	镶贴综合工	工日	130.00	4.345	4.779	4.562	5.018
材料	810201010	水泥砂浆 1:1(特)	m³	334.13	0.021	0.016	0.021	0.010
	810201020	水泥砂浆 1:1.5(特)	m³	290.25	0.061	0.089	—	—
	040100520	白色硅酸盐水泥	kg	0.75	1.550	1.550	1.550	1.550
	080700030	天然文化石	m²	90.00	10.450	9.386	10.450	9.386
	144102700	胶粘剂	kg	12.82	—	—	42.100	50.272
	002000010	其他材料费	元	—	1.42	0.98	1.27	1.13
机械	002000045	其他机械费	元	—	14.12	15.53	14.83	16.31

B.4.3.3 马 赛 克

工作内容：1.清理基层、修补基层表面、调运砂浆、铺抹结合层砂浆(刷粘结剂)。
2.选料、贴块料面层。
3.擦缝、清理表面。

计量单位：10m²

定额编号					LB0039	LB0040
项目名称					马赛克	
					水泥砂浆粘贴	粘结剂粘贴
					墙面	
费用	综合单价(元)				**1387.03**	**1996.41**
	其中	人工费(元)			649.48	724.36
		材料费(元)			545.82	1058.22
		施工机具使用费(元)			16.24	18.11
		企业管理费(元)			101.38	113.07
		利润(元)			62.42	69.61
		一般风险费(元)			11.69	13.04
	编码	名称	单位	单价(元)	消耗量	
人工	000300120	镶贴综合工	工日	130.00	4.996	5.572
材料	810201020	水泥砂浆 1∶1.5(特)	m³	290.25	0.082	—
	040100520	白色硅酸盐水泥	kg	0.75	2.580	2.580
	070700100	马赛克	m²	50.00	10.300	10.300
	144102700	胶粘剂	kg	12.82	—	42.100
	002000010	其他材料费	元	—	5.08	1.56
机械	002000045	其他机械费	元	—	16.24	18.11

B.4.3.4 内 墙 面 砖

工作内容：1.清理基层、修补基层表面、调运砂浆、铺抹结合层砂浆(刷粘结剂或专用胶泥)。
2.选料、贴块料面层。
3.擦缝、清理表面。

计量单位：10m²

定额编号					LB0041	LB0042	LB0043	LB0044	LB0045	LB0046
项目名称					墙面贴面砖					
					水泥砂浆粘贴		粘结剂粘贴		专用胶泥粘贴	
					周长 450mm 以内					
					密缝	灰缝 5mm	密缝	灰缝 5mm	密缝	灰缝 5mm
费用	综合单价(元)				**1085.54**	**1133.97**	**1613.37**	**1786.13**	**1194.59**	**1286.02**
	其中	人工费(元)			560.69	618.02	585.52	659.36	573.82	646.23
		材料费(元)			359.34	333.52	855.00	932.13	451.38	449.02
		施工机具使用费(元)			14.02	15.45	14.64	16.48	14.35	16.16
		企业管理费(元)			87.52	96.47	91.40	102.93	89.57	100.88
		利润(元)			53.88	59.39	56.27	63.36	55.14	62.10
		一般风险费(元)			10.09	11.12	10.54	11.87	10.33	11.63
	编码	名称	单位	单价(元)	消耗量					
人工	000300120	镶贴综合工	工日	130.00	4.313	4.754	4.504	5.072	4.414	4.971
材料	810201020	水泥砂浆 1∶1.5(特)	m³	290.25	0.089	0.089	—	—	—	—
	810201010	水泥砂浆 1∶1(特)	m³	334.13	—	0.016	0.010	0.010	0.010	0.010
	040100520	白色硅酸盐水泥	kg	0.75	1.550	1.550	1.550	1.550	1.550	1.550
	070101300	面砖	m²	30.00	10.350	9.386	10.350	9.386	10.350	9.386
	133504950	专用胶泥	kg	3.21	—	—	—	—	42.000	50.272
	144102700	胶粘剂	kg	12.82	1.575	1.303	42.000	50.272	—	—
	002000010	其他材料费	元	—	1.65	2.89	1.56	1.56	1.56	1.56
机械	002000045	其他机械费	元	—	14.02	15.45	14.64	16.48	14.35	16.16

工作内容：1.清理基层、修补基层表面、调运砂浆、铺抹结合层砂浆(刷粘结剂)。
2.选料、贴块料面层。
3.擦缝、清理表面。

计量单位：10m²

定额编号					LB0047	LB0048	LB0049	LB0050	LB0051	LB0052
项目名称					墙面贴面砖					
					水泥砂浆粘贴			粘结剂粘贴		
					周长(mm 以内)					
					1600	2400	3200	1600	2400	3200
费用	综合单价(元)				**909.00**	**931.11**	**1038.14**	**1442.00**	**1539.55**	**1657.35**
	其中	人工费(元)			438.10	455.78	533.78	451.36	527.28	613.60
		材料费(元)			341.57	340.79	346.79	857.40	856.62	862.62
		施工机具使用费(元)			10.95	11.39	13.34	11.28	13.18	15.34
		企业管理费(元)			68.39	71.15	83.32	70.46	82.31	95.78
		利润(元)			42.10	43.80	51.30	43.38	50.67	58.97
		一般风险费(元)			7.89	8.20	9.61	8.12	9.49	11.04
	编码	名称	单位	单价(元)	消耗量					
人工	000300120	镶贴综合工	工日	130.00	3.370	3.506	4.106	3.472	4.056	4.720
材料	810201020	水泥砂浆 1:1.5(特)	m³	290.25	0.082	0.082	0.082	—	—	—
	040100520	白色硅酸盐水泥	kg	0.75	2.060	1.030	1.030	2.060	1.030	1.030
	070101300	面砖	m²	30.00	10.500	10.500	10.700	10.500	10.500	10.700
	144102700	胶粘剂	kg	12.82	—	—	—	42.100	42.100	42.100
	002000010	其他材料费	元	—	1.22	1.22	1.22	1.13	1.13	1.13
机械	002000045	其他机械费	元	—	10.95	11.39	13.34	11.28	13.18	15.34

工作内容：1.清理基层、修补基层表面、调运砂浆、铺抹结合层砂浆(刷专用胶泥)。
2.选料、贴块料面层。
3.擦缝、清理表面。

计量单位：10m²

定额编号					LB0053	LB0054	LB0055
项目名称					墙面贴面砖		
					专用胶泥粘贴		
					周长(mm 以内)		
					1600	2400	3200
费用	综合单价(元)				**1025.80**	**1121.33**	**1236.94**
	其中	人工费(元)			442.39	516.75	601.38
		材料费(元)			452.82	452.04	458.04
		施工机具使用费(元)			11.06	12.92	15.03
		企业管理费(元)			69.06	80.66	93.88
		利润(元)			42.51	49.66	57.79
		一般风险费(元)			7.96	9.30	10.82
	编码	名称	单位	单价(元)	消耗量		
人工	000300120	镶贴综合工	工日	130.00	3.403	3.975	4.626
材料	040100520	白色硅酸盐水泥	kg	0.75	2.060	1.030	1.030
	070101300	面砖	m²	30.00	10.500	10.500	10.700
	133504950	专用胶泥	kg	3.21	42.100	42.100	42.100
	002000010	其他材料费	元	—	1.13	1.13	1.13
机械	002000045	其他机械费	元	—	11.06	12.92	15.03

工作内容:1.清理、修补基层表面、刷浆、安预埋铁件、制作安装钢筋、焊接固定、抹结合层砂浆。
2.选料湿水、钻孔成槽、穿丝固定、挂贴面层。
3.调运砂浆、灌浆、擦缝、清洁表面。

计量单位:10m²

定额编号					LB0056
项目名称					面砖挂贴
费用	综合单价(元)				**1413.75**
	其中	人工费(元)			650.13
		材料费(元)			571.70
		施工机具使用费(元)			16.25
		企业管理费(元)			101.49
		利润(元)			62.48
		一般风险费(元)			11.70
	编码	名称	单位	单价(元)	消耗量
人工	000300120	镶贴综合工	工日	130.00	5.001
材料	810201020	水泥砂浆 1:1.5(特)	m³	290.25	0.562
	810425010	素水泥浆	m³	479.39	0.010
	070101300	面砖	m²	30.00	10.600
	010100010	钢筋 综合	kg	3.07	10.883
	002000010	其他材料费	元	—	52.37
机械	002000045	其他机械费	元	—	16.25

工作内容:1.清理基层、清洗石材、钻孔成槽、安挂件(螺栓)。
2.面层安装、勾缝、打胶、清洁表面。

计量单位:10m²

定额编号					LB0057
项目名称					面砖干挂
					金属龙骨干挂
费用	综合单价(元)				**1659.43**
	其中	人工费(元)			640.51
		材料费(元)			829.85
		施工机具使用费(元)			16.01
		企业管理费(元)			99.98
		利润(元)			61.55
		一般风险费(元)			11.53
	编码	名称	单位	单价(元)	消耗量
人工	000300120	镶贴综合工	工日	130.00	4.927
材料	070101300	面砖	m²	30.00	10.600
	330105000	不锈钢干挂件(钢骨架干挂材专用)	套	4.70	56.100
	144102320	硅酮密封胶	支	23.09	3.000
	144107500	结构胶	kg	34.17	2.000
	002000010	其他材料费	元	—	110.57
机械	002000045	其他机械费	元	—	16.01

B.4.3.5 **外墙面砖**

工作内容:1.清理基层、修补基层表面、调运砂浆、铺抹结合层砂浆(刷粘结剂)。
2.选料、贴块料面层。
3.擦缝、清理表面。

计量单位:10m²

定额编号					LB0058	LB0059	LB0060	LB0061
项目名称					外墙面砖			
					墙面			
					水泥砂浆粘贴		粘结剂粘贴	
					密缝	灰缝 5mm	密缝	灰缝 5mm
费用	综合单价(元)				**938.49**	**983.39**	**1481.16**	**1618.60**
	其中	人工费(元)			517.01	565.63	555.88	622.57
		材料费(元)			268.85	250.79	761.18	812.25
		施工机具使用费(元)			12.93	14.14	13.90	15.56
		企业管理费(元)			80.71	88.29	86.77	97.18
		利润(元)			49.68	54.36	53.42	59.83
		一般风险费(元)			9.31	10.18	10.01	11.21
	编码	名称	单位	单价(元)	消耗量			
人工	000300120	镶贴综合工	工日	130.00	3.977	4.351	4.276	4.789
材料	810201010	水泥砂浆 1:1(特)	m³	334.13	—	0.008	—	0.008
	810201020	水泥砂浆 1:1.5(特)	m³	290.25	0.089	0.089	—	—
	070300100	外墙面砖	m²	21.37	10.350	9.461	10.350	10.155
	144102700	胶粘剂	kg	12.82	1.575	1.439	42.000	46.100
	002000010	其他材料费	元	—	1.65	1.66	1.56	1.56
机械	002000045	其他机械费	元	—	12.93	14.14	13.90	15.56

B.4.3.6 **纸皮砖**

工作内容:1.清理基层、修补基层表面、调运砂浆、铺抹结合层砂浆(刷粘结剂)。
2.选料、贴块料面层。
3.擦缝、清理表面。

计量单位:10m²

定额编号					LB0062	LB0063
项目名称					纸皮砖 水泥砂浆粘贴	纸皮砖 粘结剂粘贴
					墙面、墙裙	
费用	综合单价(元)				**1037.98**	**1660.52**
	其中	人工费(元)			542.23	658.58
		材料费(元)			335.68	807.54
		施工机具使用费(元)			13.56	16.46
		企业管理费(元)			84.64	102.80
		利润(元)			52.11	63.29
		一般风险费(元)			9.76	11.85
	编码	名称	单位	单价(元)	消耗量	
人工	000300120	镶贴综合工	工日	130.00	4.171	5.066
材料	810201010	水泥砂浆 1:1(特)	m³	334.13	0.080	0.080
	810201020	水泥砂浆 1:1.5(特)	m³	290.25	0.089	—
	070504000	纸皮砖	m²	22.22	10.350	10.350
	144102700	胶粘剂	kg	12.82	—	42.100
	002000010	其他材料费	元	—	53.14	11.11
机械	002000045	其他机械费	元	—	13.56	16.46

B.4.4 干挂钢骨架(编码:011204004)

B.4.4.1 干挂石材、面砖钢骨架

工作内容:龙骨(铁件)制作、安装、焊接等全部操作过程。

计量单位:10m²

		定额编号			LB0064	LB0065	LB0066
		项目名称			干挂石材、面砖基层金属骨架		
					墙面	梁柱面	零星项目
费用		**综合单价(元)**			**1384.02**	**1522.39**	**1582.26**
	其中	人工费(元)			419.16	461.04	484.08
		材料费(元)			841.13	925.24	955.29
		施工机具使用费(元)			10.48	11.53	12.10
		企业管理费(元)			65.43	71.97	75.56
		利润(元)			40.28	44.31	46.52
		一般风险费(元)			7.54	8.30	8.71
	编码	名称	单位	单价(元)	消耗量		
人工	000300160	金属制安综合工	工日	120.00	3.493	3.842	4.034
材料	010000010	型钢 综合	kg	3.09	238.190	262.009	273.919
	002000010	其他材料费	元	—	105.12	115.63	108.88
机械	002000045	其他机械费	元	—	10.48	11.53	12.10

B.5 柱(梁)面镶贴块料(编码:011205)

B.5.1 石材柱面(编码:011205001)

B.5.1.1 粘贴装饰石材

工作内容:1.清理基层、修补基层表面、调运砂浆、铺抹结合层砂浆(刷粘结剂或专用胶泥)。
2.选料、贴块料面层。
3.擦缝、清理表面。

计量单位:10m²

		定额编号			LB0067	LB0068	LB0069
		项目名称			粘贴装饰石材		
					水泥砂浆粘贴	粘结剂粘贴	专用胶泥粘贴
					柱(梁)面		
费用		**综合单价(元)**			**2273.05**	**3341.77**	**2480.45**
	其中	人工费(元)			683.28	715.00	700.70
		材料费(元)			1388.07	2415.70	1572.90
		施工机具使用费(元)			17.08	17.88	17.52
		企业管理费(元)			106.66	111.61	109.38
		利润(元)			65.66	68.71	67.34
		一般风险费(元)			12.30	12.87	12.61
	编码	名称	单位	单价(元)	消耗量		
人工	000300120	镶贴综合工	工日	130.00	5.256	5.500	5.390
材料	810201010	水泥砂浆 1:1(特)	m³	334.13	0.073	—	—
	040100520	白色硅酸盐水泥	kg	0.75	1.554	1.928	1.928
	082100010	装饰石材	m²	120.00	10.700	10.700	10.700
	133504950	专用胶泥	kg	3.21	—	—	87.701
	144102700	胶粘剂	kg	12.82	5.657	87.701	—
	002000010	其他材料费	元	—	5.99	5.93	5.93
机械	002000045	其他机械费	元	—	17.08	17.88	17.52

B.5.1.2 挂贴装饰石材

工作内容:1.清理、修补基层表面、刷浆、安预埋铁件、制作安装钢筋、焊接固定。
2.选料湿水、钻孔成槽、穿丝固定、挂贴面层。
3.调运砂浆、灌浆、擦缝、清洁表面。

计量单位:10m²

定额编号					LB0070
项目名称					挂贴装饰石材
					柱(梁)面
费用	综合单价(元)				**2738.13**
	其中	人工费(元)			854.36
		材料费(元)			1631.56
		施工机具使用费(元)			21.36
		企业管理费(元)			133.37
		利润(元)			82.10
		一般风险费(元)			15.38
	编码	名称	单位	单价(元)	消耗量
人工	000300120	镶贴综合工	工日	130.00	6.572
材料	810201040	水泥砂浆 1:2.5(特)	m³	232.40	0.606
	040100520	白色硅酸盐水泥	kg	0.75	1.550
	010100010	钢筋 综合	kg	3.07	14.830
	030130120	膨胀螺栓	套	0.94	92.000
	082100010	装饰石材	m²	120.00	10.700
	002000010	其他材料费	元	—	73.55
机械	002000045	其他机械费	元	—	21.36

B.5.1.3 金属骨架上干挂装饰石材

工作内容:1.清理基层、清洗石材、钻孔成槽、安挂件(螺栓)。
2.面层安装、勾缝、打胶、清洁表面。

计量单位:10m²

定额编号					LB0071
项目名称					金属骨架上干挂装饰石材
					柱(梁)面
费用	综合单价(元)				**2857.12**
	其中	人工费(元)			826.93
		材料费(元)			1786.09
		施工机具使用费(元)			20.67
		企业管理费(元)			129.08
		利润(元)			79.47
		一般风险费(元)			14.88
	编码	名称	单位	单价(元)	消耗量
人工	000300120	镶贴综合工	工日	130.00	6.361
材料	330105000	不锈钢干挂件(钢骨架干挂材专用)	套	4.70	67.320
	082100010	装饰石材	m²	120.00	10.700
	144102320	硅酮密封胶	支	23.09	2.000
	144107500	结构胶	kg	34.17	2.000
	002000010	其他材料费	元	—	71.17
机械	002000045	其他机械费	元	—	20.67

B.5.1.4 石材包圆柱面

工作内容:1.清理、修补基层表面、清理石材、安预埋铁件、制作安装钢筋、焊接固定。
2.钻孔成槽、穿丝固定、面层挂板安装。
3.调运砂浆、灌浆、擦缝、清洁表面。

计量单位:10m²

定额编号						LB0072	LB0073
项目名称						成品弧形装饰石材包圆柱面	
						包圆柱	方柱包圆柱
费用	综合单价(元)					**3755.36**	**4606.51**
	其中	人工费(元)				1313.88	1651.38
		材料费(元)				2053.62	2467.65
		施工机具使用费(元)				32.85	41.28
		企业管理费(元)				205.10	257.78
		利润(元)				126.26	158.70
		一般风险费(元)				23.65	29.72
	编码	名称		单位	单价(元)	消耗量	
人工	000300050	木工综合工		工日	125.00	10.511	13.211
材料	810201020	水泥砂浆 1:1.5(特)		m³	290.25	0.282	0.382
	810425010	素水泥浆		m³	479.39	0.020	0.020
	040100520	白色硅酸盐水泥		kg	0.75	2.990	2.990
	010000010	型钢 综合		kg	3.09	21.300	144.370
	030130120	膨胀螺栓		套	0.94	80.800	80.800
	081700700	装饰石材弧形(成品)		m²	170.94	10.100	10.100
	002000010	其他材料费		元	—	91.68	96.39
机械	002000045	其他机械费		元	—	32.85	41.28

B.5.2 块料柱面(编码:011205002)

B.5.2.1 文化石砖

工作内容:1.清理基层、修补基层表面、调运砂浆、铺抹结合层砂浆(刷粘结剂)。
2.选料、贴块料面层。
3.擦缝、清理表面。

计量单位:10m²

定额编号						LB0074	LB0075	LB0076	LB0077
项目名称						文化石砖			
						水泥砂浆粘贴		粘结剂粘贴	
						柱面			
						密缝	灰缝 5mm	密缝	灰缝 5mm
费用	综合单价(元)					**1239.08**	**1286.19**	**1797.35**	**2026.62**
	其中	人工费(元)				586.56	645.19	615.94	677.43
		材料费(元)				479.37	450.55	999.58	1149.21
		施工机具使用费(元)				14.66	16.13	15.40	16.94
		企业管理费(元)				91.56	100.71	96.15	105.75
		利润(元)				56.37	62.00	59.19	65.10
		一般风险费(元)				10.56	11.61	11.09	12.19
	编码	名称		单位	单价(元)	消耗量			
人工	000300120	镶贴综合工		工日	130.00	4.512	4.963	4.738	5.211
材料	810201010	水泥砂浆 1:1(特)		m³	334.13	—	0.018	—	0.011
	810201020	水泥砂浆 1:1.5(特)		m³	290.25	0.067	0.082	—	—
	040100520	白色硅酸盐水泥		kg	0.75	1.550	1.550	1.550	1.550
	080700050	文化石砖		m²	42.74	10.700	9.781	10.700	9.781
	144102700	胶粘剂		kg	12.82	—	—	42.100	56.545
	002000010	其他材料费		元	—	1.44	1.53	1.38	1.43
机械	002000045	其他机械费		元	—	14.66	16.13	15.40	16.94

B.5.2.2 **天然文化石**

工作内容:1.清理基层、修补基层表面、调运砂浆、铺抹结合层砂浆(刷粘结剂)。
2.选料、贴块料面层。
3.擦缝、清理表面。

计量单位:10m²

定额编号					LB0078	LB0079	LB0080	LB0081
项目名称					天然文化石			
					水泥砂浆粘贴		粘结剂粘贴	
					柱(梁)面	柱面	柱(梁)面	柱面
					密缝	灰缝 5mm	密缝	灰缝 5mm
费用	综合单价(元)				**1909.39**	**1923.73**	**2607.08**	**2751.03**
	其中	人工费(元)			709.54	780.52	799.76	879.84
		材料费(元)			990.39	912.80	1571.23	1611.46
		施工机具使用费(元)			17.74	19.51	19.99	22.00
		企业管理费(元)			110.76	121.84	124.84	137.34
		利润(元)			68.19	75.01	76.86	84.55
		一般风险费(元)			12.77	14.05	14.40	15.84
	编码	名称	单位	单价(元)	消耗量			
人工	000300120	镶贴综合工	工日	130.00	5.458	6.004	6.152	6.768
材料	810201010	水泥砂浆 1:1(特)	m³	334.13	0.021	0.018	0.021	0.011
	810201020	水泥砂浆 1:1.5(特)	m³	290.25	0.061	0.082	—	—
	040100520	白色硅酸盐水泥	kg	0.75	1.550	1.550	1.550	1.550
	080700030	天然文化石	m²	90.00	10.700	9.781	10.700	9.781
	144102700	胶粘剂	kg	12.82	—	—	46.700	56.545
	002000010	其他材料费	元	—	1.51	1.53	1.36	1.43
机械	002000045	其他机械费	元	—	17.74	19.51	19.99	22.00

B.5.2.3 **马赛克**

工作内容:1.清理基层、修补基层表面、调运砂浆、铺抹结合层砂浆(刷粘结剂)。
2.选料、贴块料面层。
3.擦缝、清理表面。

计量单位:10m²

定额编号					LB0082	LB0083
项目名称					马赛克	
					水泥砂浆粘贴	粘结剂粘贴
					方柱(梁)面	
费用	综合单价(元)				**1508.46**	**2068.17**
	其中	人工费(元)			727.87	764.27
		材料费(元)			565.72	1078.28
		施工机具使用费(元)			18.20	19.11
		企业管理费(元)			113.62	119.30
		利润(元)			69.95	73.45
		一般风险费(元)			13.10	13.76
	编码	名称	单位	单价(元)	消耗量	
人工	000300120	镶贴综合工	工日	130.00	5.599	5.879
材料	810201020	水泥砂浆 1:1.5(特)	m³	290.25	0.082	—
	040100520	白色硅酸盐水泥	kg	0.75	2.580	2.580
	070700100	马赛克	m²	50.00	10.700	10.700
	144102700	胶粘剂	kg	12.82	—	42.100
	002000010	其他材料费	元	—	4.98	1.62
机械	002000045	其他机械费	元	—	18.20	19.11

B.5.2.4 内墙面砖

工作内容:1.清理基层、修补基层表面、调运砂浆、铺抹结合层砂浆(刷粘结剂或专用胶泥)。
2.选料、贴块料面层。
3.擦缝、清理表面。

计量单位:10m²

定额编号					LB0084	LB0085	LB0086	LB0087	LB0088	LB0089
项目名称					柱(梁)面贴面砖					
					水泥砂浆粘贴		粘结剂粘贴		专用胶泥粘贴	
					密缝	灰缝 5mm	密缝	灰缝 5mm	密缝	灰缝 5mm
费用	综合单价(元)				**1121.95**	**1171.60**	**1655.03**	**1892.90**	**1235.59**	**1332.17**
	其中	人工费(元)			580.06	638.04	609.05	670.02	596.83	656.63
		材料费(元)			370.66	345.21	866.19	1025.09	462.57	481.70
		施工机具使用费(元)			14.50	15.95	15.23	16.75	14.92	16.42
		企业管理费(元)			90.55	99.60	95.07	104.59	93.17	102.50
		利润(元)			55.74	61.32	58.53	64.39	57.36	63.10
		一般风险费(元)			10.44	11.48	10.96	12.06	10.74	11.82
	编码	名称	单位	单价(元)	消耗量					
人工	000300120	镶贴综合工	工日	130.00	4.462	4.908	4.685	5.154	4.591	5.051
材料	810201020	水泥砂浆 1:1.5(特)	m³	290.25	0.082	0.082	—	—	—	—
	810201010	水泥砂浆 1:1(特)	m³	334.13	—	0.018	0.011	0.011	0.011	0.011
	040100520	白色硅酸盐水泥	kg	0.75	1.550	1.550	1.550	1.550	1.550	1.550
	070101300	面砖	m²	30.00	10.700	9.781	10.700	9.781	10.700	9.781
	133504950	专用胶泥	kg	3.21	—	—	—	—	42.000	56.545
	144102700	胶粘剂	kg	12.82	1.770	1.465	42.000	56.545	—	—
	002000010	其他材料费	元	—	2.01	2.02	1.91	1.92	1.91	1.92
机械	002000045	其他机械费	元	—	14.50	15.95	15.23	16.75	14.92	16.42

工作内容:1.清理、修补基层表面、刷浆、安预埋铁件、制作安装钢筋、焊接固定、抹结合层砂浆。
2.选料湿水、钻孔成槽、穿丝固定、挂贴面层。
3.调运砂浆、灌浆、擦缝、清洁表面。

计量单位:10m²

定额编号					LB0090
项目名称					面砖挂贴
费用	综合单价(元)				**1597.23**
	其中	人工费(元)			780.13
		材料费(元)			586.81
		施工机具使用费(元)			19.50
		企业管理费(元)			121.78
		利润(元)			74.97
		一般风险费(元)			14.04
	编码	名称	单位	单价(元)	消耗量
人工	000300120	镶贴综合工	工日	130.00	6.001
材料	810201020	水泥砂浆 1:1.5(特)	m³	290.25	0.562
	810425010	素水泥浆	m³	479.39	0.010
	070101300	面砖	m²	30.00	10.700
	010100010	钢筋 综合	kg	3.07	14.830
	002000010	其他材料费	元	—	52.37
机械	002000045	其他机械费	元	—	19.50

工作内容：1.清理基层、清洗石材、钻孔成槽、安挂件(螺栓)。
2.面层安装、勾缝、打胶、清洁表面。

计量单位：10m²

		定额编号			LB0091
		项目名称			面砖干挂
					金属龙骨干挂
费用		综合单价(元)			**1881.01**
	其中	人工费(元)			768.56
		材料费(元)			885.58
		施工机具使用费(元)			19.21
		企业管理费(元)			119.97
		利润(元)			73.86
		一般风险费(元)			13.83
	编码	名称	单位	单价(元)	消耗量
人工	000300120	镶贴综合工	工日	130.00	5.912
材料	070101300	面砖	m²	30.00	10.700
	144107500	结构胶	kg	34.17	2.000
	144102320	硅酮密封胶	支	23.09	3.000
	330105000	不锈钢干挂件(钢骨架干挂材专用)	套	4.70	67.320
	002000010	其他材料费	元	—	110.57
机械	002000045	其他机械费	元	—	19.21

B.5.2.5 外墙面砖

工作内容：1.清理基层、修补基层表面、调运砂浆、铺抹结合层砂浆(刷粘结剂)。
2.选料、贴块料面层。
3.擦缝、清理表面。

计量单位：10m²

		定额编号			LB0092	LB0093	LB0094	LB0095
		项目名称			外墙面砖			
					方柱(梁)面			
					水泥砂浆粘贴		粘结剂粘贴	
					密缝	灰缝5mm	密缝	灰缝5mm
费用		综合单价(元)			**1047.87**	**1099.49**	**1596.90**	**1751.07**
	其中	人工费(元)			594.62	650.39	639.34	716.04
		材料费(元)			277.72	257.10	768.83	823.66
		施工机具使用费(元)			14.87	16.26	15.98	17.90
		企业管理费(元)			92.82	101.53	99.80	111.77
		利润(元)			57.14	62.50	61.44	68.81
		一般风险费(元)			10.70	11.71	11.51	12.89
	编码	名称	单位	单价(元)	消耗量			
人工	000300120	镶贴综合工	工日	130.00	4.574	5.003	4.918	5.508
材料	810201010	水泥砂浆 1:1(特)	m³	334.13	—	0.008	—	0.008
	810201020	水泥砂浆 1:1.5(特)	m³	290.25	0.089	0.089	—	—
	070300100	外墙面砖	m²	21.37	10.700	9.781	10.700	9.781
	144102700	胶粘剂	kg	12.82	1.670	1.384	42.000	47.600
	002000010	其他材料费	元	—	1.82	1.83	1.73	1.73
机械	002000045	其他机械费	元	—	14.87	16.26	15.98	17.90

B.5.2.6 **纸皮砖**

工作内容:1.清理基层、修补基层表面、调运砂浆、铺抹结合层砂浆(刷粘结剂)。
2.选料、贴块料面层。
3.擦缝、清理表面。

计量单位:10m²

定额编号						LB0096	LB0097
项目名称						纸皮砖 水泥砂浆粘贴	纸皮砖 粘结剂粘贴
						柱(梁)面	
费用	**综合单价(元)**					**1496.57**	**1852.18**
	其中	人工费(元)				705.77	777.27
		材料费(元)				582.47	845.46
		施工机具使用费(元)				17.64	19.43
		企业管理费(元)				110.17	121.33
		利润(元)				67.82	74.70
		一般风险费(元)				12.70	13.99
	编码	名称		单位	单价(元)	消耗量	
人工	000300120	镶贴综合工		工日	130.00	5.429	5.979
材料	810201010	水泥砂浆 1:1(特)		m³	334.13	0.090	0.090
	810201020	水泥砂浆 1:1.5(特)		m³	290.25	0.890	—
	070504000	纸皮砖		m²	22.22	10.700	10.700
	144102700	胶粘剂		kg	12.82	—	44.100
	002000010	其他材料费		元	—	56.32	12.27
机械	002000045	其他机械费		元	—	17.64	19.43

B.5.3 拼碎块柱面(编码:011205003)

B.5.3.1 **粘贴装饰石材**

工作内容:1.清理基层、修补基层表面、调运砂浆、铺抹结合层砂浆(刷粘结剂)。
2.选料、贴块料面层。
3.擦缝、清理表面。

计量单位:10m²

定额编号						LB0098
项目名称						拼碎装饰石材
						水泥砂浆
						柱(梁)面
费用	**综合单价(元)**					**1958.52**
	其中	人工费(元)				841.49
		材料费(元)				868.61
		施工机具使用费(元)				21.04
		企业管理费(元)				131.36
		利润(元)				80.87
		一般风险费(元)				15.15
	编码	名称		单位	单价(元)	消耗量
人工	000300120	镶贴综合工		工日	130.00	6.473
材料	810201020	水泥砂浆 1:1.5(特)		m³	290.25	0.154
	081700800	碎装饰石材		m²	68.38	10.700
	144102700	胶粘剂		kg	12.82	4.760
	002000010	其他材料费		元	—	31.22
机械	002000045	其他机械费		元	—	21.04

B.6 镶贴零星块料(编码:011206)

B.6.1 石材零星(编码:011206001)

B.6.1.1 粘贴装饰石材

工作内容:1.清理基层、修补基层表面、调运砂浆、铺抹结合层砂浆(刷粘结剂或专用胶泥)。
2.选料、贴块料面层。
3.擦缝、清理表面。

计量单位:10m²

定额编号					LB0099	LB0100	LB0101
项目名称					粘贴装饰石材		
					水泥砂浆粘贴	粘结剂粘贴	专用胶泥粘贴
					零星项目		
费用	综合单价(元)				**2279.50**	**3217.51**	**2471.63**
	其中	人工费(元)			651.43	691.08	677.30
		材料费(元)			1435.76	2322.42	1594.39
		施工机具使用费(元)			16.29	17.28	16.93
		企业管理费(元)			101.69	107.88	105.73
		利润(元)			62.60	66.41	65.09
		一般风险费(元)			11.73	12.44	12.19
	编码	名称	单位	单价(元)	消耗量		
人工	000300120	镶贴综合工	工日	130.00	5.011	5.316	5.210
材料	810201010	水泥砂浆 1:1(特)	m³	334.13	0.074	—	—
	040100520	白色硅酸盐水泥	kg	0.75	1.700	1.700	1.700
	082100010	装饰石材	m²	120.00	11.200	11.200	11.200
	133504950	专用胶泥	kg	3.21	—	—	75.758
	144102700	胶粘剂	kg	12.82	4.662	75.758	—
	002000010	其他材料费	元	—	5.99	5.93	5.93
机械	002000045	其他机械费	元	—	16.29	17.28	16.93

B.6.1.2 挂贴装饰石材

工作内容:1.清理、修补基层表面、刷浆、安预埋铁件、制作安装钢筋、焊接固定。
2.选料湿水、钻孔成槽、穿丝固定、挂贴面层。
3.调运砂浆、灌浆、擦缝、清洁表面。

计量单位:10m²

定额编号					LB0102
项目名称					挂贴装饰石材
					零星项目
费用	综合单价(元)				**2744.25**
	其中	人工费(元)			839.54
		材料费(元)			1656.88
		施工机具使用费(元)			20.99
		企业管理费(元)			131.05
		利润(元)			80.68
		一般风险费(元)			15.11
	编码	名称	单位	单价(元)	消耗量
人工	000300120	镶贴综合工	工日	130.00	6.458
材料	810201040	水泥砂浆 1:2.5(特)	m³	232.40	0.606
	040100520	白色硅酸盐水泥	kg	0.75	1.550
	010100010	钢筋 综合	kg	3.07	15.780
	030130120	膨胀螺栓	套	0.94	60.600
	082100010	装饰石材	m²	120.00	11.200
	002000010	其他材料费	元	—	65.47
机械	002000045	其他机械费	元	—	20.99

B.6.1.3 **金属骨架上干挂装饰石材**

工作内容：1.清理基层、清洗石材、钻孔成槽、安挂件(螺栓)。
2.面层安装、勾缝、打胶、清洁表面。

计量单位：10m²

		定额编号			LB0103
		项目名称			金属骨架上干挂装饰石材
					零星项目
费用		**综合单价(元)**			**2890.36**
	其中	人工费(元)			816.14
		材料费(元)			1833.30
		施工机具使用费(元)			20.40
		企业管理费(元)			127.40
		利润(元)			78.43
		一般风险费(元)			14.69
	编码	名称	单位	单价(元)	消耗量
人工	000300120	镶贴综合工	工日	130.00	6.278
材料	330105000	不锈钢干挂件(钢骨架干挂材专用)	套	4.70	67.320
	082100010	装饰石材	m²	120.00	11.200
	144102320	硅酮密封胶	支	23.09	2.000
	144107500	结构胶	kg	34.17	2.000
	002000010	其他材料费	元	—	58.38
机械	002000045	其他机械费	元	—	20.40

B.6.2 块料零星项目(编码:011206002)

B.6.2.1 **文化石砖**

工作内容：1.清理基层、修补基层表面、调运砂浆、铺抹结合层砂浆(刷粘结剂)。
2.选料、贴块料面层。
3.擦缝、清理表面。

计量单位：10m²

		定额编号			LB0104	LB0105	LB0106	LB0107
		项目名称			文化石砖			
					水泥砂浆粘贴		粘结剂粘贴	
					零星项目			
					密缝	灰缝5mm	密缝	灰缝5mm
费用		**综合单价(元)**			**1299.50**	**1355.04**	**1956.62**	**2097.32**
	其中	人工费(元)			613.08	674.44	643.76	708.11
		材料费(元)			505.43	481.51	1122.82	1180.17
		施工机具使用费(元)			15.33	16.86	16.09	17.70
		企业管理费(元)			95.70	105.28	100.49	110.54
		利润(元)			58.92	64.81	61.87	68.05
		一般风险费(元)			11.04	12.14	11.59	12.75
	编码	名称	单位	单价(元)	消耗量			
人工	000300120	镶贴综合工	工日	130.00	4.716	5.188	4.952	5.447
材料	810201010	水泥砂浆 1:1(特)	m³	334.13	—	0.018	—	0.011
	810201020	水泥砂浆 1:1.5(特)	m³	290.25	0.082	0.082	—	—
	040100520	白色硅酸盐水泥	kg	0.75	1.856	1.856	1.856	1.856
	144102700	胶粘剂	kg	12.82	—	—	50.020	56.545
	080700050	文化石砖	m²	42.74	11.200	10.500	11.200	10.500
	002000010	其他材料费	元	—	1.55	1.53	1.48	1.43
机械	002000045	其他机械费	元	—	15.33	16.86	16.09	17.70

B.6.2.2 天然文化石

工作内容：1.清理基层、修补基层表面、调运砂浆、铺抹结合层砂浆（刷粘结剂）。
2.选料、贴块料面层。
3.擦缝、清理表面。

计量单位：10m²

定额编号					LB0108	LB0109	LB0110	LB0111
项目名称					天然文化石			
					水泥砂浆粘贴		粘结剂粘贴	
					零星项目			
					密缝	灰缝5mm	密缝	灰缝5mm
费用	综合单价（元）				**2333.81**	**2373.32**	**2704.17**	**2872.88**
	其中	人工费（元）			745.03	819.52	839.80	923.78
		材料费（元）			1368.84	1311.87	1616.46	1676.40
		施工机具使用费（元）			18.63	20.49	21.00	23.09
		企业管理费（元）			116.30	127.93	131.09	144.20
		利润（元）			71.60	78.76	80.70	88.78
		一般风险费（元）			13.41	14.75	15.12	16.63
	编码	名称	单位	单价(元)	消耗量			
人工	000300120	镶贴综合工	工日	130.00	5.731	6.304	6.460	7.106
材料	810201010	水泥砂浆 1:1(特)	m³	334.13	1.000	1.018	0.021	0.011
	810201020	水泥砂浆 1:1.5(特)	m³	290.25	0.082	0.082	—	—
	040100520	白色硅酸盐水泥	kg	0.75	1.856	1.856	1.856	1.856
	080700030	天然文化石	m²	90.00	11.200	10.500	11.200	10.500
	144102700	胶粘剂	kg	12.82	—	—	46.700	56.545
	002000010	其他材料费	元	—	1.52	1.53	1.36	1.43
机械	002000045	其他机械费	元	—	18.63	20.49	21.00	23.09

B.6.2.3 马赛克

工作内容：1.清理基层、修补基层表面、调运砂浆、铺抹结合层砂浆（刷粘结剂）。
2.选料、贴块料面层。
3.擦缝、清理表面。

计量单位：10m²

定额编号					LB0112	LB0113
项目名称					马赛克	
					水泥砂浆粘贴	粘结剂粘贴
					零星项目	
费用	综合单价（元）				**1547.50**	**2164.64**
	其中	人工费（元）			736.45	773.24
		材料费（元）			593.65	1163.14
		施工机具使用费（元）			18.41	19.33
		企业管理费（元）			114.96	120.70
		利润（元）			70.77	74.31
		一般风险费（元）			13.26	13.92
	编码	名称	单位	单价(元)	消耗量	
人工	000300120	镶贴综合工	工日	130.00	5.665	5.948
材料	810201020	水泥砂浆 1:1.5(特)	m³	290.25	0.091	—
	040100520	白色硅酸盐水泥	kg	0.75	2.890	2.890
	070700100	马赛克	m²	50.00	11.200	11.200
	144102700	胶粘剂	kg	12.82	—	46.740
	002000010	其他材料费	元	—	5.07	1.77
机械	002000045	其他机械费	元	—	18.41	19.33

B.6.2.4 内墙面砖

工作内容:1.清理基层、修补基层表面、调运砂浆、铺抹结合层砂浆(刷粘结剂或专用胶泥)。
2.选料、贴块料面层。
3.擦缝、清理表面。

计量单位:10m²

定额编号					LB0114	LB0115	LB0116	LB0117	LB0118	LB0119
项目名称					零星项目贴面砖					
					水泥砂浆粘贴		粘结剂粘贴		胶泥粘贴	
					密缝	灰缝 5mm	密缝	灰缝 5mm	密缝	灰缝 5mm
费用	综合单价(元)				**1161.60**	**1220.33**	**1695.86**	**1942.82**	**1276.07**	**1381.58**
	其中	人工费(元)			598.91	658.84	628.81	691.73	616.33	677.95
		材料费(元)			385.89	367.01	881.42	1046.89	477.80	503.50
		施工机具使用费(元)			14.97	16.47	15.72	17.29	15.41	16.95
		企业管理费(元)			93.49	102.84	98.16	107.98	96.21	105.83
		利润(元)			57.56	63.31	60.43	66.48	59.23	65.15
		一般风险费(元)			10.78	11.86	11.32	12.45	11.09	12.20
	编码	名称	单位	单价(元)	消耗量					
人工	000300120	镶贴综合工	工日	130.00	4.607	5.068	4.837	5.321	4.741	5.215
材料	810201020	水泥砂浆 1:1.5(特)	m³	290.25	0.082	0.082	—	—	—	—
	810201010	水泥砂浆 1:1(特)	m³	334.13	—	0.018	0.011	0.011	0.011	0.011
	040100520	白色硅酸盐水泥	kg	0.75	1.856	1.856	1.856	1.856	1.856	1.856
	070101300	面砖	m²	30.00	11.200	10.500	11.200	10.500	11.200	10.500
	133504950	专用胶泥	kg	3.21	—	—	—	—	42.000	56.545
	144102700	胶粘剂	kg	12.82	1.770	1.465	42.000	56.545	—	—
	002000010	其他材料费	元	—	2.01	2.02	1.91	1.92	1.91	1.92
机械	002000045	其他机械费	元	—	14.97	16.47	15.72	17.29	15.41	16.95

工作内容:1.清理、修补基层表面、刷浆、安预埋铁件、制作安装钢筋、焊接固定、抹结合层砂浆。
2.选料湿水、钻孔成槽、穿丝固定、挂贴面层。
3.调运砂浆、灌浆、擦缝、清洁表面。

计量单位:10m²

定额编号					LB0120
项目名称					面砖挂贴
费用	综合单价(元)				**1647.67**
	其中	人工费(元)			819.13
		材料费(元)			586.73
		施工机具使用费(元)			20.48
		企业管理费(元)			127.87
		利润(元)			78.72
		一般风险费(元)			14.74
	编码	名称	单位	单价(元)	消耗量
人工	000300120	镶贴综合工	工日	130.00	6.301
材料	810201020	水泥砂浆 1:1.5(特)	m³	290.25	0.562
	810425010	素水泥浆	m³	479.39	0.010
	010100010	钢筋 综合	kg	3.07	15.780
	070101300	面砖	m²	30.00	10.600
	002000010	其他材料费	元	—	52.37
机械	002000045	其他机械费	元	—	20.48

工作内容：1.清理基层、清洗石材、钻孔成槽、安挂件(螺栓)。
2.面层安装、勾缝、打胶、清洁表面。

计量单位：10m²

定额编号					LB0121
项目名称					面砖干挂
					金属龙骨干挂
费用	综合单价（元）				1927.87
	其中	人工费（元）			807.04
		材料费（元）			882.58
		施工机具使用费（元）			20.18
		企业管理费（元）			125.98
		利润（元）			77.56
		一般风险费（元）			14.53
	编码	名称	单位	单价(元)	消耗量
人工	000300120	镶贴综合工	工日	130.00	6.208
材料	330105000	不锈钢干挂件(钢骨架干挂材专用)	套	4.70	67.320
	070101300	面砖	m²	30.00	10.600
	144102320	硅酮密封胶	支	23.09	3.000
	144107500	结构胶	kg	34.17	2.000
	002000010	其他材料费	元	—	110.57
机械	002000045	其他机械费	元	—	20.18

B.6.2.5 外墙面砖

工作内容：1.清理基层、修补基层表面、调运砂浆、铺抹结合层砂浆(刷粘结剂)。
2.选料、贴块料面层。
3.擦缝、清理表面。

计量单位：10m²

定额编号					LB0122	LB0123	LB0124	LB0125
项目名称					外墙面砖			
					零星项目			
					水泥砂浆粘贴		粘结剂粘贴	
					密缝	灰缝5mm	密缝	灰缝5mm
费用	综合单价（元）				1123.47	1305.10	1719.58	2002.93
	其中	人工费（元）			654.42	794.56	720.72	881.40
		材料费（元）			275.87	275.99	786.11	861.33
		施工机具使用费（元）			16.36	19.86	18.02	22.04
		企业管理费（元）			102.15	124.03	112.50	137.59
		利润（元）			62.89	76.36	69.26	84.70
		一般风险费（元）			11.78	14.30	12.97	15.87
	编码	名称	单位	单价(元)	消耗量			
人工	000300120	镶贴综合工	工日	130.00	5.034	6.112	5.544	6.780
材料	810201010	水泥砂浆 1:1(特)	m³	334.13	—	0.009	—	0.009
	810201020	水泥砂浆 1:1.5(特)	m³	290.25	0.089	0.089	—	—
	070300100	外墙面砖	m²	21.37	11.500	10.500	11.500	10.500
	144102700	胶粘剂	kg	12.82	0.177	1.618	42.000	49.300
	002000010	其他材料费	元	—	2.01	2.02	1.91	1.91
机械	002000045	其他机械费	元	—	16.36	19.86	18.02	22.04

B.6.2.6 纸皮砖

工作内容:1.清理基层、修补基层表面、调运砂浆、铺抹结合层砂浆(刷粘结剂)。
2.选料、贴块料面层。
3.擦缝、清理表面。

计量单位:10m²

定额编号						LB0126	LB0127
项目名称						纸皮砖 水泥砂浆粘贴	纸皮砖 粘结剂粘贴
						零星项目	
费用	综合单价(元)					**1773.78**	**2197.31**
	其中	人工费(元)				908.57	1009.32
		材料费(元)				597.01	890.04
		施工机具使用费(元)				22.71	25.23
		企业管理费(元)				141.83	157.55
		利润(元)				87.31	97.00
		一般风险费(元)				16.35	18.17
	编码	名称		单位	单价(元)	消耗量	
人工	000300120	镶贴综合工		工日	130.00	6.989	7.764
材料	810201010	水泥砂浆 1:1(特)		m^3	334.13	0.090	0.090
	810201020	水泥砂浆 1:1.5(特)		m^3	290.25	0.890	—
	070504000	纸皮砖		m^2	22.22	11.200	11.200
	144102700	胶粘剂		kg	12.82	—	46.600
	002000010	其他材料费		元	—	59.75	13.69
机械	002000045	其他机械费		元	—	22.71	25.23

B.6.2.7 面砖专用勾缝剂

工作内容:清理基层、调制浆(胶)料、勾缝。

计量单位:10m²

定额编号					LB0128
项目名称					面砖专用勾缝剂勾缝
					面砖专用勾缝剂
					缝宽 5mm
费用	综合单价(元)				**527.72**
	其中	人工费(元)			370.11
		材料费(元)			48.36
		施工机具使用费(元)			9.25
		企业管理费(元)			57.77
		利润(元)			35.57
		一般风险费(元)			6.66
	编码	名称	单位	单价(元)	消耗量
人工	000300120	镶贴综合工	工日	130.00	2.847
材料	002000010	其他材料费	元	—	48.36
机械	002000045	其他机械费	元	—	9.25

B.6.2.8 **面砖线条安装**

工作内容:1.清理基层、调制砂浆、抹灰找平。
2.选料、刷粘结剂、贴内墙面砖及线条、擦缝。

计量单位:100m

定额编号					LB0129	LB0130	LB0131	LB0132	LB0133	LB0134
项目名称					内墙面砖线条					
					水泥砂浆粘贴	粘结剂粘贴	胶泥粘贴	水泥砂浆粘贴	粘结剂粘贴	胶泥粘贴
					压顶线			阴、阳角线		
费用	综合单价(元)				**122.79**	**184.53**	**150.13**	**132.84**	**183.20**	**159.48**
	其中	人工费(元)			74.36	83.20	87.36	82.68	92.43	97.11
		材料费(元)			26.47	76.76	36.98	25.74	63.49	33.70
		施工机具使用费(元)			1.86	2.08	2.18	2.07	2.31	2.43
		企业管理费(元)			11.61	12.99	13.64	12.91	14.43	15.16
		利润(元)			7.15	8.00	8.40	7.95	8.88	9.33
		一般风险费(元)			1.34	1.50	1.57	1.49	1.66	1.75
	编码	名称	单位	单价(元)	消耗量					
人工	000300120	镶贴综合工	工日	130.00	0.572	0.640	0.672	0.636	0.711	0.747
材料	810201010	水泥砂浆 1:1(特)	m^3	334.13	0.008	—	—	0.006	—	—
	040100520	白色硅酸盐水泥	kg	0.75	0.140	0.154	0.154	0.102	0.115	0.115
	070101200	内墙面砖压条线条	m	2.14	11.000	11.000	11.000	—	—	—
	070101210	内墙面砖阴阳角线条	m	2.14	—	—	—	11.000	11.000	11.000
	133504950	专用胶泥	kg	3.21	—	—	4.100	—	—	3.100
	144102700	胶粘剂	kg	12.82	—	4.100	—	—	3.100	—
	002000010	其他材料费	元	—	0.15	0.54	0.16	0.12	0.12	0.12
机械	002000045	其他机械费	元	—	1.86	2.08	2.18	2.07	2.31	2.43

B.6.3 拼碎块零星项目(编码:011206003)

B.6.3.1 **粘贴装饰石材**

工作内容:1.清理基层、修补基层表面、调运砂浆、铺抹结合层砂浆(刷粘结剂)。
2.选料、贴块料面层。
3.擦缝、清理表面。

计量单位:$10m^2$

定额编号					LB0135
项目名称					拼碎装饰石材
					水泥砂浆
					零星项目
费用	综合单价(元)				**2036.42**
	其中	人工费(元)			901.68
		材料费(元)			868.57
		施工机具使用费(元)			22.54
		企业管理费(元)			140.75
		利润(元)			86.65
		一般风险费(元)			16.23
	编码	名称	单位	单价(元)	消耗量
人工	000300120	镶贴综合工	工日	130.00	6.936
材料	810201020	水泥砂浆 1:1.5(特)	m^3	290.25	0.051
	081700800	碎装饰石材	m^2	68.38	11.200
	144102700	胶粘剂	kg	12.82	4.400
	002000010	其他材料费	元	—	31.50
机械	002000045	其他机械费	元	—	22.54

B.7 墙饰面(编码:011207)

B.7.1 墙面装饰板(编码:011207001)

B.7.1.1 龙骨基层

工作内容:基层清理、定位下料、打眼安膨胀螺栓、安装龙骨、刷防腐油。

计量单位:10m²

定额编号					LB0136	LB0137
项目名称					木龙骨 断面 20cm² 以内	轻钢龙骨
					中距(mm 以内)	
					300	竖向 600 横向 1500
费用	综合单价(元)				**448.54**	**409.83**
	其中	人工费(元)			99.50	65.25
		材料费(元)			319.67	325.32
		施工机具使用费(元)			2.49	1.63
		企业管理费(元)			15.53	10.19
		利润(元)			9.56	6.27
		一般风险费(元)			1.79	1.17
	编码	名称	单位	单价(元)	消耗量	
人工	000300050	木工综合工	工日	125.00	0.796	0.522
材料	050303800	木材 锯材	m³	1547.01	0.176	—
	100100240	轻钢龙骨 75×50	m	9.83	—	19.946
	100100250	轻钢龙骨 75×40×0.63	m	8.97	—	10.638
	002000010	其他材料费	元	—	47.40	33.83
机械	002000045	其他机械费	元	—	2.49	1.63

工作内容:基层清理、定位下料、打眼安膨胀螺栓、安装龙骨、刷防腐油。

计量单位:10m²

定额编号					LB0138	LB0139	LB0140	LB0141
项目名称					铝合金龙骨		型钢龙骨	
					中距(mm 以内)			
					单向 500	双向 500	单向 1000	双向 1000
费用	综合单价(元)				**315.89**	**582.41**	**574.60**	**961.37**
	其中	人工费(元)			69.25	100.38	263.88	382.75
		材料费(元)			226.20	452.39	232.82	465.63
		施工机具使用费(元)			1.73	2.51	6.60	9.57
		企业管理费(元)			10.81	15.67	41.19	59.75
		利润(元)			6.65	9.65	25.36	36.78
		一般风险费(元)			1.25	1.81	4.75	6.89
	编码	名称	单位	单价(元)	消耗量			
人工	000300050	木工综合工	工日	125.00	0.554	0.803	2.111	3.062
材料	100300020	铝合金龙骨 60×30×1.5	m	5.98	24.822	49.644	—	—
	012100010	角钢 综合	kg	2.78	—	—	63.966	127.932
	002000010	其他材料费	元	—	77.76	155.52	54.99	109.98
机械	002000045	其他机械费	元	—	1.73	2.51	6.60	9.57

B.7.1.2 夹板、卷材基材

工作内容：龙骨上钉隔离层或基层板铺贴。　　　　计量单位：$10m^2$

		定额编号			LB0142	LB0143	LB0144
		项目名称			石膏板基层	胶合板基层	木夹板基层
					墙面		
费用		综合单价（元）			**207.82**	**247.16**	**257.82**
	其中	人工费（元）			68.38	71.25	79.13
		材料费（元）			119.26	154.88	155.34
		施工机具使用费（元）			1.71	1.78	1.98
		企业管理费（元）			10.67	11.12	12.35
		利润（元）			6.57	6.85	7.60
		一般风险费（元）			1.23	1.28	1.42
	编码	名称	单位	单价（元）	消耗量		
人工	000300050	木工综合工	工日	125.00	0.547	0.570	0.633
材料	090100010	石膏板	m^2	9.40	10.500	—	—
	050500010	胶合板	m^2	12.82	—	10.500	—
	292500110	木夹板	m^2	12.82	—	—	10.500
	144102700	胶粘剂	kg	12.82	1.404	1.404	1.404
	002000010	其他材料费	元	—	2.56	2.27	2.73
机械	002000045	其他机械费	元	—	1.71	1.78	1.98

工作内容：龙骨上钉隔离层或基层板铺贴。　　　　计量单位：$10m^2$

		定额编号			LB0145	LB0146	LB0147
		项目名称			石膏板基层	胶合板基层	木夹板基层
					零星		
费用		综合单价（元）			**232.56**	**273.84**	**295.02**
	其中	人工费（元）			79.88	81.75	97.75
		材料费（元）			129.09	167.96	168.42
		施工机具使用费（元）			2.00	2.04	2.44
		企业管理费（元）			12.47	12.76	15.26
		利润（元）			7.68	7.86	9.39
		一般风险费（元）			1.44	1.47	1.76
	编码	名称	单位	单价（元）	消耗量		
人工	000300050	木工综合工	工日	125.00	0.639	0.654	0.782
材料	090100010	石膏板	m^2	9.40	11.520	—	—
	050500010	胶合板	m^2	12.82	—	11.520	—
	292500110	木夹板	m^2	12.82	—	—	11.520
	144102700	胶粘剂	kg	12.82	1.404	1.404	1.404
	002000010	其他材料费	元	—	2.80	2.27	2.73
机械	002000045	其他机械费	元	—	2.00	2.04	2.44

B.7.1.3 面 层

工作内容:安装玻璃面层、钉压条等。 **计量单位**:10m²

定额编号						LB0148	LB0149
项目名称						单层玻璃	
						在基层板上粘贴	在砂浆面上粘贴
						墙面	
费用	综合单价(元)					**790.51**	**1050.05**
	其中	人工费(元)				120.50	168.75
		材料费(元)				637.45	835.70
		施工机具使用费(元)				—	—
		企业管理费(元)				18.81	26.34
		利润(元)				11.58	16.22
		一般风险费(元)				2.17	3.04
	编码	名称		单位	单价(元)	消耗量	
人工	000300050	木工综合工		工日	125.00	0.964	1.350
材料	120300010	不锈钢压条 2		m	4.26	12.465	—
	014901500	铝收口条(压条)		m	4.79	—	68.085
	064500025	玻璃 5		m²	23.08	10.500	10.500
	144101320	玻璃胶 350 g/支		支	27.35	10.800	—
	144102700	胶粘剂		kg	12.82	—	0.248
	002000010	其他材料费		元	—	46.63	238.85
	341100400	电		kW·h	0.70	—	36.000

工作内容:安装玻璃面层、钉压条。 **计量单位**:10m²

定额编号						LB0150	LB0151
项目名称						单层玻璃	
						在基层板上粘贴	在砂浆面上粘贴
						零星	
费用	综合单价(元)					**870.08**	**1176.48**
	其中	人工费(元)				165.25	293.25
		材料费(元)				660.18	803.99
		施工机具使用费(元)				—	—
		企业管理费(元)				25.80	45.78
		利润(元)				15.88	28.18
		一般风险费(元)				2.97	5.28
	编码	名称		单位	单价(元)	消耗量	
人工	000300050	木工综合工		工日	125.00	1.322	2.346
材料	064500025	玻璃 5		m²	23.08	10.500	10.500
	120300010	不锈钢压条 2		m	4.26	18.259	—
	014901500	铝收口条(压条)		m	4.79	—	58.191
	144101320	玻璃胶 350 g/支		支	27.35	10.800	—
	002000010	其他材料费		元	—	44.68	257.72
	341100400	电		kW·h	0.70	—	36.000

工作内容：清理基层、打胶、粘贴面层、清理净面等。　　　　计量单位：$10m^2$

定额编号					LB0152	LB0153
项目名称					不锈钢面板	
					墙面	零星项目
费用	综合单价（元）				**2121.00**	**2318.91**
	其中	人工费（元）			422.50	499.00
		材料费（元）			1584.34	1685.09
		施工机具使用费（元）			—	—
		企业管理费（元）			65.95	77.89
		利润（元）			40.60	47.95
		一般风险费（元）			7.61	8.98
	编码	名称	单位	单价（元）	消耗量	
人工	000300050	木工综合工	工日	125.00	3.380	3.992
材料	263100000	不锈钢面板	m^2	119.66	11.389	11.966
	144101320	玻璃胶 350 g/支	支	27.35	8.100	9.259

工作内容：铺钉面层、钉压条、清理等。　　　　计量单位：$10m^2$

定额编号					LB0154	LB0155	LB0156	LB0157
项目名称					铝单板墙面	铝合金装饰条板墙面	铝塑板墙面	
					金属龙骨基层上		木基层板上	金属龙骨基层上
费用	综合单价（元）				**1890.18**	**961.65**	**1734.72**	**1751.06**
	其中	人工费（元）			158.00	222.13	230.38	275.88
		材料费（元）			1685.55	679.50	1442.09	1400.64
		施工机具使用费（元）			3.95	—	—	—
		企业管理费（元）			24.66	34.67	35.96	43.06
		利润（元）			15.18	21.35	22.14	26.51
		一般风险费（元）			2.84	4.00	4.15	4.97
	编码	名称	单位	单价（元）	消耗量			
人工	000300050	木工综合工	工日	125.00	1.264	1.777	1.843	2.207
材料	090501560	铝单板	m^2	145.30	10.600	—	—	—
	090500900	铝合金条板	m^2	51.28	—	10.600	—	—
	091300010	铝塑板	m^2	110.00	—	—	11.484	11.484
	014900200	电化角铝 25.4×2	m	7.06	17.766	—	—	—
	014901500	铝收口条（压条）	m	4.79	—	10.589	—	—
	144102700	胶粘剂	kg	12.82	0.105	—	4.850	1.617
	144102320	硅酮密封胶	支	23.09	—	—	5.053	5.053
	002000010	其他材料费	元	—	18.60	85.21	—	—
机械	002000045	其他机械费	元	—	3.95	—	—	—

工作内容：贴或钉面层、钉压条、清理。　　计量单位：10m²

定额编号					LB0158	LB0159
项目名称					皮革硬包	皮革软包
					墙面、墙裙	
					现场制作、安装	
费用	综合单价（元）				**1653.89**	**1790.58**
	其中	人工费（元）			445.25	473.38
		材料费（元）			1077.21	1177.47
		施工机具使用费（元）			11.13	11.83
		企业管理费（元）			69.50	73.89
		利润（元）			42.79	45.49
		一般风险费（元）			8.01	8.52
	编码	名称	单位	单价（元）	消耗量	
人工	000300050	木工综合工	工日	125.00	3.562	3.787
材料	014901500	铝收口条（压条）	m	4.79	7.212	10.638
	050500010	胶合板	m²	12.82	10.500	10.500
	023500010	皮革	m²	76.38	11.000	11.000
	151300210	泡沫塑料 $\delta=30$	m²	8.12	—	10.500
	144102700	胶粘剂	kg	12.82	1.404	1.404
	002000010	其他材料费	元	—	49.88	48.46
机械	002000045	其他机械费	元	—	11.13	11.83

工作内容：贴或钉面层、钉压条、清理。　　计量单位：10m²

定额编号					LB0160	LB0161
项目名称					布艺硬包	布艺软包
					墙面、墙裙	
					现场制作、安装	
费用	综合单价（元）				**988.32**	**1108.23**
	其中	人工费（元）			423.00	449.75
		材料费（元）			440.45	525.71
		施工机具使用费（元）			10.58	11.24
		企业管理费（元）			66.03	70.21
		利润（元）			40.65	43.22
		一般风险费（元）			7.61	8.10
	编码	名称	单位	单价（元）	消耗量	
人工	000300050	木工综合工	工日	125.00	3.384	3.598
材料	050500010	胶合板	m²	12.82	10.500	10.500
	093300300	丝绒面料	m²	21.37	11.200	11.200
	151300210	泡沫塑料 $\delta=30$	m²	8.12	—	10.500
	144102700	胶粘剂	kg	12.82	3.604	3.604
	002000010	其他材料费	元	—	20.29	20.29
机械	002000045	其他机械费	元	—	10.58	11.24

工作内容：贴或钉面层、钉压条、清理。　　计量单位：10m²

定额编号					LB0162	LB0163
项目名称					皮革硬包(软包)	布艺硬包(软包)
					墙面、墙裙	
					成品安装	
费用	综合单价（元）				1883.32	1663.48
	其中	人工费（元）			307.75	292.25
		材料费（元）			1484.73	1284.95
		施工机具使用费（元）			7.69	7.31
		企业管理费（元）			48.04	45.62
		利润（元）			29.57	28.09
		一般风险费（元）			5.54	5.26
	编码	名称	单位	单价(元)	消耗量	
人工	000300050	木工综合工	工日	125.00	2.462	2.338
材料	124500300	成品布艺硬包(软包)	m²	68.38	—	10.100
	023500020	成品皮革硬包(软包)	m²	88.25	10.100	—
	015101010	专用U型铝合金管	m	21.70	21.200	21.200
	030103455	镀锌U型螺丝 $DN15$	个	0.94	56.100	56.100
	030440140	专用成品挂件	套	1.33	56.100	56.100
	002000010	其他材料费	元	—	6.02	6.92
机械	002000045	其他机械费	元	—	7.69	7.31

工作内容：贴或钉面层、钉压条、清理。　　计量单位：10m²

定额编号					LB0164	LB0165
项目名称					皮革硬包	皮革软包
					零星项目	
					现场制作、安装	
费用	综合单价（元）				1792.08	1934.11
	其中	人工费（元）			476.63	548.75
		材料费（元）			1174.75	1223.37
		施工机具使用费（元）			11.92	13.72
		企业管理费（元）			74.40	85.66
		利润（元）			45.80	52.73
		一般风险费（元）			8.58	9.88
	编码	名称	单位	单价(元)	消耗量	
人工	000300050	木工综合工	工日	125.00	3.813	4.390
材料	144102700	胶粘剂	kg	12.82	1.404	1.404
	014901500	铝收口条(压条)	m	4.79	10.638	7.212
	050500010	胶合板	m²	12.82	11.520	11.520
	151300210	泡沫塑料 $\delta=30$	m²	8.12	—	10.500
	023500010	皮革	m²	76.38	11.626	11.626
	002000010	其他材料费	元	—	70.11	49.88
机械	002000045	其他机械费	元	—	11.92	13.72

工作内容：贴或钉面层、钉压条、清理。　　计量单位：10m²

定额编号					LB0166	LB0167
项目名称					布艺硬包	布艺软包
					零星项目	
					现场制作、安装	
费用	综合单价（元）				**1053.60**	**1227.58**
	其中	人工费（元）			452.75	521.25
		材料费（元）			467.20	552.46
		施工机具使用费（元）			11.32	13.03
		企业管理费（元）			70.67	81.37
		利润（元）			43.51	50.09
		一般风险费（元）			8.15	9.38
	编码	名称	单位	单价（元）	消耗量	
人工	000300050	木工综合工	工日	125.00	3.622	4.170
材料	050500010	胶合板	m²	12.82	11.520	11.520
	144102700	胶粘剂	kg	12.82	3.604	3.604
	093300300	丝绒面料	m²	21.37	11.840	11.840
	151300210	泡沫塑料 $\delta=30$	m²	8.12	—	10.500
	002000010	其他材料费	元	—	20.29	20.29
机械	002000045	其他机械费	元	—	11.32	13.03

工作内容：贴或钉面层、钉压条、清理。　　计量单位：10m²

定额编号					LB0168	LB0169
项目名称					皮革硬包（软包）	布艺硬包（软包）
					零星项目	
					成品安装	
费用	综合单价（元）				**1972.71**	**1750.02**
	其中	人工费（元）			356.63	338.88
		材料费（元）			1510.80	1311.10
		施工机具使用费（元）			8.92	8.47
		企业管理费（元）			55.67	52.90
		利润（元）			34.27	32.57
		一般风险费（元）			6.42	6.10
	编码	名称	单位	单价（元）	消耗量	
人工	000300050	木工综合工	工日	125.00	2.853	2.711
材料	023500020	成品皮革硬包（软包）	m²	88.25	10.100	—
	124500300	成品布艺硬包（软包）	m²	68.38	—	10.100
	015101010	专用U型铝合金管	m	21.70	21.200	21.200
	030440140	专用成品挂件	套	1.33	67.320	67.320
	030103455	镀锌U型螺丝 *DN*15	个	0.94	67.320	67.320
	002000010	其他材料费	元	—	6.62	7.61
机械	002000045	其他机械费	元	—	8.92	8.47

工作内容:1.贴或钉面层、钉压条、清理。
2.硬木板条包括踢脚线部分。

计量单位:10m²

定额编号					LB0170	LB0171	LB0172	LB0173	LB0174	LB0175
项目名称					塑料板面墙面、墙裙	木板条墙面	石膏板墙面	竹片墙面	木薄板	木丝板
费用	综合单价(元)				**755.71**	**564.26**	**243.02**	**1156.18**	**781.65**	**300.92**
	其中	人工费(元)			80.50	300.50	110.00	268.38	316.13	112.75
		材料费(元)			653.45	182.56	103.30	815.29	380.10	157.70
		施工机具使用费(元)			—	—	—	—	—	—
		企业管理费(元)			12.57	46.91	17.17	41.89	49.35	17.60
		利润(元)			7.74	28.88	10.57	25.79	30.38	10.84
		一般风险费(元)			1.45	5.41	1.98	4.83	5.69	2.03
	编码	名称	单位	单价(元)	消耗量					
人工	000300050	木工综合工	工日	125.00	0.644	2.404	0.880	2.147	2.529	0.902
材料	051500500	水泥压木丝板	m²	11.11	—	—	—	—	—	11.000
	021101040	塑料面板	m²	46.69	10.500	—	—	—	—	—
	120900400	塑料板阴阳角卡口板	m	1.71	5.263	—	—	—	—	—
	120900300	塑料板压口盖板	m	17.09	5.895	—	—	—	—	—
	120900510	塑料踢脚板	m	8.55	5.895	—	—	—	—	—
	050303800	木材 锯材	m³	1547.01	—	—	—	—	0.244	0.020
	120103500	木板条	m²	17.09	—	10.500	—	—	—	—
	090100010	石膏板	m²	9.40	—	—	10.500	—	—	—
	053300460	半圆竹片 $\phi 20$	m²	76.92	—	—	—	10.500	—	—
	002000010	其他材料费	元	—	3.06	3.11	4.60	7.63	2.63	4.55

工作内容:1.贴或钉面层、钉压条、清理。
2.硬木板条包括踢脚线部分。

计量单位:10m²

定额编号					LB0176	LB0177	LB0178
项目名称					塑料扣板	装饰木皮	FC 板
费用	综合单价(元)				**244.72**	**853.59**	**295.10**
	其中	人工费(元)			76.25	270.00	116.63
		材料费(元)			147.87	510.63	146.95
		施工机具使用费(元)			—	—	—
		企业管理费(元)			11.90	42.15	18.21
		利润(元)			7.33	25.95	11.21
		一般风险费(元)			1.37	4.86	2.10
	编码	名称	单位	单价(元)	消耗量		
人工	000300050	木工综合工	工日	125.00	0.610	2.160	0.933
材料	090900610	塑料扣板(空腹)	m²	11.97	10.500	—	—
	120900600	塑料压条	m	1.71	11.696	—	—
	050501650	装饰木皮	m²	42.74	—	11.000	—
	090901100	FC 板	m²	12.82	—	—	11.000
	144102700	胶粘剂	kg	12.82	—	3.158	—
	002000010	其他材料费	元	—	2.18	—	5.93

工作内容：清理基层、打胶、粘贴面层、清理净面等。　　　　计量单位：10m²

定额编号					LB0179	LB0180	LB0181
项目名称					粘木饰面胶合板	木饰面胶合板	粘防火板
					墙面、墙裙		墙面、墙裙
					现场制作、安装	成品安装	
费用	综合单价（元）				**369.06**	**1676.89**	**615.20**
	其中	人工费（元）			132.50	212.00	318.00
		材料费（元）			197.45	1402.31	203.33
		施工机具使用费（元）			3.31	5.30	7.95
		企业管理费（元）			20.68	33.09	49.64
		利润（元）			12.73	20.37	30.56
		一般风险费（元）			2.39	3.82	5.72
	编码	名称	单位	单价（元）	消耗量		
人工	000300050	木工综合工	工日	125.00	1.060	1.696	2.544
材料	050501310	木饰面胶合板	m^2	14.82	10.500	—	—
	091100200	防火板	m^2	15.38	—	—	10.500
	050501400	成品木饰面板	m^2	80.00	—	10.100	—
	015101010	专用U型铝合金管	m	21.70	—	21.200	—
	030440140	专用成品挂件	套	1.33	—	56.100	—
	030103455	镀锌U型螺丝 *DN*15	个	0.94	—	56.100	—
	144102700	胶粘剂	kg	12.82	3.200	—	3.200
	002000010	其他材料费	元	—	0.82	6.92	0.82
机械	002000045	其他机械费	元	—	3.31	5.30	7.95

工作内容：清理基层、打胶、粘贴面层、清理净面等。　　　　计量单位：10m²

定额编号					LB0182	LB0183	LB0184
项目名称					粘木饰面胶合板		粘防火板
					零星项目		零星项目
					现场制作、安装	成品安装	
费用	综合单价（元）				**434.05**	**1818.15**	**739.27**
	其中	人工费（元）			167.00	267.13	400.75
		材料费（元）			212.57	1469.49	219.02
		施工机具使用费（元）			9.35	9.35	11.22
		企业管理费（元）			26.07	41.70	62.56
		利润（元）			16.05	25.67	38.51
		一般风险费（元）			3.01	4.81	7.21
	编码	名称	单位	单价（元）	消耗量		
人工	000300050	木工综合工	工日	125.00	1.336	2.137	3.206
材料	050501310	木饰面胶合板	m^2	14.82	11.520	—	—
	091100200	防火板	m^2	15.38	—	—	11.520
	050501400	成品木饰面板	m^2	80.00	—	10.100	—
	015101010	专用U型铝合金管	m	21.70	—	21.200	—
	030440140	专用成品挂件	套	1.33	—	67.320	—
	030103455	镀锌U型螺丝 *DN*15	个	0.94	—	67.320	—
	144102700	胶粘剂	kg	12.82	3.200	3.200	3.200
	002000010	其他材料费	元	—	0.82	7.61	0.82
机械	002000040	其他机械费	元	—	9.35	9.35	11.22

B.7.1.4 钢构架

工作内容：1.制作：放样、画线、截料、平直、钻孔、焊接、成品矫正、除锈、刷防锈漆一遍及成品编号堆放。
2.安装：构件加固、吊装校正、拧紧螺钉、电焊固定。

计量单位：100kg

定额编号					LB0185	LB0186
项目名称					钢构架制作、安装	
					装饰钢构架	零星钢构架
费用	综合单价（元）				**675.58**	**789.57**
	其中	人工费（元）			231.84	289.80
		材料费（元）			375.30	414.21
		施工机具使用费（元）			5.80	7.25
		企业管理费（元）			36.19	45.24
		利润（元）			22.28	27.85
		一般风险费（元）			4.17	5.22
	编码	名称	单位	单价(元)	消耗量	
人工	000300160	金属制安综合工	工日	120.00	1.932	2.415
材料	010000010	型钢 综合	kg	3.09	108.000	118.800
	002000010	其他材料费	元	—	41.58	47.12
机械	002000045	其他机械费	元	—	5.80	7.25

B.7.1.5 石膏装饰花件安装

工作内容：1.清扫基层、定位放线、画线下料、调制粘结料。
2.粘贴安装固定石膏装饰线条花型、清理表面等。

计量单位：10套

定额编号					LB0187	LB0188	LB0189
项目名称					墙面石膏装饰花件		
					m^2 以内		
					0.5	0.8	1.0
费用	综合单价（元）				**329.56**	**392.99**	**455.74**
	其中	人工费（元）			81.25	122.50	150.00
		材料费（元）			224.33	234.33	261.45
		施工机具使用费（元）			2.03	3.06	3.75
		企业管理费（元）			12.68	19.12	23.42
		利润（元）			7.81	11.77	14.42
		一般风险费（元）			1.46	2.21	2.70
	编码	名称	单位	单价(元)	消耗量		
人工	000300050	木工综合工	工日	125.00	0.650	0.980	1.200
材料	123500040	石膏装饰花件	个	16.24	10.500	10.500	10.500
	144102700	胶粘剂	kg	12.82	1.970	2.660	4.560
	002000010	其他材料费	元	—	28.55	29.71	32.47
机械	002000045	其他机械费	元	—	2.03	3.06	3.75

B.8 柱(梁)饰面(编码:011208)

B.8.1 柱(梁)饰面装饰(编码:011208001)

B.8.1.1 夹板、卷材基材

工作内容:龙骨上钉隔离层或基层板铺贴。 计量单位:10m²

		定额编号			LB0190	LB0191	LB0192
		项目名称			石膏板基层	胶合板基层	木夹板基层
					梁柱面		
费用		**综合单价(元)**			**221.55**	**260.71**	**281.25**
	其中	人工费(元)			76.00	77.75	93.25
		材料费(元)			123.12	160.01	160.47
		施工机具使用费(元)			1.90	1.94	2.33
		企业管理费(元)			11.86	12.14	14.56
		利润(元)			7.30	7.47	8.96
		一般风险费(元)			1.37	1.40	1.68
	编码	名称	单位	单价(元)	消耗量		
人工	000300050	木工综合工	工日	125.00	0.608	0.622	0.746
材料	090100010	石膏板	m²	9.40	10.900	—	—
	050500010	胶合板	m²	12.82	—	10.900	—
	292500110	木夹板	m²	12.82	—	—	10.900
	144102700	胶粘剂	kg	12.82	1.404	1.404	1.404
	002000010	其他材料费	元	—	2.66	2.27	2.73
机械	002000045	其他机械费	元	—	1.90	1.94	2.33

B.8.1.2 面层

工作内容:安装玻璃面层、钉压条。 计量单位:10m²

		定额编号			LB0193	LB0194
		项目名称			单层玻璃	
					在基层板上粘贴	在砂浆面上粘贴
					梁柱面	
费用		**综合单价(元)**			**815.78**	**1093.11**
	其中	人工费(元)			122.50	225.13
		材料费(元)			660.18	807.16
		施工机具使用费(元)			—	—
		企业管理费(元)			19.12	35.14
		利润(元)			11.77	21.63
		一般风险费(元)			2.21	4.05
	编码	名称	单位	单价(元)	消耗量	
人工	000300050	木工综合工	工日	125.00	0.980	1.801
材料	064500025	玻璃 5	m²	23.08	10.500	10.500
	144101320	玻璃胶 350 g/支	支	27.35	10.800	—
	120300010	不锈钢压条 2	m	4.26	18.259	—
	014901500	铝收口条(压条)	m	4.79	—	58.191
	144102700	胶粘剂	kg	12.82	—	0.247
	002000010	其他材料费	元	—	44.68	257.72
	341100400	电	kW·h	0.70	—	36.000

工作内容：清理基层、打胶、粘贴面层、清理净面。 **计量单位**：$10m^2$

定额编号					LB0195
项目名称					不锈钢面板
					梁(柱)面
费用	综合单价（元）				**2218.03**
	其中	人工费（元）			467.88
		材料费（元）			1623.73
		施工机具使用费（元）			—
		企业管理费（元）			73.04
		利润（元）			44.96
		一般风险费（元）			8.42
	编码	名称	单位	单价(元)	消耗量
人工	000300050	木工综合工	工日	125.00	3.743
材料	263100000	不锈钢面板	m^2	119.66	11.565
	144101320	玻璃胶 350 g/支	支	27.35	8.770

工作内容：贴或钉面层、钉压条、清理。 **计量单位**：$10m^2$

定额编号					LB0196	LB0197
项目名称					皮革硬包	皮革软包
					柱面	
					现场制作、安装	
费用	综合单价（元）				**1756.71**	**1866.17**
	其中	人工费（元）			492.38	522.63
		材料费（元）			1118.98	1189.26
		施工机具使用费（元）			12.31	13.07
		企业管理费（元）			76.86	81.58
		利润（元）			47.32	50.22
		一般风险费（元）			8.86	9.41
	编码	名称	单位	单价(元)	消耗量	
人工	000300050	木工综合工	工日	125.00	3.939	4.181
材料	014901500	铝收口条(压条)	m	4.79	10.638	7.212
	050500010	胶合板	m^2	12.82	10.900	10.900
	023500010	皮革	m^2	76.38	11.000	11.000
	151300210	泡沫塑料 $\delta=30$	m^2	8.12	—	10.500
	144102700	胶粘剂	kg	12.82	1.404	1.404
	002000010	其他材料费	元	—	70.11	71.54
机械	002000045	其他机械费	元	—	12.31	13.07

工作内容:贴或钉面层、钉压条、清理。　　　　　　　　　　　　　　　　　　**计量单位:**10m²

定额编号					LB0198	LB0199
项目名称					布艺硬包	布艺软包
					柱面	
					现场制作、安装	
费用	综合单价(元)				**1051.41**	**1173.74**
	其中	人工费(元)			467.75	496.38
		材料费(元)			445.58	530.84
		施工机具使用费(元)			11.69	12.41
		企业管理费(元)			73.02	77.48
		利润(元)			44.95	47.70
		一般风险费(元)			8.42	8.93
	编码	名称	单位	单价(元)	消耗量	
人工	000300050	木工综合工	工日	125.00	3.742	3.971
材料	050500010	胶合板	m²	12.82	10.900	10.900
	093300300	丝绒面料	m²	21.37	11.200	11.200
	151300210	泡沫塑料 $\delta=30$	m²	8.12	—	10.500
	144102700	胶粘剂	kg	12.82	3.604	3.604
	002000010	其他材料费	元	—	20.29	20.29
机械	002000045	其他机械费	元	—	11.69	12.41

工作内容:贴或钉面层、钉压条、清理。　　　　　　　　　　　　　　　　　　**计量单位:**10m²

定额编号					LB0200	LB0201
项目名称					皮革硬包(软包)	布艺硬包(软包)
					柱面	
					成品安装	
费用	综合单价(元)				**1950.69**	**1728.97**
	其中	人工费(元)			339.63	322.63
		材料费(元)			1510.80	1311.10
		施工机具使用费(元)			8.49	8.07
		企业管理费(元)			53.02	50.36
		利润(元)			32.64	31.00
		一般风险费(元)			6.11	5.81
	编码	名称	单位	单价(元)	消耗量	
人工	000300050	木工综合工	工日	125.00	2.717	2.581
材料	124500300	成品布艺硬包(软包)	m²	68.38	—	10.100
	023500020	成品皮革硬包(软包)	m²	88.25	10.100	—
	015101010	专用U型铝合金管	m	21.70	21.200	21.200
	030440140	专用成品挂件	套	1.33	67.320	67.320
	030103455	镀锌U型螺丝 *DN*15	个	0.94	67.320	67.320
	002000010	其他材料费	元	—	6.62	7.61
机械	002000045	其他机械费	元	—	8.49	8.07

工作内容：贴或钉面层、钉压条、清理。

计量单位：10m²

定额编号					LB0202	LB0203	LB0204
项目名称					粘木饰面胶合板		粘防火板
					柱(梁)面		柱(梁)面
					现场制作、安装	成品安装	
费用	综合单价（元）				**409.32**	**1757.95**	**703.77**
	其中	人工费（元）			159.00	254.38	381.63
		材料费（元）			203.38	1428.47	209.49
		施工机具使用费（元）			3.98	6.36	9.54
		企业管理费（元）			24.82	39.71	59.57
		利润（元）			15.28	24.45	36.67
		一般风险费（元）			2.86	4.58	6.87
	编码	名称	单位	单价(元)	消耗量		
人工	000300050	木工综合工	工日	125.00	1.272	2.035	3.053
材料	050501310	木饰面胶合板	m²	14.82	10.900	—	—
	091100200	防火板	m²	15.38	—	—	10.900
	050501400	成品木饰面板	m²	80.00	—	10.100	—
	015101010	专用U型铝合金管	m	21.70	—	21.200	—
	030440140	专用成品挂件	套	1.33	—	67.320	—
	030103455	镀锌U型螺丝 *DN*15	个	0.94	—	67.320	—
	144102700	胶粘剂	kg	12.82	3.200	—	3.200
	002000010	其他材料费	元	—	0.82	7.61	0.82
机械	002000045	其他机械费	元	—	3.98	6.36	9.54

B.8.1.3 包柱

工作内容：1.清理基层、定位下料、钻眼、钉木楔、铺钉龙骨、基层。
2.打胶、粘贴铺装面层、清扫填缝等。

计量单位：10m²

定额编号					LB0205	LB0206	LB0207	LB0208
项目名称					圆柱包铜		方柱包圆铜	
					木龙骨、胶合板	钢龙骨	木龙骨、胶合板	钢龙骨
					装饰铜板			
费用	综合单价（元）				**3333.57**	**3644.86**	**3565.70**	**4000.61**
	其中	人工费（元）			837.13	1073.88	1039.00	1332.63
		材料费（元）			2249.31	2253.97	2219.98	2274.58
		施工机具使用费（元）			20.93	26.85	25.98	33.32
		企业管理费（元）			130.68	167.63	162.19	208.02
		利润（元）			80.45	103.20	99.85	128.07
		一般风险费（元）			15.07	19.33	18.70	23.99
	编码	名称	单位	单价(元)	消耗量			
人工	000300050	木工综合工	工日	125.00	6.697	8.591	8.312	10.661
材料	013500020	装饰铜板	m²	155.56	11.070	11.066	11.066	11.062
	050303800	木材 锯材	m³	1547.01	0.161	—	0.129	—
	012900030	钢板 综合	kg	3.21	—	10.636	—	5.928
	012100010	角钢 综合	kg	2.78	—	77.998	—	62.495
	011300020	扁钢 综合	kg	3.26	—	22.940	—	22.940
	292500110	木夹板	m²	12.82	2.406	—	1.341	—
	050500010	胶合板	m²	12.82	10.500	—	10.500	—
	144102700	胶粘剂	kg	12.82	6.975	4.238	8.422	4.211
	002000010	其他材料费	元	—	23.32	152.45	39.22	232.24
机械	002000045	其他机械费	元	—	20.93	26.85	25.98	33.32

工作内容：1.清理基层、定位下料、钻眼、钉木楔、铺钉龙骨、基层。
2.打胶、粘贴铺装面层、清扫填缝等。

计量单位：10m²

定额编号					LB0209	LB0210	LB0211	LB0212
项目名称					不锈钢饰面圆柱面		不锈钢饰面方柱包圆柱面	
					木龙骨、胶合板	钢龙骨	木龙骨、胶合板	钢龙骨
费用	综合单价（元）				**2928.72**	**4036.29**	**3642.34**	**5264.71**
	其中	人工费（元）			810.88	1044.63	1193.00	1344.75
		材料费（元）			1878.46	2683.28	2097.16	3522.98
		施工机具使用费（元）			20.27	26.12	29.83	33.62
		企业管理费（元）			126.58	163.07	186.23	209.92
		利润（元）			77.93	100.39	114.65	129.23
		一般风险费（元）			14.60	18.80	21.47	24.21
	编码	名称	单位	单价(元)	消耗量			
人工	000300050	木工综合工	工日	125.00	6.487	8.357	9.544	10.758
材料	050303800	木材 锯材	m³	1547.01	0.045	—	0.149	—
	012900030	钢板 综合	kg	3.21	—	167.300	—	167.300
	010000010	型钢 综合	kg	3.09	—	100.400	3.700	331.989
	292500110	木夹板	m²	12.82	1.225	—	1.540	—
	050500010	胶合板	m²	12.82	12.303	0.578	12.638	0.594
	263100000	不锈钢面板	m²	119.66	11.250	11.250	11.250	11.250
	032102250	不锈钢卡口槽	m	6.41	27.800	27.400	33.000	32.525
	144102700	胶粘剂	kg	12.82	1.400	—	3.000	—
	144101320	玻璃胶 350 g/支	支	27.35	0.900	0.900	0.900	0.900
	002000010	其他材料费	元	—	68.48	282.18	52.68	373.21
机械	002000045	其他机械费	元	—	20.27	26.12	29.83	33.62

工作内容：1.清理基层、定位下料、钻眼、钉木楔、铺钉龙骨、基层。
2.打胶、粘贴铺装面层、清扫填缝等。

计量单位：10m²

定额编号					LB0213	LB0214	LB0215
项目名称					铝塑板饰面圆柱面		
					木龙骨、胶合板	钢龙骨	铝龙骨
费用	综合单价（元）				**3907.29**	**4820.34**	**4799.21**
	其中	人工费（元）			1094.75	1411.88	1234.00
		材料费（元）			2489.36	2991.68	3200.93
		施工机具使用费（元）			27.37	35.30	30.85
		企业管理费（元）			170.89	220.39	192.63
		利润（元）			105.21	135.68	118.59
		一般风险费（元）			19.71	25.41	22.21
	编码	名称	单位	单价(元)	消耗量		
人工	000300050	木工综合工	工日	125.00	8.758	11.295	9.872
材料	050303800	木材 锯材	m³	1547.01	0.450	—	—
	012900030	钢板 综合	kg	3.21	—	167.300	—
	010000010	型钢 综合	kg	3.09	—	100.400	100.400
	015100020	铝合金型材	m	13.28	—	—	52.000
	292500110	木夹板	m²	12.82	1.225	—	—
	050500010	胶合板	m²	12.82	10.303	0.578	0.578
	091300010	铝塑板	m²	110.00	11.800	11.800	11.800
	144102700	胶粘剂	kg	12.82	6.254	4.927	4.927
	144104500	耐候胶	L	38.97	—	14.000	14.000
	002000010	其他材料费	元	—	267.24	230.26	285.98
机械	002000045	其他机械费	元	—	27.37	35.30	30.85

工作内容:1.清理基层、定位下料、钻眼、钉木楔、铺钉龙骨、基层。
2.打胶、粘贴铺装面层、清扫填缝等。

计量单位:$10m^2$

定额编号					LB0216	LB0217	LB0218
项目名称					铝塑板饰面方柱面		
					木龙骨、胶合板	钢龙骨	铝龙骨
费用	综合单价(元)				**3046.70**	**4733.29**	**4676.17**
	其中	人工费(元)			964.88	1344.63	1153.25
		材料费(元)			1796.99	2991.72	3182.48
		施工机具使用费(元)			24.12	33.62	28.83
		企业管理费(元)			150.62	209.90	180.02
		利润(元)			92.72	129.22	110.83
		一般风险费(元)			17.37	24.20	20.76
	编码	名称	单位	单价(元)	消耗量		
人工	000300050	木工综合工	工日	125.00	7.719	10.757	9.226
材料	050303800	木材 锯材	m^3	1547.01	0.132	—	—
	012900030	钢板 综合	kg	3.21	—	167.300	—
	010000010	型钢 综合	kg	3.09	—	100.400	100.400
	015100020	铝合金型材	m	13.28	—	—	51.000
	050500010	胶合板	m^2	12.82	10.500	0.578	0.578
	091300010	铝塑板	m^2	110.00	11.800	11.800	11.800
	144102700	胶粘剂	kg	12.82	6.254	4.927	4.927
	144104500	耐候胶	L	38.97	—	14.000	14.000
	002000010	其他材料费	元	—	80.00	230.30	280.81
机械	002000045	其他机械费	元	—	24.12	33.62	28.83

工作内容:1.清理基层、定位下料、钻眼、钉木楔、铺钉龙骨、基层。
2.打胶、粘贴铺装面层、清扫填缝等。

计量单位:$10m^2$

定额编号					LB0219	LB0220	LB0221
项目名称					包圆柱		
					木龙骨、胶合板基层		
					皮革	木饰面胶合板	防火板
费用	综合单价(元)				**2645.16**	**1519.24**	**1566.57**
	其中	人工费(元)			970.38	644.00	680.00
		材料费(元)			1388.32	685.13	685.83
		施工机具使用费(元)			24.26	16.10	17.00
		企业管理费(元)			151.48	100.53	106.15
		利润(元)			93.25	61.89	65.35
		一般风险费(元)			17.47	11.59	12.24
	编码	名称	单位	单价(元)	消耗量		
人工	000300050	木工综合工	工日	125.00	7.763	5.152	5.440
材料	050303800	木材 锯材	m^3	1547.01	0.161	0.161	0.161
	292500110	木夹板	m^2	12.82	2.400	2.400	2.400
	050500010	胶合板	m^2	12.82	10.500	10.500	10.500
	144102700	胶粘剂	kg	12.82	2.737	6.947	6.948
	023500010	皮革	m^2	76.38	11.000	—	—
	050501310	木饰面胶合板	m^2	14.82	—	11.000	—
	151300210	泡沫塑料 $\delta=30$	m^2	8.12	10.526	—	—
	091100200	防火板	m^2	15.38	—	—	11.000
	002000010	其他材料费	元	—	13.13	18.60	13.13
机械	002000045	其他机械费	元	—	24.26	16.10	17.00

工作内容：1.清理基层、定位下料、钻眼、钉木楔、铺钉龙骨、基层。
2.打胶、粘贴铺装面层、清扫填缝等。

计量单位：10m²

定额编号					LB0222	LB0223	LB0224
项目名称					包方柱		
					木龙骨、胶合板基层		
					玻璃	木饰面胶合板	防火板
费用	综合单价（元）				**2001.28**	**1501.09**	**1561.48**
	其中	人工费（元）			612.38	668.50	711.63
		材料费（元）			1208.13	635.26	639.78
		施工机具使用费（元）			15.31	16.71	17.79
		企业管理费（元）			95.59	104.35	111.08
		利润（元）			58.85	64.24	68.39
		一般风险费（元）			11.02	12.03	12.81
	编码	名称	单位	单价(元)	消耗量		
人工	000300050	木工综合工	工日	125.00	4.899	5.348	5.693
材料	050303800	木材 锯材	m³	1547.01	0.071	0.092	0.092
	050500010	胶合板	m²	12.82	10.500	10.500	10.500
	144102700	胶粘剂	kg	12.82	5.579	10.390	10.391
	144101320	玻璃胶 350 g/支	支	27.35	15.260	—	—
	050501310	木饰面胶合板	m²	14.82	—	11.000	—
	091100200	防火板	m²	15.38	—	—	11.000
	120300010	不锈钢压条 2	m	4.26	21.690	—	—
	064500025	玻璃 5	m²	23.08	10.500	—	—
	002000010	其他材料费	元	—	140.06	62.11	60.45
机械	002000045	其他机械费	元	—	15.31	16.71	17.79

B.8.2 成品装饰柱(编码：011208002)

B.8.2.1 成品石膏装饰柱安装

工作内容：1.清扫基层、定位放线、画线下料、调制粘结料。
2.粘贴安装固定石膏装饰柱、清理表面等。

计量单位：10 套

定额编号					LB0225	LB0226
项目名称					墙面半圆石膏装饰柱	
					（含柱墩、柱帽）	
					$H=3000$	
					$D=200$	$D=300$
费用	综合单价（元）				**4900.46**	**4945.34**
	其中	人工费（元）			203.75	233.75
		材料费（元）			4636.56	4642.59
		施工机具使用费（元）			5.09	5.84
		企业管理费（元）			31.81	36.49
		利润（元）			19.58	22.46
		一般风险费（元）			3.67	4.21
	编码	名称	单位	单价(元)	消耗量	
人工	000300050	木工综合工	工日	125.00	1.630	1.870
材料	120700900	石膏装饰柱	套	427.35	10.500	10.500
	144102700	胶粘剂	kg	12.82	4.960	5.390
	002000010	其他材料费	元	—	85.80	86.32
机械	002000045	其他机械费	元	—	5.09	5.84

B.9 幕墙工程(编码:011209)

B.9.1 带骨架幕墙(编码:011209001)

B.9.1.1 玻璃幕墙

工作内容:1.型材矫正、放料下料、切割断料、钻孔、安装框料及玻璃配件、周边塞口、清扫。
2.清理基层、定位、弹线、下料、打砖剔洞、安装龙骨、避雷装置焊接安装、清洗等。 **计量单位:**10m²

定额编号					LB0227	LB0228	LB0229
项目名称					玻璃幕墙		
					全隐框	半隐框	明框
费用	综合单价(元)				**6200.17**	**5917.59**	**5206.46**
	其中	人工费(元)			1802.50	1513.75	1312.50
		材料费(元)			3777.79	3883.26	3442.59
		施工机具使用费(元)			72.10	60.55	52.50
		企业管理费(元)			316.16	265.51	230.21
		利润(元)			195.57	164.24	142.41
		一般风险费(元)			36.05	30.28	26.25
	编码	名称	单位	单价(元)	消耗量		
人工	000300170	幕墙综合工	工日	125.00	14.420	12.110	10.500
材料	015100010	铝合金型材	kg	16.20	106.826	114.795	98.383
	030112810	不锈钢六角螺栓 M12×110	套	2.88	13.281	13.281	13.281
	030112420	不锈钢六角带帽螺栓 M12×450	套	2.65	13.281	13.281	13.281
	061100030	6+12A+6 钢化中空玻璃	m²	149.00	10.228	9.938	9.532
	032131210	镀锌铁件	kg	4.06	20.097	20.097	20.097
	144107600	结构胶 DC995	L	21.23	3.500	2.240	—
	144104500	耐候胶	L	38.97	2.231	2.494	2.231
	341100400	电	kW·h	0.70	3.377	3.658	3.095
	002000010	其他材料费	元	—	204.59	240.47	184.37
机械	002000045	其他机械费	元	—	72.10	60.55	52.50

B.9.1.2 铝塑板、铝板幕墙

工作内容:1.型材矫正、放料下料、切割断料、钻孔、安装框料及配件、周边塞口、清洁。
2.清理基层、定位、弹线、下料、打砖剔洞、安装龙骨及面层、避雷装置焊接安装、清洗等。 **计量单位:**10m²

定额编号					LB0230	LB0231	LB0232	LB0233
项目名称					铝塑板幕墙		铝板幕墙	
					铝合金骨架	钢骨架	铝合金骨架	钢骨架
费用	综合单价(元)				**4924.64**	**4834.50**	**4995.52**	**4843.04**
	其中	人工费(元)			1681.88	1732.38	1446.25	1489.63
		材料费(元)			2664.36	2506.35	3051.90	2841.13
		施工机具使用费(元)			67.28	69.30	57.85	59.59
		企业管理费(元)			295.00	303.86	253.67	261.28
		利润(元)			182.48	187.96	156.92	161.62
		一般风险费(元)			33.64	34.65	28.93	29.79
	编码	名称	单位	单价(元)	消耗量			
人工	000300170	幕墙综合工	工日	125.00	13.455	13.859	11.570	11.917
材料	015100010	铝合金型材	kg	16.20	64.469	27.066	62.852	22.195
	091300010	铝塑板	m²	110.00	11.676	11.676	—	—
	090501560	铝单板	m²	145.30	—	—	11.676	11.676
	030112810	不锈钢六角螺栓 M12×110	套	2.88	13.281	—	13.281	—
	030112420	不锈钢六角带帽螺栓 M12×450	套	2.65	13.281	—	13.281	—
	030114650	镀锌六角螺栓 M8×250	10个	13.54	—	14.800	—	14.800
	032131210	镀锌铁件	kg	4.06	20.097	32.970	20.097	32.970
	144107600	结构胶 DC995	L	21.23	0.744	0.744	0.821	0.821
	144104500	耐候胶	L	38.97	2.284	2.284	2.284	2.284
	010000310	镀锌钢材	kg	3.96	—	69.324	—	69.320
	341100400	电	kW·h	0.70	8.442	8.442	8.161	8.161
	002000010	其他材料费	元	—	69.85	64.04	69.99	64.14
机械	002000045	其他机械费	元	—	67.28	69.30	57.85	59.59

B.9.1.3 石材幕墙

工作内容：1.铁件加工、钢架制作、安装、焊接等全部操作过程。

2.基层清理、清洗石材、钻孔开槽、安挂件(螺栓)。

3.面层安装、嵌缝，刷胶、清洁表面。

计量单位：$10m^2$

定额编号					LB0234	LB0235
项目名称					干挂石材幕墙	
					短槽式钢骨架	背栓式钢骨架
费用	**综合单价(元)**				**5206.93**	**6067.10**
	其中	人工费(元)			1529.63	1879.88
		材料费(元)			3151.26	3540.72
		施工机具使用费(元)			61.19	75.20
		企业管理费(元)			268.30	329.73
		利润(元)			165.96	203.97
		一般风险费(元)			30.59	37.60
	编码	名称	单位	单价(元)	消耗量	
人工	000300170	幕墙综合工	工日	125.00	12.237	15.039
材料	082100010	装饰石材	m^2	120.00	10.200	10.300
	144104500	耐候胶	L	38.97	2.820	2.820
	330105000	不锈钢干挂件(钢骨架干挂材专用)	套	4.70	64.200	92.600
	010000310	镀锌钢材	kg	3.96	300.000	300.000
	032131210	镀锌铁件	kg	4.06	34.200	56.782
	144108800	云石胶	kg	20.51	1.963	1.963
	030112620	专用不锈钢螺栓 M10×35	个	1.40	64.200	53.185
	030115200	镀锌螺栓	个	0.34	—	25.600
	030440620	不锈钢背栓	套	2.00	—	92.600
	341100400	电	kW·h	0.70	3.942	4.506
	002000010	其他材料费	元	—	55.87	29.29
机械	002000045	其他机械费	元	—	61.19	75.20

B.9.1.4 幕墙防火封层、幕墙封边

工作内容：1.框边封闭，嵌缝、塞口，清洗等防火封层制作安装。

2.型材矫正、放样下料、切割断料、安装龙骨及铝板、周边塞口清扫。

计量单位：$10m^2$

定额编号					LB0236	LB0237
项目名称					幕墙防火封层	幕墙与建筑物顶端、侧边、底端封边
费用	**综合单价(元)**				**3112.73**	**5115.95**
	其中	人工费(元)			1301.25	1875.00
		材料费(元)			1363.97	2596.13
		施工机具使用费(元)			52.05	75.00
		企业管理费(元)			228.24	328.88
		利润(元)			141.19	203.44
		一般风险费(元)			26.03	37.50
	编码	名称	单位	单价(元)	消耗量	
人工	000300170	幕墙综合工	工日	125.00	10.410	15.000
材料	010000310	镀锌钢材	kg	3.96	32.820	—
	150300300	岩棉	m^2	12.82	5.250	—
	090501560	铝单板	m^2	145.30	—	11.200
	130500200	防火密封胶	支	28.00	25.000	—
	030100590	不锈钢拉铆钉 M5×15	100个	8.55	6.300	4.000
	012903065	镀锌钢板 1～1.5	kg	4.12	95.400	—
	015100010	铝合金型材	kg	16.20	—	34.700
	144104500	耐候胶	L	38.97	—	8.512
	341100400	电	kW·h	0.70	3.060	8.161
	002000010	其他材料费	元	—	17.64	35.00
机械	002000045	其他机械费	元	—	52.05	75.00

B.9.2 全玻(无框)幕墙(编码:011209002)

B.9.2.1 全玻幕墙

工作内容:放线、定位、玻璃吊装、就位、安装、注密封胶、表面清理。 **计量单位:**10m²

		定额编号			LB0238	LB0239	LB0240	LB0241
		项目名称			全玻璃幕墙			
					挂式	点式	嵌槽式	拉索式
费用		**综合单价(元)**			**5003.70**	**4240.78**	**3397.48**	**6146.24**
	其中	人工费(元)			1751.75	1107.50	1340.63	1750.00
		材料费(元)			2649.52	2752.41	1595.80	3794.41
		施工机具使用费(元)			70.07	44.30	53.63	70.00
		企业管理费(元)			307.26	194.26	235.15	306.95
		利润(元)			190.06	120.16	145.46	189.88
		一般风险费(元)			35.04	22.15	26.81	35.00
	编码	名称	单位	单价(元)	消耗量			
人工	000300170	幕墙综合工	工日	125.00	14.014	8.860	10.725	14.000
材料	060500210	钢化玻璃 15	m²	162.39	10.716	10.500	—	10.300
	060500200	钢化玻璃 12	m²	89.74	—	—	10.300	—
	010701300	16 不锈钢拉索(横向)	m	42.74	—	—	—	8.500
	010701500	16 拉索端头(横向)	套	115.38	—	—	—	0.700
	010701400	18 不锈钢拉索(竖向)	m	85.47	—	—	—	9.500
	010701600	18 拉索端头(竖向)	套	158.12	—	—	—	1.200
	144107600	结构胶 DC995	L	21.23	15.750	2.224	4.350	2.295
	144104500	耐候胶	L	38.97	0.646	0.621	2.011	—
	032131210	镀锌铁件	kg	4.06	25.880	28.280	62.250	—
	030440130	成套挂件(幕墙专用)	套	128.21	2.423	—	—	—
	030440110	二爪挂件(幕墙专用)	套	96.58	—	2.336	—	—
	011900010	槽钢 综合	kg	2.80	—	—	22.400	—
	010000310	镀锌钢材	kg	3.96	—	—	—	156.000
	030440120	四爪挂件(幕墙专用)	套	173.50	—	3.504	—	—
	030112430	不锈钢六角带帽螺栓 M14×120	套	3.85	—	4.672	—	—
	341100400	电	kW·h	0.70	2.150	2.150	2.150	2.150
	002000010	其他材料费	元	—	132.57	8.04	183.80	8.04
机械	002000045	其他机械费	元	—	70.07	44.30	53.63	70.00

B.9.2.2 全玻幕墙钢构架制安

工作内容：1.制作：放样、画线、截料、平直、钻孔、焊接、成品矫正、除锈、刷防锈漆一遍及成品编号堆放。
2.安装：构件加固、吊装校正、拧紧螺栓、电焊固定。

计量单位：t

定额编号					LB0242
项目名称					钢构架制作、安装
					点支式全玻幕墙
费用	综合单价（元）				7580.06
	其中	人工费（元）			3004.88
		材料费（元）			3541.79
		施工机具使用费（元）			120.20
		企业管理费（元）			527.06
		利润（元）			326.03
		一般风险费（元）			60.10
	编码	名称	单位	单价(元)	消耗量
人工	000300170	幕墙综合工	工日	125.00	24.039
材料	030113150	高强螺栓	kg	7.69	2.160
	010000100	型钢 综合	t	3085.47	1.080
	130500700	防锈漆	kg	12.82	7.670
	341100400	电	kW·h	0.70	4.819
	002000010	其他材料费	元	—	91.17
机械	002000045	其他机械费	元	—	120.20

B.10 隔断(编码:011210)

B.10.1 木隔断(编码:011210001)

B.10.1.1 木骨架玻璃隔断

工作内容：定位弹线、下料、安装龙骨、安玻璃、嵌缝清理等。

计量单位：$10m^2$

定额编号					LB0243	LB0244
项目名称					木骨架玻璃隔断	
					半玻	全玻
					现场制作	
费用	综合单价（元）				1240.41	1242.22
	其中	人工费（元）			467.25	485.88
		材料费（元）			635.23	612.90
		施工机具使用费（元）			11.68	12.15
		企业管理费（元）			72.94	75.85
		利润（元）			44.90	46.69
		一般风险费（元）			8.41	8.75
	编码	名称	单位	单价(元)	消耗量	
人工	000300050	木工综合工	工日	125.00	3.738	3.887
材料	050303800	木材 锯材	m^3	1547.01	0.250	0.242
	064500025	玻璃 5	m^2	23.08	10.544	10.140
	002000010	其他材料费	元	—	5.12	4.49
机械	002000045	其他机械费	元	—	11.68	12.15

B.10.1.2 花式木隔断

工作内容：定位弹线、下料、安装龙骨、嵌缝清理等。　　计量单位：10m²

定额编号					LB0245	LB0246	LB0247
项目名称					花式木隔断		
					直栅漏空	井格(mm)	
						100×100	200×200
					现场制作		
费用	综合单价（元）				**1116.46**	**2076.67**	**1574.11**
	其中	人工费（元）			559.25	991.88	726.00
		材料费（元）			392.12	791.99	633.79
		施工机具使用费（元）			13.98	24.80	18.15
		企业管理费（元）			87.30	154.83	113.33
		利润（元）			53.74	95.32	69.77
		一般风险费（元）			10.07	17.85	13.07
	编码	名称	单位	单价(元)	消耗量		
人工	000300050	木工综合工	工日	125.00	4.474	7.935	5.808
材料	050303800	木材 锯材	m³	1547.01	0.241	0.489	0.402
	144102700	胶粘剂	kg	12.82	1.263	1.747	0.722
	002000010	其他材料费	元	—	3.10	13.11	2.64
机械	002000045	其他机械费	元	—	13.98	24.80	18.15

B.10.2 金属隔断(编码：011210002)

B.10.2.1 铝合金玻璃隔断

工作内容：定位弹线、下料、安装龙骨、安玻璃、嵌缝清理等。　　计量单位：10m²

定额编号					LB0248	LB0249
项目名称					铝合金玻璃隔断	
					半玻	全玻
					现场制作	
费用	综合单价（元）				**2467.08**	**2417.27**
	其中	人工费（元）			450.63	468.63
		材料费（元）			1894.69	1822.02
		施工机具使用费（元）			—	—
		企业管理费（元）			70.34	73.15
		利润（元）			43.31	45.03
		一般风险费（元）			8.11	8.44
	编码	名称	单位	单价(元)	消耗量	
人工	000300050	木工综合工	工日	125.00	3.605	3.749
材料	015100010	铝合金型材	kg	16.20	55.296	53.526
	064500025	玻璃 5	m²	23.08	10.500	10.500
	030103310	不锈钢螺丝 M4×12	个	2.65	202.846	188.844
	144101320	玻璃胶 350 g/支	支	27.35	6.568	6.316
	002000010	其他材料费	元	—	35.43	35.43
	341100400	电	kW·h	0.70	5.640	5.640

B.10.2.2 铝板条、塑钢板隔断

工作内容:定位安装、校正、周边塞口、清扫、嵌缝清理等。　　　　**计量单位**:10m²

定额编号					LB0250	LB0251
项目名称					铝合金板条隔断	全塑钢板隔断
费用	综合单价(元)				**2438.84**	**2047.87**
	其中	人工费(元)			369.50	262.50
		材料费(元)			1969.50	1714.43
		施工机具使用费(元)			—	—
		企业管理费(元)			57.68	40.98
		利润(元)			35.51	25.23
		一般风险费(元)			6.65	4.73
	编码	名称	单位	单价(元)	消耗量	
人工	000300050	木工综合工	工日	125.00	2.956	2.100
材料	015100010	铝合金型材	kg	16.20	51.189	—
	144101320	玻璃胶 350 g/支	支	27.35	—	1.407
	014901400	铝槽	m	7.91	62.815	—
	014900020	角铝	m	2.44	27.726	—
	090500900	铝合金条板	m²	51.28	9.728	—
	093900200	全塑钢板隔断	m²	153.85	—	10.200
	002000010	其他材料费	元	—	75.07	104.88
	341100400	电	kW·h	0.70	2.568	2.568

B.10.3 玻璃隔断(编码:011210003)

工作内容:定位、放线、制作、安装、嵌缝清理。

定额编号					LB0252	LB0253	LB0254	LB0255	LB0256
项目名称						装饰边框全玻隔断			
					玻璃	木边框骨架	钢边框骨架	木饰面胶合板包边框	金属面板包边框
单位					10m²	10m			
费用	综合单价(元)				**789.11**	**567.99**	**826.17**	**456.67**	**619.08**
	其中	人工费(元)			238.75	306.25	393.75	271.25	310.00
		材料费(元)			485.85	171.33	316.19	105.35	217.57
		施工机具使用费(元)			—	7.66	9.84	6.78	7.75
		企业管理费(元)			37.27	47.81	61.46	42.34	48.39
		利润(元)			22.94	29.43	37.84	26.07	29.79
		一般风险费(元)			4.30	5.51	7.09	4.88	5.58
	编码	名称	单位	单价(元)	消耗量				
人工	000300050	木工综合工	工日	125.00	1.910	2.450	3.150	2.170	2.480
材料	050303800	木材 锯材	m³	1547.01	0.132	0.052	—	—	—
	064500025	玻璃 5	m²	23.08	10.500	—	—	—	—
	144101320	玻璃胶 350 g/支	支	27.35	1.260	0.700	0.700	—	—
	292500110	木夹板	m²	12.82	—	5.000	2.530	—	—
	050501310	木饰面胶合板	m²	14.82	—	—	—	5.460	—
	263100100	金属面板	m²	34.19	—	—	—	—	5.630
	010000010	型钢 综合	kg	3.09	—	—	83.310	—	—
	144102700	胶粘剂	kg	12.82	—	0.020	0.010	1.750	1.800
	002000010	其他材料费	元	—	3.00	7.38	7.05	2.00	2.00
	341100400	电	kW·h	0.70	2.628	—	—	—	—
机械	002000045	其他机械费	元	—	—	7.66	9.84	6.78	7.75

B.10.4 塑料隔断(编码:011210004)

工作内容:选料、弹线、切割、安装槽铝、角铝或预埋铁件、固定、开门窗洞口、打胶。　　计量单位:10m²

定额编号					LB0257	LB0258
项目名称					轻质隔热彩钢板夹芯板隔墙	钢丝网架聚苯乙烯夹芯隔墙板
费用	综合单价(元)				**1963.70**	**789.11**
	其中	人工费(元)			734.13	178.50
		材料费(元)			1012.86	557.93
		施工机具使用费(元)			18.35	4.46
		企业管理费(元)			114.60	27.86
		利润(元)			70.55	17.15
		一般风险费(元)			13.21	3.21
	编码	名称	单位	单价(元)	消耗量	
人工	000300050	木工综合工	工日	125.00	5.873	1.428
材料	144101320	玻璃胶 350 g/支	支	27.35	1.015	—
	092500350	彩钢夹芯板	m²	45.00	10.600	—
	014900900	工字铝 综合	m	23.93	16.790	—
	014901400	铝槽	m	7.91	5.270	—
	014900830	地槽铝	m	23.93	1.450	—
	014900020	角铝	m	2.44	5.950	—
	010100013	钢筋	t	3070.18	—	0.014
	092500800	钢丝网架聚苯乙烯夹芯板	m²	49.57	—	10.300
	002000010	其他材料费	元	—	15.41	4.38
机械	002000045	其他机械费	元	—	18.35	4.46

B.10.5 成品隔断(编码:011210005)

B.10.5.1 金属成品隔断

工作内容:下料、定位安装、校正、周边塞口、清扫、安玻璃、嵌缝清理等。　　计量单位:10m²

定额编号					LB0259	LB0260	LB0261	LB0262
项目名称					铝合金玻璃隔断		塑钢玻璃隔断	
					半玻	全玻	半玻	全玻
					成品安装			
费用	综合单价(元)				**4727.30**	**4699.18**	**2621.09**	**2834.14**
	其中	人工费(元)			315.50	328.00	302.00	332.50
		材料费(元)			4326.55	4282.56	2237.49	2411.80
		施工机具使用费(元)			—	—	—	—
		企业管理费(元)			49.25	51.20	47.14	51.90
		利润(元)			30.32	31.52	29.02	31.95
		一般风险费(元)			5.68	5.90	5.44	5.99
	编码	名称	单位	单价(元)	消耗量			
人工	000300050	木工综合工	工日	125.00	2.524	2.624	2.416	2.660
材料	093900310	铝合金半玻玻璃隔断	m²	350.00	10.200	10.200	—	—
	093900100	塑钢半玻璃隔断	m²	205.13	—	—	10.200	—
	093900010	塑钢全玻璃隔断	m²	222.22	—	—	—	10.200
	030103310	不锈钢螺丝 M4×12	个	2.65	202.846	188.844	—	—
	144101320	玻璃胶 350 g/支	支	27.35	6.568	6.316	1.407	1.407
	002000010	其他材料费	元	—	35.43	35.43	104.88	104.88
	341100400	电	kW·h	0.70	5.640	5.640	2.568	2.568

B.10.5.2 **成品花式木隔断**

工作内容:下料、定位安装、校正、周边塞口、清扫、嵌缝清理等。 **计量单位**:$10m^2$

定额编号					LB0263	LB0264
项目名称					花式木隔断	
					直栅漏空	井格
					成品安装	
费用	综合单价(元)				**3834.45**	**3873.98**
	其中	人工费(元)			279.63	297.63
		材料费(元)			3472.28	3488.49
		施工机具使用费(元)			6.99	7.44
		企业管理费(元)			43.65	46.46
		利润(元)			26.87	28.60
		一般风险费(元)			5.03	5.36
	编码	名称	单位	单价(元)	消耗量	
人工	000300050	木工综合工	工日	125.00	2.237	2.381
材料	093900800	成品花式木隔断	m^2	341.88	10.100	10.100
	144102700	胶粘剂	kg	12.82	1.263	1.747
	002000010	其他材料费	元	—	3.10	13.11
机械	002000045	其他机械费	元	—	6.99	7.44

B.10.5.3 **成品浴、厕隔断**

工作内容:成品隔断安装。 **计量单位**:10 套

定额编号					LB0265	LB0266
项目名称					卫生间成品隔断安装	
					蹲位隔断	小便斗隔板
费用	综合单价(元)				**5218.54**	**1683.16**
	其中	人工费(元)			675.00	183.75
		材料费(元)			4344.27	1445.17
		施工机具使用费(元)			16.88	4.59
		企业管理费(元)			105.37	28.68
		利润(元)			64.87	17.66
		一般风险费(元)			12.15	3.31
	编码	名称	单位	单价(元)	消耗量	
人工	000300050	木工综合工	工日	125.00	5.400	1.470
材料	093900700	成品隔断	m^2	150.00	27.800	9.100
	030102710	不锈钢螺丝	个	0.14	280.000	180.000
	002000010	其他材料费	元	—	135.07	54.97
机械	002000045	其他机械费	元	—	16.88	4.59

B.10.6 其他隔断(编码:011210001)

B.10.6.1 轻钢龙骨石膏板隔断

工作内容:定位、弹线、安装龙骨、刷防腐油、铺钉面板。 计量单位:10m²

	定额编号				LB0267	LB0268
	项目名称				轻钢龙骨石膏板隔断	
					轻钢龙骨	石膏板面(单面)
费用	综合单价(元)				**343.52**	**246.27**
	其中	人工费(元)			140.00	110.38
		材料费(元)			162.20	103.30
		施工机具使用费(元)			3.50	2.76
		企业管理费(元)			21.85	17.23
		利润(元)			13.45	10.61
		一般风险费(元)			2.52	1.99
	编码	名称	单位	单价(元)	消耗量	
人工	000300050	木工综合工	工日	125.00	1.120	0.883
材料	100100110	隔墙轻钢龙骨	m²	12.82	10.150	—
	090100010	石膏板	m²	9.40	—	10.500
	002000010	其他材料费	元	—	32.08	4.60
机械	002000045	其他机械费	元	—	3.50	2.76

B.10.6.2 木龙骨石膏板(木夹板)隔断

工作内容:定位、弹线、安装龙骨、刷防腐油、铺钉面板。 计量单位:10m²

	定额编号				LB0269	LB0270	LB0271	LB0272
	项目名称				木龙骨石膏板隔断		木龙骨木夹板隔断	
					木龙骨	石膏板面(单面)	木龙骨	木夹板面(单面)
费用	综合单价(元)				**446.13**	**281.71**	**458.33**	**253.86**
	其中	人工费(元)			125.13	137.75	104.00	73.63
		材料费(元)			284.07	103.30	323.64	158.49
		施工机具使用费(元)			3.13	3.44	2.60	1.84
		企业管理费(元)			19.53	21.50	16.23	11.49
		利润(元)			12.02	13.24	9.99	7.08
		一般风险费(元)			2.25	2.48	1.87	1.33
	编码	名称	单位	单价(元)	消耗量			
人工	000300050	木工综合工	工日	125.00	1.001	1.102	0.832	0.589
材料	050303800	木材 锯材	m³	1547.01	0.133	—	0.151	0.002
	090100010	石膏板	m²	9.40	—	10.500	—	—
	292500110	木夹板	m²	12.82	—	—	—	10.500
	144102700	胶粘剂	kg	12.82	—	—	—	1.404
	002000010	其他材料费	元	—	78.32	4.60	90.04	2.79
机械	002000045	其他机械费	元	—	3.13	3.44	2.60	1.84

B.10.6.3 玻璃砖隔断

工作内容:定位弹线、下料、安装龙骨、安玻璃砖、嵌缝清理等。 **计量单位:**10m²

		定额编号			LB0273	LB0274
		项目名称			玻璃砖隔断	
					分格嵌缝	全砖
费用		**综合单价(元)**			**4391.89**	**4061.53**
	其中	人工费(元)			326.00	233.75
		材料费(元)			3969.65	3758.78
		施工机具使用费(元)			8.15	5.84
		企业管理费(元)			50.89	36.49
		利润(元)			31.33	22.46
		一般风险费(元)			5.87	4.21
	编码	名称	单位	单价(元)	消耗量	
人工	000300050	木工综合工	工日	125.00	2.608	1.870
材料	040100520	白色硅酸盐水泥	kg	0.75	3.461	3.871
	050303800	木材 锯材	m³	1547.01	0.068	—
	065100010	玻璃砖 190×190×80	块	12.39	241.418	271.134
	011900010	槽钢 综合	kg	2.80	186.003	90.989
	011300020	扁钢 综合	kg	3.26	70.793	—
	002000010	其他材料费	元	—	119.09	141.76
机械	002000045	其他机械费	元	—	8.15	5.84

B.10.6.4 轻质隔墙板隔断

工作内容:选料、弹线、切割、安装槽铝、角铝或预埋铁件、固定、开门窗洞口、打胶。 **计量单位:**10m²

		定额编号			LB0275
		项目名称			轻质隔墙板安装
费用		**综合单价(元)**			**942.83**
	其中	人工费(元)			214.25
		材料费(元)			665.33
		施工机具使用费(元)			5.36
		企业管理费(元)			33.44
		利润(元)			20.59
		一般风险费(元)			3.86
	编码	名称	单位	单价(元)	消耗量
人工	000300050	木工综合工	工日	125.00	1.714
材料	092500900	GRC轻质墙板	m²	60.00	10.400
	144102700	胶粘剂	kg	12.82	2.320
	002000010	其他材料费	元	—	11.59
机械	002000045	其他机械费	元	—	5.36

C　天棚工程

(0113)

说　明

一、本章中铁件、金属构件除锈是按手工除锈编制的，若采用机械（喷砂或抛丸）除锈时，执行金属构件章节中相应定额子目，按质量每吨扣除手工除锈人工 3.4 工日。

二、本章中铁件、金属构件已包括刷防锈漆一遍，如设计需要刷第二遍及多遍防锈漆时，按相应定额子目执行。

三、本章龙骨的种类、间距、规格和基层、面层材料的型号、规格是按常用材料和常用做法编制的，如设计与定额不同时，材料耗量应予调整，其余不变。

四、当天棚面层为拱、弧形时，称为拱（弧）形天棚；天棚面层为球冠时，称为工艺穹顶。

五、在同一功能分区内，天棚面层无平面高差的为平面天棚，天棚面层有平面高差的为跌级天棚。跌级天棚基层板及面层按平面相应定额子目人工乘以系数 1.2。

六、斜平顶天棚龙骨、基层、面层按平面定额子目人工乘以系数 1.15，其余不变。

七、拱（弧）形天棚基层、面层板按平面定额子目人工乘以系数 1.3，面层材料乘以系数 1.05，其余不变。

八、包直线形梁、造直线形假梁按柱面相应定额子目人工乘以系数 1.2，其余不变。

九、包弧线形梁、造弧线形假梁按柱面相应定额子目人工乘以系数 1.35，材料乘以系数 1.1，其余不变。

十、天棚装饰定额子目缺项时，按其他章节相应定额子目人工乘以系数 1.3，其余不变。

十一、本章吸音层厚度如设计与定额规定不同时，材料消耗量应予调整，其余不变。

十二、本章平面天棚和跌级天棚不包括灯槽的制作安装。灯槽制作安装应按本章相应定额子目执行。定额中灯槽是按展开宽度 600mm 以内编制的，如展开宽度大于 600mm 时，其超过部分并入天棚工程量计算。

十三、本章定额子目中（除金属构件子目外）未包括防火、除锈、油漆等内容，发生时，按“油漆、涂料、裱糊工程”章节中相应定额子目执行。

十四、天棚装饰面层未包括各种收口条、装饰线条，发生时，按“其他装饰工程”章节中相应定额子目执行。

十五、天棚面层未包含开孔（检修孔除外）费用，发生时，按开灯孔相应定额子目执行，其中开空调风口执行开格式灯孔定额子目。

十六、本章定额轻钢龙骨和铝合金龙骨不上人型吊杆长度按 600mm 编制，上人型吊杆长度按 1400mm 编制。吊杆长度大于定额规定时应按实调整，其余不变。

十七、天棚基层、面层板现场钻吸音孔时，每 $100m^2$ 增加 6.5 工日。

十八、天棚检修孔已包括在天棚相应定额子目内，不另计算。如材质与天棚不同时，另行计算；如设计有嵌边线条时，按“其他装饰工程”章节中相应定额子目执行。

十九、天棚面层板缝贴自粘胶带费用已包含在相应定额子目内，不再另行计算。

工程量计算规则

一、各种吊顶天棚龙骨按墙与墙之间面积以“m^2”计算(多级造型、拱弧形、工艺穹顶天棚、斜平顶龙骨按设计展开面积计算),不扣除窗帘盒、检修孔、附墙烟囱、柱、垛和管道、灯槽、灯孔所占面积。

二、天棚基层、面层按设计展开面积以“m^2”计算,不扣除附墙烟囱、垛、检查口、管道、灯孔所占面积,但应扣除单个面积在 0.3m^2 以上的孔洞、独立柱、灯槽及与天棚相连的窗帘盒所占的面积。

三、采光天棚按设计框外围展开面积以“m^2”计算。

四、楼梯底面的装饰面层工程量按设计展开面积以“m^2”计算。

五、网架按设计图示水平投影面积以“m^2”计算。

六、灯带、灯槽按长度以“延长米”计算。

七、灯孔、风口按“个”计算。

八、格栅吊顶、藤条造型悬挂吊顶、织物软雕吊顶和装饰网架吊顶,按设计图示水平投影面积以“m^2”计算。

九、本章中天棚吊顶型钢骨架工程量按设计图示尺寸计算的理论质量以“t”计算。

C.1 天棚吊顶(编码:011302)

C.1.1 吊顶天棚(编码:011302001)

C.1.1.1 天棚龙骨

C.1.1.1.1 木龙骨

工作内容:定位、弹线、选料、下料、制作安装(包括检查孔)等。 计量单位:$10m^2$

定额编号					LC0001	LC0002	LC0003
项目名称					搁在砖墙上	吊在人字屋架下	吊在砼板下或梁下
费用	综合单价(元)				**520.89**	**694.33**	**515.23**
	其中	人工费(元)			183.25	196.00	130.63
		材料费(元)			288.12	445.36	349.31
		施工机具使用费(元)			—	—	—
		企业管理费(元)			28.61	30.60	20.39
		利润(元)			17.61	18.84	12.55
		一般风险费(元)			3.30	3.53	2.35
	编码	名称	单位	单价(元)	消耗量		
人工	000300050	木工综合工	工日	125.00	1.466	1.568	1.045
材料	050100010	杉原木 综合	m^3	670.02	0.132	—	—
	050303800	木材 锯材	m^3	1547.01	0.125	0.276	0.186
	032131310	预埋铁件	kg	4.06	—	—	12.000
	002000010	其他材料费	元	—	6.30	18.39	12.85

C.1.1.1.2 多层夹板木龙骨

工作内容:1.吊件加工、安装。2.定位、弹线、安膨胀螺栓。

3.选料、下料、定位杆控制高度、平整、安装龙骨及调整横支撑附件、孔洞预留等。

4.临时加固、调整、校正。5.灯箱风口封边、龙骨设置。6.预留位置、整体调整。 计量单位:$10m^2$

定额编号					LC0004	LC0005
项目名称					木夹板、木龙骨天棚	
					拱(弧)形	工艺穹顶
费用	综合单价(元)				**707.53**	**1065.16**
	其中	人工费(元)			395.25	519.00
		材料费(元)			205.49	405.92
		施工机具使用费(元)			—	—
		企业管理费(元)			61.70	81.02
		利润(元)			37.98	49.88
		一般风险费(元)			7.11	9.34
	编码	名称	单位	单价(元)	消耗量	
人工	000300050	木工综合工	工日	125.00	3.162	4.152
材料	050303800	木材 锯材	m^3	1547.01	0.033	0.001
	292500110	木夹板	m^2	12.82	6.302	15.000
	002000010	其他材料费	元	—	71.41	209.84
	341100400	电	kW·h	0.70	3.195	3.195

C.1.1.1.3　型钢龙骨

工作内容:1.制作:放样、画线、截料、平直、钻孔、焊接、成品矫正、除锈、刷防锈漆一遍及成品编号堆放。
2.安装:构件加固、吊装校正、拧紧螺栓、电焊固定。

计量单位:t

定额编号					LC0006
项目名称					天棚吊顶型钢骨架制安
费用	综合单价(元)				**6475.02**
	其中	人工费(元)			2442.12
		材料费(元)			3324.20
		施工机具使用费(元)			48.84
		企业管理费(元)			381.21
		利润(元)			234.69
		一般风险费(元)			43.96
	编码	名称	单位	单价(元)	消耗量
人工	000300160	金属制安综合工	工日	120.00	20.351
材料	010000120	钢材	t	2957.26	1.060
	130500700	防锈漆	kg	12.82	7.670
	002000010	其他材料费	元	—	91.17
机械	002000045	其他机械费	元	—	48.84

C.1.1.1.4　轻钢龙骨

工作内容:1.吊件加工、安装。2.定位、弹线、射钉。
3.选料、下料、定位杆控制高度、平整、安装龙骨及吊配附件、孔洞预留等。
4.临时加固、调整、校正。5.灯箱风口封边、龙骨设置。6.预留位置、整体调整。

计量单位:$10m^2$

定额编号					LC0007	LC0008	LC0009	LC0010
项目名称					装配式U型轻钢天棚龙骨(不上人型)			
					面层规格(mm)			
					600×600		600×600以上	
					平面	跌级	平面	跌级
费用	综合单价(元)				**381.37**	**438.36**	**374.78**	**427.17**
	其中	人工费(元)			145.38	171.00	137.63	162.88
		材料费(元)			193.80	217.74	197.21	217.03
		施工机具使用费(元)			2.91	3.42	2.75	3.26
		企业管理费(元)			22.69	26.69	21.48	25.42
		利润(元)			13.97	16.43	13.23	15.65
		一般风险费(元)			2.62	3.08	2.48	2.93
	编码	名称	单位	单价(元)	消耗量			
人工	000300050	木工综合工	工日	125.00	1.163	1.368	1.101	1.303
材料	100100260	装配式U型轻钢龙骨	m^2	15.38	10.500	10.500	10.500	10.500
	050303800	木材 锯材	m^3	1547.01	—	0.007	—	0.007
	002000010	其他材料费	元	—	32.31	45.42	35.72	44.71
机械	002000045	其他机械费	元	—	2.91	3.42	2.75	3.26

工作内容：1.吊件加工、安装。2.定位、弹线、安膨胀螺栓。
3.选料、下料、定位杆控制高度、平整、安装龙骨及调整横支撑附件、孔洞预留等。
4.临时加固、调整、校正。5.灯箱风口封边、龙骨设置。6.预留位置、整体调整。

计量单位：10m²

定额编号					LC0011	LC0012	LC0013	LC0014
项目名称					装配式U型轻钢天棚龙骨(上人型)			
					面层规格(mm)			
					600×600		600×600以上	
					平面	跌级	平面	跌级
费用	综合单价(元)				**466.64**	**516.42**	**451.36**	**501.44**
	其中	人工费(元)			147.50	173.13	139.75	165.00
		材料费(元)			276.34	293.05	271.05	288.55
		施工机具使用费(元)			2.95	3.46	2.80	3.30
		企业管理费(元)			23.02	27.02	21.81	25.76
		利润(元)			14.17	16.64	13.43	15.86
		一般风险费(元)			2.66	3.12	2.52	2.97
	编码	名称	单位	单价(元)	消耗量			
人工	000300050	木工综合工	工日	125.00	1.180	1.385	1.118	1.320
材料	050303800	木材 锯材	m³	1547.01	0.001	0.007	0.001	0.007
	032131310	预埋铁件	kg	4.06	17.000	17.047	17.000	17.047
	100100260	装配式U型轻钢龙骨	m²	15.38	10.500	10.500	10.500	10.500
	002000010	其他材料费	元	—	44.28	51.52	38.99	47.02
机械	002000045	其他机械费	元	—	2.95	3.46	2.80	3.30

C.1.1.1.5 铝合金烤漆龙骨

工作内容：1.定位、弹线、射钉、膨胀螺栓及吊筋安装。2.选料、下料组装。
3.安装龙骨及吊配附件、临时加固支撑。4.预留空洞、安封边龙骨。5.调整、校正。

计量单位：10m²

定额编号					LC0015	LC0016	LC0017	LC0018
项目名称					装配式T型铝合金(烤漆)天棚龙骨(不上人型)			
					面层规格(mm)			
					600×600		600×600以上	
					平面	跌级	平面	跌级
费用	综合单价(元)				**344.51**	**407.98**	**333.60**	**396.90**
	其中	人工费(元)			107.00	120.38	99.38	112.25
		材料费(元)			208.60	255.07	207.37	254.32
		施工机具使用费(元)			—	—	—	—
		企业管理费(元)			16.70	18.79	15.51	17.52
		利润(元)			10.28	11.57	9.55	10.79
		一般风险费(元)			1.93	2.17	1.79	2.02
	编码	名称	单位	单价(元)	消耗量			
人工	000300050	木工综合工	工日	125.00	0.856	0.963	0.795	0.898
材料	100301100	装配式T型铝合金(烤漆)龙骨	m²	15.38	10.500	10.500	10.500	10.500
	050303800	木材 锯材	m³	1547.01	—	0.004	—	0.004
	032131310	预埋铁件	kg	4.06	4.000	4.540	4.000	4.540
	002000010	其他材料费	元	—	29.94	67.91	28.78	67.23
	341100400	电	kW·h	0.70	1.328	1.493	1.233	1.393

工作内容：1.定位、弹线、射钉、膨胀螺栓及吊筋安装。2.选料、下料组装。
3.安装龙骨及吊配附件、临时加固支撑。4.预留空洞、安封边龙骨。5.调整、校正。 **计量单位**：10m²

定额编号					LC0019	LC0020	LC0021	LC0022
项目名称					装配式T型铝合金(烤漆)天棚龙骨(上人型)			
					面层规格(mm)			
					600×600		600×600以上	
					平面	跌级	平面	跌级
费用	综合单价(元)				**412.06**	**478.10**	**403.84**	**468.67**
	其中	人工费(元)			109.13	122.50	101.50	114.38
		材料费(元)			271.27	320.05	272.89	321.10
		施工机具使用费(元)			2.18	2.45	2.03	2.29
		企业管理费(元)			17.03	19.12	15.84	17.85
		利润(元)			10.49	11.77	9.75	10.99
		一般风险费(元)			1.96	2.21	1.83	2.06
	编码	名称	单位	单价(元)	消耗量			
人工	000300050	木工综合工	工日	125.00	0.873	0.980	0.812	0.915
材料	100301100	装配式T型铝合金(烤漆)龙骨	m²	15.38	10.500	10.500	10.500	10.500
	050303800	木材 锯材	m³	1547.01	0.001	0.005	0.001	0.005
	032131310	预埋铁件	kg	4.06	17.000	17.580	17.000	17.580
	341100400	电	kW·h	0.70	1.328	1.493	1.233	1.393
	002000010	其他材料费	元	—	38.28	78.41	39.97	79.53
机械	002000045	其他机械费	元	—	2.18	2.45	2.03	2.29

工作内容：1.定位、弹线、射钉、膨胀螺栓及吊筋安装。2.选料、下料组装。
3.安装龙骨及吊配附件、临时加固支撑。4.预留空洞、安封边龙骨。5.调整、校正。 **计量单位**：10m²

定额编号					LC0023	LC0024	LC0025
项目名称					铝合金方板天棚龙骨(不上人型)		
					嵌入式		
					面层规格(mm)		
					300×300	600×600	600×600以上
费用	综合单价(元)				**323.05**	**321.80**	**298.08**
	其中	人工费(元)			107.00	107.00	99.38
		材料费(元)			185.00	183.75	169.86
		施工机具使用费(元)			2.14	2.14	1.99
		企业管理费(元)			16.70	16.70	15.51
		利润(元)			10.28	10.28	9.55
		一般风险费(元)			1.93	1.93	1.79
	编码	名称	单位	单价(元)	消耗量		
人工	000300050	木工综合工	工日	125.00	0.856	0.856	0.795
材料	002000010	其他材料费	元	—	62.31	61.06	47.17
	090500660	铝合金方板龙骨	m²	11.97	10.250	10.250	10.250
机械	002000045	其他机械费	元	—	2.14	2.14	1.99

工作内容:1.定位、弹线、射钉、膨胀螺栓及吊筋安装。2.选料、下料、组装。
3.安装龙骨及吊配附件、临时加固支撑。4.预留空洞、安封边龙骨。5.调整、校正。 计量单位:10m²

定额编号					LC0026	LC0027	LC0028
项目名称					铝合金方板天棚龙骨(上人型)		
					嵌入式		
					面层规格(mm)		
					300×300	600×600	600×600 以上
费用	综合单价(元)				**383.71**	**370.03**	**365.84**
	其中	人工费(元)			114.63	108.88	107.00
		材料费(元)			235.82	229.55	227.79
		施工机具使用费(元)			2.29	2.18	2.14
		企业管理费(元)			17.89	17.00	16.70
		利润(元)			11.02	10.46	10.28
		一般风险费(元)			2.06	1.96	1.93
	编码	名称	单位	单价(元)	消耗量		
人工	000300050	木工综合工	工日	125.00	0.917	0.871	0.856
材料	090500660	铝合金方板龙骨	m²	11.97	10.500	10.500	10.500
	032131310	预埋铁件	kg	4.06	17.000	17.000	17.000
	002000010	其他材料费	元	—	41.11	34.84	33.08
机械	002000045	其他机械费	元	—	2.29	2.18	2.14

工作内容:1.定位、弹线、射钉、膨胀螺栓及吊筋安装。2.选料、下料、组装。
3.安装龙骨及吊配附件、临时加固支撑。4.预留空洞、安封边龙骨。5.调整、校正。 计量单位:10m²

定额编号					LC0029	LC0030	LC0031
项目名称					铝合金方板天棚龙骨(不上人型)		
					浮搁式		
					面层规格(mm)		
					300×300	600×600	600×600 以上
费用	综合单价(元)				**313.75**	**305.65**	**290.86**
	其中	人工费(元)			112.38	107.00	99.38
		材料费(元)			171.01	169.74	164.63
		施工机具使用费(元)			—	—	—
		企业管理费(元)			17.54	16.70	15.51
		利润(元)			10.80	10.28	9.55
		一般风险费(元)			2.02	1.93	1.79
	编码	名称	单位	单价(元)	消耗量		
人工	000300050	木工综合工	工日	125.00	0.899	0.856	0.795
材料	090500660	铝合金方板龙骨	m²	11.97	10.500	10.500	10.500
	032131310	预埋铁件	kg	4.06	4.000	4.000	3.000
	002000010	其他材料费	元	—	28.16	26.89	25.90
	341100400	电	kW·h	0.70	1.328	1.328	1.233

工作内容：1.定位、弹线、射钉、膨胀螺栓及吊筋安装。2.选料、下料、组装。
3.安装龙骨及吊配附件、临时加固支撑。4.预留空洞、安封边龙骨。5.调整、校正。

计量单位：10m²

定额编号						LC0032	LC0033	LC0034
项目名称						铝合金方板天棚龙骨(上人型)		
						浮搁式		
						面层规格(mm)		
						300×300	600×600	600×600 以上
费用	综合单价(元)					**400.32**	**389.82**	**365.36**
	其中	人工费(元)				120.38	114.63	107.00
		材料费(元)				245.00	241.93	227.31
		施工机具使用费(元)				2.41	2.29	2.14
		企业管理费(元)				18.79	17.89	16.70
		利润(元)				11.57	11.02	10.28
		一般风险费(元)				2.17	2.06	1.93
	编码	名称		单位	单价(元)	消耗量		
人工	000300050	木工综合工		工日	125.00	0.963	0.917	0.856
材料	090500660	铝合金方板龙骨		m²	11.97	10.500	10.500	10.500
	032131310	预埋铁件		kg	4.06	17.000	17.000	14.000
	002000010	其他材料费		元	—	49.30	46.23	43.86
	341100400	电		kW·h	0.70	1.423	1.423	1.328
机械	002000045	其他机械费		元	—	2.41	2.29	2.14

工作内容：1.定位、弹线、射钉、膨胀螺栓及吊筋安装。2.选料、下料、组装。
3.安装龙骨及吊配附件、临时加固支撑。4.预留空洞、安封边龙骨。5.调整、校正。

计量单位：10m²

定额编号						LC0035	LC0036	LC0037
项目名称						铝合金轻型方板天棚龙骨		铝合金条板天棚龙骨
						中龙骨直接吊挂骨架		
						面层规格(mm)		
						600×600	600×600 以上	
费用	综合单价(元)					**259.26**	**237.84**	**294.78**
	其中	人工费(元)				83.88	76.25	106.88
		材料费(元)				151.04	139.46	156.89
		施工机具使用费(元)				1.68	1.53	2.14
		企业管理费(元)				13.09	11.90	16.68
		利润(元)				8.06	7.33	10.27
		一般风险费(元)				1.51	1.37	1.92
	编码	名称		单位	单价(元)	消耗量		
人工	000300050	木工综合工		工日	125.00	0.671	0.610	0.855
材料	090500660	铝合金方板龙骨		m²	11.97	10.500	10.500	—
	100301010	铝合金条板龙骨(平面)		m²	13.00	—	—	10.500
	032131310	预埋铁件		kg	4.06	—	—	2.200
	002000010	其他材料费		元	—	25.35	13.77	11.46
机械	002000045	其他机械费		元	—	1.68	1.53	2.14

工作内容:1.定位、弹线、射钉、膨胀螺栓及吊筋安装。2.选料、下料、组装。
3.安装龙骨及吊配附件、临时加固支撑。4.预留空洞、安封边龙骨。5.调整、校正。 计量单位:$10m^2$

<table>
<tr><td colspan="5">定额编号</td><td>LC0038</td><td>LC0039</td><td>LC0040</td></tr>
<tr><td colspan="5" rowspan="3">项目名称</td><td colspan="3">铝合金格片式天棚龙骨</td></tr>
<tr><td colspan="3">间距(mm)</td></tr>
<tr><td>100</td><td>150</td><td>200</td></tr>
<tr><td rowspan="7">费用</td><td colspan="4">综合单价(元)</td><td>225.68</td><td>225.68</td><td>217.79</td></tr>
<tr><td rowspan="6">其中</td><td colspan="3">人工费(元)</td><td>61.13</td><td>61.13</td><td>55.00</td></tr>
<tr><td colspan="3">材料费(元)</td><td>146.82</td><td>146.82</td><td>146.82</td></tr>
<tr><td colspan="3">施工机具使用费(元)</td><td>1.22</td><td>1.22</td><td>1.10</td></tr>
<tr><td colspan="3">企业管理费(元)</td><td>9.54</td><td>9.54</td><td>8.59</td></tr>
<tr><td colspan="3">利润(元)</td><td>5.87</td><td>5.87</td><td>5.29</td></tr>
<tr><td colspan="3">一般风险费(元)</td><td>1.10</td><td>1.10</td><td>0.99</td></tr>
<tr><td></td><td>编码</td><td>名称</td><td>单位</td><td>单价(元)</td><td colspan="3">消耗量</td></tr>
<tr><td>人工</td><td>000300050</td><td>木工综合工</td><td>工日</td><td>125.00</td><td>0.489</td><td>0.489</td><td>0.440</td></tr>
<tr><td rowspan="3">材料</td><td>100301010</td><td>铝合金条板龙骨(平面)</td><td>m^2</td><td>13.00</td><td>10.500</td><td>10.500</td><td>10.500</td></tr>
<tr><td>032131310</td><td>预埋铁件</td><td>kg</td><td>4.06</td><td>2.000</td><td>2.000</td><td>2.000</td></tr>
<tr><td>002000010</td><td>其他材料费</td><td>元</td><td>—</td><td>2.20</td><td>2.20</td><td>2.20</td></tr>
<tr><td>机械</td><td>002000045</td><td>其他机械费</td><td>元</td><td>—</td><td>1.22</td><td>1.22</td><td>1.10</td></tr>
</table>

C.1.1.2 天棚基层

工作内容:安装天棚基层板。 计量单位:$10m^2$

<table>
<tr><td colspan="5">定额编号</td><td>LC0041</td><td>LC0042</td><td>LC0043</td><td>LC0044</td></tr>
<tr><td colspan="5" rowspan="2">项目名称</td><td colspan="2">胶合板</td><td rowspan="2">木夹板</td><td rowspan="2">石膏板</td></tr>
<tr><td>平面</td><td>工艺穹顶</td></tr>
<tr><td rowspan="7">费用</td><td colspan="4">综合单价(元)</td><td>240.08</td><td>372.24</td><td>252.46</td><td>216.59</td></tr>
<tr><td rowspan="6">其中</td><td colspan="3">人工费(元)</td><td>82.00</td><td>160.25</td><td>91.75</td><td>87.38</td></tr>
<tr><td colspan="3">材料费(元)</td><td>135.92</td><td>168.69</td><td>135.92</td><td>105.60</td></tr>
<tr><td colspan="3">施工机具使用费(元)</td><td>—</td><td>—</td><td>—</td><td>—</td></tr>
<tr><td colspan="3">企业管理费(元)</td><td>12.80</td><td>25.02</td><td>14.32</td><td>13.64</td></tr>
<tr><td colspan="3">利润(元)</td><td>7.88</td><td>15.40</td><td>8.82</td><td>8.40</td></tr>
<tr><td colspan="3">一般风险费(元)</td><td>1.48</td><td>2.88</td><td>1.65</td><td>1.57</td></tr>
<tr><td></td><td>编码</td><td>名称</td><td>单位</td><td>单价(元)</td><td colspan="4">消耗量</td></tr>
<tr><td>人工</td><td>000300050</td><td>木工综合工</td><td>工日</td><td>125.00</td><td>0.656</td><td>1.282</td><td>0.734</td><td>0.699</td></tr>
<tr><td rowspan="4">材料</td><td>050500010</td><td>胶合板</td><td>m^2</td><td>12.82</td><td>10.500</td><td>13.000</td><td>—</td><td>—</td></tr>
<tr><td>292500110</td><td>木夹板</td><td>m^2</td><td>12.82</td><td>—</td><td>—</td><td>10.500</td><td>—</td></tr>
<tr><td>090100010</td><td>石膏板</td><td>m^2</td><td>9.40</td><td>—</td><td>—</td><td>—</td><td>10.500</td></tr>
<tr><td>002000010</td><td>其他材料费</td><td>元</td><td>—</td><td>1.31</td><td>2.03</td><td>1.31</td><td>6.90</td></tr>
</table>

工作内容：安装天棚基层板。 计量单位：$10m^2$

定额编号					LC0045	LC0046	LC0047
项目名称					天棚板面上铺放吸音材料		
					超细玻璃棉板	袋装矿棉	聚苯乙烯泡沫板
					100mm		
费用	综合单价（元）				**226.41**	**296.54**	**368.14**
	其中	人工费（元）			54.25	60.00	21.00
		材料费（元）			157.50	220.32	341.46
		施工机具使用费（元）			—	—	—
		企业管理费（元）			8.47	9.37	3.28
		利润（元）			5.21	5.77	2.02
		一般风险费（元）			0.98	1.08	0.38
	编码	名称	单位	单价（元）	消耗量		
人工	000300050	木工综合工	工日	125.00	0.434	0.480	0.168
材料	150700710	超细玻璃棉板	m^2	14.53	10.500	—	—
	150500920	袋装矿棉	m^3	205.13	—	1.050	—
	151301300	聚苯乙烯泡沫板 $\delta=100$	m^2	32.05	—	—	10.500
	002000010	其他材料费	元	—	4.93	4.93	4.93

C.1.1.3 天棚面层

工作内容：安装天棚面层。 计量单位：$10m^2$

定额编号					LC0048	LC0049	LC0050	LC0051	LC0052
项目名称					板条	胶合板		木夹板	实木薄板
						平面	工艺穹顶		
费用	综合单价（元）				**701.30**	**217.85**	**408.25**	**236.94**	**314.82**
	其中	人工费（元）			49.25	64.50	165.00	77.38	91.50
		材料费（元）			638.74	135.92	198.66	138.65	198.60
		施工机具使用费（元）			—	—	—	—	—
		企业管理费（元）			7.69	10.07	25.76	12.08	14.28
		利润（元）			4.73	6.20	15.86	7.44	8.79
		一般风险费（元）			0.89	1.16	2.97	1.39	1.65
	编码	名称	单位	单价（元）	消耗量				
人工	000300050	木工综合工	工日	125.00	0.394	0.516	1.320	0.619	0.732
材料	050303800	木材 锯材	m^3	1547.01	0.002	—	—	—	—
	050301420	杉木板枋材	m^3	1025.64	—	—	—	—	0.191
	050500010	胶合板	m^2	12.82	—	10.500	13.000	—	—
	292500110	木夹板	m^2	12.82	—	—	—	10.500	—
	050302600	板条 1000×30×8	百根	230.93	2.735	—	—	—	—
	002000010	其他材料费	元	—	4.05	1.31	32.00	4.04	2.70

工作内容：安装天棚面层。　　　　　　　　　　　　　　　　　　　　　　　　　　　　　计量单位：10m²

定额编号					LC0053	LC0054	LC0055	LC0056	LC0057	LC0058
项目名称					埃特板	玻璃纤维板（搁放型）	饰面胶合板	铝板网		
								钉在天棚上	搁在龙骨上	钉在龙骨上
费用	综合单价（元）				356.33	311.47	373.30	675.54	253.38	263.84
	其中	人工费（元）			91.50	66.13	137.50	133.75	92.50	101.25
		材料费（元）			240.11	227.48	198.65	505.65	135.88	135.23
		施工机具使用费（元）			—	—	—	—	—	—
		企业管理费（元）			14.28	10.32	21.46	20.88	14.44	15.81
		利润（元）			8.79	6.35	13.21	12.85	8.89	9.73
		一般风险费（元）			1.65	1.19	2.48	2.41	1.67	1.82
	编码	名称	单位	单价（元）	消耗量					
人工	000300050	木工综合工	工日	125.00	0.732	0.529	1.100	1.070	0.740	0.810
材料	091500300	埃特板	m²	22.22	10.500	—	—	—	—	—
	155501900	玻璃纤维板	m²	21.37	—	10.500	—	—	—	—
	050501310	木饰面胶合板	m²	14.82	—	—	10.500	—	—	—
	050302600	板条 1000×30×8	百根	230.93	—	—	—	1.600	—	—
	032101260	铝板网	m²	12.82	—	—	—	10.500	10.500	10.500
	144102700	胶粘剂	kg	12.82	—	—	3.255	—	—	—
	002000010	其他材料费	元	—	6.80	3.09	1.31	1.55	1.27	0.62

工作内容：安装天棚面层。　　　　　　　　　　　　　　　　　　　　　　　　　　　　　计量单位：10m²

定额编号					LC0059	LC0060	LC0061	LC0062	LC0063	LC0064
项目名称					铝塑板			规格板		钙塑板
					贴在夹板基层上	固定在木龙骨上	固定在金属龙骨上	搁放在龙骨上		安在U型龙骨上
								明式	暗式	
费用	综合单价（元）				1533.96	1466.15	1566.18	331.35	334.12	319.66
	其中	人工费（元）			264.88	238.50	317.25	83.75	84.25	121.25
		材料费（元）			1197.51	1163.21	1163.21	224.97	227.10	165.65
		施工机具使用费（元）			—	—	—	—	—	—
		企业管理费（元）			41.35	37.23	49.52	13.07	13.15	18.93
		利润（元）			25.45	22.92	30.49	8.05	8.10	11.65
		一般风险费（元）			4.77	4.29	5.71	1.51	1.52	2.18
	编码	名称	单位	单价（元）	消耗量					
人工	000300050	木工综合工	工日	125.00	2.119	1.908	2.538	0.670	0.674	0.970
材料	091300010	铝塑板	m²	110.00	10.500	10.500	10.500	—	—	—
	090100500	规格板	m²	21.37	—	—	—	10.500	10.600	—
	144102700	胶粘剂	kg	12.82	3.255	0.580	0.580	—	—	—
	090900100	钙塑板	m²	14.79	—	—	—	—	—	10.500
	002000010	其他材料费	元	—	0.78	0.77	0.77	0.58	0.58	10.35

工作内容:安装天棚面层。　　　　**计量单位**:10m²

定额编号					LC0065	LC0066	LC0067	LC0068	LC0069	LC0070
项目名称					石膏板			防火胶板		钉竹片
					安在轻钢龙骨上	安在木龙骨上	安在基层板上	贴在木龙骨上	贴在夹板基层上	
费用	综合单价(元)				**256.71**	**243.90**	**232.78**	**287.31**	**353.42**	**340.18**
	其中	人工费(元)			116.25	113.75	105.00	96.25	116.25	192.50
		材料费(元)			109.05	99.41	99.41	165.06	205.76	95.66
		施工机具使用费(元)			—	—	—	—	—	—
		企业管理费(元)			18.15	17.76	16.39	15.02	18.15	30.05
		利润(元)			11.17	10.93	10.09	9.25	11.17	18.50
		一般风险费(元)			2.09	2.05	1.89	1.73	2.09	3.47
	编码	名称	单位	单价(元)	消耗量					
人工	000300050	木工综合工	工日	125.00	0.930	0.910	0.840	0.770	0.930	1.540
材料	090100010	石膏板	m²	9.40	10.500	10.500	10.500	—	—	—
	091100200	防火板	m²	15.38	—	—	—	10.500	10.500	—
	144102700	胶粘剂	kg	12.82	—	—	—	0.108	3.255	—
	053300470	竹片24对剖	m²	8.55	—	—	—	—	—	10.500
	002000010	其他材料费	元	—	10.35	0.71	0.71	2.19	2.54	5.88

工作内容:安装天棚面层。　　　　**计量单位**:10m²

定额编号					LC0071	LC0072	LC0073	LC0074
项目名称					不锈钢板(粘贴式)	贴塑料板	钉塑料板	PVC扣板
费用	综合单价(元)				**2811.00**	**679.26**	**640.43**	**273.08**
	其中	人工费(元)			201.25	110.00	105.00	76.25
		材料费(元)			2555.37	539.54	507.06	176.23
		施工机具使用费(元)			—	—	—	—
		企业管理费(元)			31.42	17.17	16.39	11.90
		利润(元)			19.34	10.57	10.09	7.33
		一般风险费(元)			3.62	1.98	1.89	1.37
	编码	名称	单位	单价(元)	消耗量			
人工	000300050	木工综合工	工日	125.00	1.610	0.880	0.840	0.610
材料	090502800	镜面不锈钢板	m²	239.32	10.500	—	—	—
	021101030	硬塑料板	m²	47.32	—	10.500	10.500	—
	090900620	PVC扣板	m²	14.53	—	—	—	10.500
	144102700	胶粘剂	kg	12.82	3.255	3.255	—	—
	002000010	其他材料费	元	—	0.78	0.95	10.20	23.66

工作内容：安装天棚面层。　　　　计量单位：$10m^2$

定额编号					LC0075	LC0076	LC0077	LC0078
项目名称					木饰面胶合板			天棚铝单板面层制安
					方格式密贴	方格式分缝	花式	
费用	综合单价（元）				**404.39**	**421.86**	**454.79**	**1865.49**
	其中	人工费（元）			151.25	165.00	178.75	181.75
		材料费（元）			212.27	212.27	227.74	1634.63
		施工机具使用费（元）			—	—	—	—
		企业管理费（元）			23.61	25.76	27.90	28.37
		利润（元）			14.54	15.86	17.18	17.47
		一般风险费（元）			2.72	2.97	3.22	3.27
	编码	名称	单位	单价(元)	消耗量			
人工	000300050	木工综合工	工日	125.00	1.210	1.320	1.430	1.454
材料	050501310	木饰面胶合板	m^2	14.82	11.000	11.000	11.000	—
	050303800	木材 锯材	m^3	1547.01	—	—	0.010	—
	144102700	胶粘剂	kg	12.82	3.255	3.255	3.255	—
	090501560	铝单板	m^2	145.30	—	—	—	10.600
	144101320	玻璃胶 350 g/支	支	27.35	—	—	—	3.400
	002000010	其他材料费	元	—	7.52	7.52	7.52	0.98
	341100400	电	kW·h	0.70	—	—	—	0.692

工作内容：安装天棚面层。　　　　计量单位：$10m^2$

定额编号					LC0079	LC0080	LC0081	LC0082	LC0083	LC0084
项目名称					铝合金挂片		方形铝扣板安装	条形扣板安装	烤漆金属板	
					条形	块形			条板	异形板
费用	综合单价（元）				**814.16**	**826.86**	**775.76**	**804.34**	**536.95**	**991.49**
	其中	人工费（元）			36.25	46.25	115.00	137.50	105.00	146.25
		材料费（元）			768.12	768.12	629.69	629.69	403.58	805.73
		施工机具使用费（元）			—	—	—	—	—	—
		企业管理费（元）			5.66	7.22	17.95	21.46	16.39	22.83
		利润（元）			3.48	4.44	11.05	13.21	10.09	14.05
		一般风险费（元）			0.65	0.83	2.07	2.48	1.89	2.63
	编码	名称	单位	单价(元)	消耗量					
人工	000300050	木工综合工	工日	125.00	0.290	0.370	0.920	1.100	0.840	1.170
材料	093705110	铝合金挂片(条形)	m^2	75.21	10.200	—	—	—	—	—
	093705120	铝合金挂片(块形)	m^2	75.21	—	10.200	—	—	—	—
	090500140	铝扣板(方形)	m^2	59.83	—	—	10.500	—	—	—
	090500120	铝扣板(条形)	m^2	59.83	—	—	—	10.500	—	—
	120302000	金属烤漆板条	m^2	34.19	—	—	—	—	10.500	—
	090502930	金属烤漆板(异形)	m^2	71.79	—	—	—	—	—	10.500
	014900020	角铝	m	2.44	—	—	—	—	18.000	21.000
	002000010	其他材料费	元	—	0.98	0.98	1.47	1.47	0.66	0.69

工作内容：安装天棚面层。　　　　**计量单位**：10m²

定额编号					LC0085	LC0086	LC0087
项目名称					镜面玻璃		
					平面	井格型	锥型
费用	综合单价（元）				**1395.59**	**1945.49**	**2280.92**
	其中	人工费（元）			211.25	317.50	338.75
		材料费（元）			1127.26	1542.20	1850.64
		施工机具使用费（元）			—	—	—
		企业管理费（元）			32.98	49.56	52.88
		利润（元）			20.30	30.51	32.55
		一般风险费（元）			3.80	5.72	6.10
	编码	名称	单位	单价（元）	消耗量		
人工	000300050	木工综合工	工日	125.00	1.690	2.540	2.710
材料	030192960	镜钉	个	2.56	130.000	—	—
	065500510	镜面玻璃	m²	59.83	10.500	10.500	10.500
	050303800	木材 锯材	m³	1547.01	—	0.580	0.780
	144101320	玻璃胶 350 g/支	支	27.35	5.800	—	—
	002000010	其他材料费	元	—	7.61	16.72	15.76

C.1.2 格栅吊顶（编码：011302002）

工作内容：1.定位、弹线、射钉膨胀螺栓及吊筋安装。2.选料、下料组装。
3.安装龙骨及吊配附件、临时加固支撑。4.预留空洞、安封边龙骨。5.调整、校正。　　　　**计量单位**：10m²

定额编号					LC0088	LC0089
项目名称					不锈钢格栅	铝合金（金属）格栅天棚（直接吊在天棚下）
费用	综合单价（元）				**1759.44**	**1983.37**
	其中	人工费（元）			110.00	118.75
		材料费（元）			1617.52	1830.15
		施工机具使用费（元）			2.20	2.38
		企业管理费（元）			17.17	18.54
		利润（元）			10.57	11.41
		一般风险费（元）			1.98	2.14
	编码	名称	单位	单价（元）	消耗量	
人工	000300050	木工综合工	工日	125.00	0.880	0.950
材料	360300200	不锈钢格栅	m²	153.85	10.500	—
	093701030	铝合金格栅（含配件）90×90×60	m²	170.94	—	10.500
	002000010	其他材料费	元	—	1.23	34.35
	341100400	电	kW·h	0.70	1.231	1.325
机械	002000045	其他机械费	元	—	2.20	2.38

工作内容：定位、放线、下料、制作、安装等。

计量单位：10m²

定额编号					LC0090	LC0091	LC0092	LC0093
项目名称					木夹板格栅天棚井格		成品木格栅面层	铝方通吊顶制安
					规格(mm)			
					200×200以内	200×200以上		
费用	综合单价（元）				**538.02**	**488.94**	**496.06**	**1572.02**
	其中	人工费（元）			175.00	152.50	100.00	228.75
		材料费（元）			315.73	295.22	369.04	1276.88
		施工机具使用费（元）			—	—	—	4.58
		企业管理费（元）			27.32	23.81	15.61	35.71
		利润（元）			16.82	14.66	9.61	21.98
		一般风险费（元）			3.15	2.75	1.80	4.12
	编码	名称	单位	单价(元)	消耗量			
人工	000300050	木工综合工	工日	125.00	1.400	1.220	0.800	1.830
材料	292500110	木夹板	m²	12.82	12.600	12.000	—	—
	093700600	成品木格栅	m²	34.19	—	—	10.500	—
	144102700	胶粘剂	kg	12.82	2.500	1.500	—	—
	090503010	铝方通	m²	106.84	—	—	—	10.500
	032131310	预埋铁件	kg	4.06	—	—	—	17.500
	002000010	其他材料费	元	—	118.90	118.90	6.80	84.01
	341100400	电	kW·h	0.70	4.639	4.639	4.639	—
机械	002000045	其他机械费	元	—	—	—	—	4.58

C.1.3 藤条造型悬挂吊顶(编码：011302004)

工作内容：1.基层清理。
2.铺贴面层。

计量单位：10m²

定额编号					LC0094
项目名称					藤条造型悬挂吊顶
费用	综合单价（元）				**382.22**
	其中	人工费（元）			135.00
		材料费（元）			210.75
		施工机具使用费（元）			—
		企业管理费（元）			21.07
		利润（元）			12.97
		一般风险费（元）			2.43
	编码	名称	单位	单价(元)	消耗量
人工	000300050	木工综合工	工日	125.00	1.080
材料	093700700	藤条造型(吊挂)	m²	17.09	11.000
	002000010	其他材料费	元	—	21.43
	341100400	电	kW·h	0.70	1.893

C.1.4 织物软雕吊顶(编码:011302005)

工作内容:1.基层清理。
2.铺贴面层。

计量单位:10m²

定额编号					LC0095	LC0096	LC0097	LC0098
项目名称					织物软吊顶	软膜吊顶		
						弧拱形	圆形	矩形
费用	综合单价(元)				**866.87**	**986.93**	**805.81**	**685.15**
	其中	人工费(元)			115.00	305.25	213.63	152.63
		材料费(元)			720.80	599.21	534.45	491.28
		施工机具使用费(元)			—	—	—	—
		企业管理费(元)			17.95	47.65	33.35	23.82
		利润(元)			11.05	29.33	20.53	14.67
		一般风险费(元)			2.07	5.49	3.85	2.75
	编码	名称	单位	单价(元)	消耗量			
人工	000300050	木工综合工	工日	125.00	0.920	2.442	1.709	1.221
材料	155900430	防火阻燃织物	m²	21.37	28.000	—	—	—
	124500420	软膜	m²	42.74	—	13.000	11.500	10.500
	030130120	膨胀螺栓	套	0.94	20.000	20.000	20.000	20.000
	010302110	镀锌铁丝 综合	kg	3.08	26.340	0.300	0.300	0.300
	031391110	合金钢钻头	个	17.09	0.100	0.100	0.100	0.100
	341100400	电	kW·h	0.70	1.154	3.076	2.154	1.538
	002000010	其他材料费	元	—	20.00	20.00	20.00	20.00

C.1.5 装饰网架吊顶(编码:011302006)

工作内容:1.基层清理。
2.网架制作安装。

计量单位:10m²

定额编号					LC0099
项目名称					装饰成品钢网架天棚
费用	综合单价(元)				**1216.47**
	其中	人工费(元)			80.64
		材料费(元)			1114.04
		施工机具使用费(元)			—
		企业管理费(元)			12.59
		利润(元)			7.75
		一般风险费(元)			1.45
	编码	名称	单位	单价(元)	消耗量
人工	000300160	金属制安综合工	工日	120.00	0.672
材料	330101800	钢网架	m²	102.56	10.500
	030130120	膨胀螺栓	套	0.94	20.000
	010302110	镀锌铁丝 综合	kg	3.08	0.300
	031391110	合金钢钻头	个	17.09	0.100
	341100400	电	kW·h	0.70	1.041
	002000010	其他材料费	元	—	15.00

C.2 采光天棚(编码:011303)

计量单位:$10m^2$

定额编号					LC0100	LC0101	LC0102
项目名称					铝龙骨上	钢龙骨上	
					安装中空玻璃		安装钢化玻璃
费用	综合单价(元)				**4389.39**	**3929.24**	**2986.87**
	其中	人工费(元)			1074.36	1339.20	904.08
		材料费(元)			3003.24	2201.40	1820.43
		施工机具使用费(元)			21.49	26.78	18.08
		企业管理费(元)			167.71	209.05	141.13
		利润(元)			103.25	128.70	86.88
		一般风险费(元)			19.34	24.11	16.27
	编码	名称	单位	单价(元)	消耗量		
人工	000300160	金属制安综合工	工日	120.00	8.953	11.160	7.534
材料	061100020	中空玻璃	m^2	102.56	9.700	10.700	—
	060500010	钢化玻璃 5	m^2	42.74	—	—	10.917
	010000010	型钢 综合	kg	3.09	—	66.360	109.350
	015100010	铝合金型材	kg	16.20	50.240	—	—
	144104500	耐候胶	L	38.97	4.320	4.320	4.320
	144107700	结构胶 双组份	L	50.43	9.560	6.370	6.370
	002000010	其他材料费	元	—	544.06	409.37	526.36
机械	002000045	其他机械费	元	—	21.49	26.78	18.08

C.3 天棚其他装饰(编码:011304)

C.3.1 灯带(槽)(编码:011304001)

工作内容:定位、弹线、下料、钻孔埋木楔、灯槽制作安装。

定额编号					LC0103	LC0104	LC0105	LC0106
项目名称					天棚灯片安装	曲线型平顶灯带制安	直线型平顶灯带制安	回光灯槽制安
单位					$10m^2$	10m		
费用	综合单价(元)				**485.32**	**559.99**	**534.43**	**215.71**
	其中	人工费(元)			170.00	155.00	141.25	103.75
		材料费(元)			269.38	363.10	355.02	83.92
		施工机具使用费(元)			—	—	—	—
		企业管理费(元)			26.54	24.20	22.05	16.20
		利润(元)			16.34	14.90	13.57	9.97
		一般风险费(元)			3.06	2.79	2.54	1.87
	编码	名称	单位	单价(元)	消耗量			
人工	000300050	木工综合工	工日	125.00	1.360	1.240	1.130	0.830
材料	256100400	灯片	m^2	25.64	10.500	3.300	3.300	—
	050303800	木材 锯材	m^3	1547.01	—	0.120	0.120	—
	292500110	木夹板	m^2	12.82	—	6.930	6.300	6.300
	002000010	其他材料费	元	—	0.16	4.00	4.00	3.15

工作内容：天棚面层开孔。　　计量单位：10个

定额编号					LC0107	LC0108
项目名称					开格式灯孔	开筒灯孔
费用	综合单价（元）				**72.70**	**41.39**
	其中	人工费（元）			51.88	31.25
		材料费（元）			6.80	1.70
		施工机具使用费（元）			—	—
		企业管理费（元）			8.10	4.88
		利润（元）			4.99	3.00
		一般风险费（元）			0.93	0.56
	编码	名称	单位	单价（元）	消耗量	
人工	000300050	木工综合工	工日	125.00	0.415	0.250
材料	002000010	其他材料费	元	—	6.80	1.70

C.3.2　送风口、回风口（编码：011304002）

工作内容：对口、号眼、安装木框条、过滤网及风口校正、上螺钉、固定等。　　计量单位：10个

定额编号					LC0109	LC0110
项目名称					送风口安装	回风口安装
费用	综合单价（元）				**416.39**	**442.10**
	其中	人工费（元）			130.00	138.13
		材料费（元）			251.27	266.65
		施工机具使用费（元）			—	—
		企业管理费（元）			20.29	21.56
		利润（元）			12.49	13.27
		一般风险费（元）			2.34	2.49
	编码	名称	单位	单价（元）	消耗量	
人工	000300050	木工综合工	工日	125.00	1.040	1.105
材料	224100200	送风口（成品）	个	23.93	10.500	—
	224100300	回风口（成品）	个	23.93	—	10.500
	002000010	其他材料费	元	—	—	15.38

D　门窗工程
(0108)

说　　明

一、木门：

1. 装饰木门扇包括：木门扇制作，木门扇面贴木饰面胶合板，包不锈钢板、软包面。

2. 双面贴饰面板实心基层门扇是按基层木工（夹）板一层粘贴编制的，如设计为木工板二层粘贴时，材料按实调整，其余不变。

3. 局部或半截门扇和格栅门扇制作子目中，面板是按整片开洞考虑的，如不同时，材料按实调整，其余不变。

4. 如门、窗套上设计有雕花饰件、装饰线条等，按相应定额子目执行。

5. 门扇装饰面板为拼花、拼纹时，按相应定额子目的人工乘以系数 1.45，材料按实计算，其余不变。

6. 装饰木门设计有特殊要求时，材料按实调整，其余不变。

7. 若门套基层、饰面板为拱、弧形时，按相应定额子目的人工乘以系数 1.30，材料按实调整，其余不变。

8.成品套装门安装包括门套和门扇的安装。

二、金属门、窗：

1.铝合金门窗现场制作安装、成品铝合金门窗安装铝合金型材均按 40 系列、单层钢化白玻璃编制。当设计与定额子目不同时，可以调整。安装子目中已含安装固定门窗小五金配件材料及安装费用，门窗的其他五金配件按相应定额子目执行。

2.成品铝合金门窗按工厂成品、现场安装编制（除定额说明外）。成品铝合金门窗价格均已包括玻璃及五金配件的费用，定额包括安装固定门窗小五金配件材料及安装费用与辅料耗量。

三、其他门：

1.全玻璃门扇安装项目按地弹门编制，定额子目中地弹簧消耗量可按实际调整。门其他五金件按相应定额子目执行。

2.全玻璃门门框、横梁、立柱钢架的制作安装及饰面装饰，按相应定额子目执行。

3.电动伸缩门含量不同时，其伸缩门及轨道允许换算；打凿混凝土工程量另行计算。

工程量计算规则

一、木门：

1.装饰门扇面贴木饰面胶合板，包不锈钢板、软包面制作按门扇外围设计图示面积以“m^2”计算。

2.成品装饰木门扇安装按门扇外围设计图示面积以“m^2”计算。

3.成品套装木门安装以“扇(樘)”计算。

4.成品防火门安装按设计图示洞口面积以“m^2”计算。

5.吊装滑动门轨按长度以“延长米”计算。

6.五金件安装以“套”计算。

二、金属门窗：

1.铝合金门窗现场制作安装按设计图示洞口面积以“m^2”计算。

2.成品铝合金门窗(飘凸窗、阳台封闭、纱门窗除外)安装按门窗洞口设计图示面积以“m^2”计算。

3.铝合金门连窗按设计图示洞口面积分别计算门、窗面积，其中窗的宽度算至门框的边外线。

4. 铝合金窗飘凸窗、阳台封闭、纱门窗按设计图示框型材外围面积以“m^2”计算。

三、其他门：

1.电子感应门、转门、电动伸缩门均以“樘”计算；电磁感应装置以“套”计算。

2.全玻有框门扇按扇外围设计图示面积以“m^2”计算。

3.全玻无框(条夹)门扇按扇外围设计图示面积以“m^2”计算，高度算至条夹外边线，宽度算至玻璃外边线。

4.全玻无框(点夹)门扇按扇外围设计图示面积以“m^2”计算。

四、门钢架、门窗套：

1.门钢架按设计图示尺寸以“t”计算。

2.门钢架基层、面层按饰面外围设计图示面积以“m^2”计算。

3.成品门框、门窗套线按设计图示最长边以“延长米”计算。

五、窗台板、窗帘盒、轨：

1.窗台板按设计图示长度乘宽度以“m^2”计算。图纸未注明尺寸的，窗台板长度可按窗框的外围宽度两边加 100mm 计算。窗台板凸出墙面的宽度按墙面外加 50mm 计算。

2.窗帘盒、窗帘轨按设计图示长度以“延长米”计算。

3.窗帘按设计图示轨道高度乘以宽度以“m^2”计算。

D.1 木装饰门扇制作(编码:010801)

D.1.1 装饰门扇制作(编码:010801001)

工作内容:运料、画线、下料、现场制作等全部操作过程。　　**计量单位**:10m²

定额编号					LD0001	LD0002	LD0003
项目名称					工艺造型实心门扇制作	双面贴木饰面胶合板门扇制作	
					木夹板实心基层		木龙骨、胶合板基层
费用	综合单价(元)				**2066.03**	**1440.43**	**2022.32**
	其中	人工费(元)			818.13	442.63	636.00
		材料费(元)			1002.30	864.92	1195.39
		施工机具使用费(元)			24.54	13.28	19.08
		企业管理费(元)			127.71	69.09	99.28
		利润(元)			78.62	42.54	61.12
		一般风险费(元)			14.73	7.97	11.45
	编码	名称	单位	单价(元)	消耗量		
人工	000300050	木工综合工	工日	125.00	6.545	3.541	5.088
材料	050500010	胶合板	m²	12.82	—	—	21.250
	292500110	木夹板	m²	12.82	22.000	10.500	—
	050501310	木饰面胶合板	m²	14.82	22.188	22.188	22.188
	050303800	木材 锯材	m³	1547.01	—	—	0.156
	120100510	硬木封边线	m	4.27	37.275	37.275	37.275
	144102700	胶粘剂	kg	12.82	13.375	13.375	13.375
	002000010	其他材料费	元	—	60.80	70.85	22.17
机械	002000045	其他机械费	元	—	24.54	13.28	19.08

工作内容:运料、画线、下料、现场制作等全部操作过程。　　**计量单位**:10m²

定额编号					LD0004	LD0005	LD0006
项目名称					双面防火胶板门扇制作		门扇面贴木饰面胶合板制作
					木夹板实心基层	木龙骨、胶合板基层	每 10m² 实贴面积
费用	综合单价(元)				**1872.72**	**2064.48**	**449.04**
	其中	人工费(元)			560.38	661.25	181.25
		材料费(元)			1144.12	1204.72	213.38
		施工机具使用费(元)			16.81	19.84	5.44
		企业管理费(元)			87.47	103.22	28.29
		利润(元)			53.85	63.55	17.42
		一般风险费(元)			10.09	11.90	3.26
	编码	名称	单位	单价(元)	消耗量		
人工	000300050	木工综合工	工日	125.00	4.483	5.290	1.450
材料	292500110	木夹板	m²	12.82	30.375	—	—
	050500010	胶合板	m²	12.82	—	21.250	—
	050501310	木饰面胶合板	m²	14.82	—	—	11.500
	091100200	防火板	m²	15.38	22.188	22.188	—
	050303800	木材 锯材	m³	1547.01	—	0.154	—
	120100510	硬木封边线	m	4.27	37.275	37.275	—
	144102700	胶粘剂	kg	12.82	13.375	13.375	3.200
	002000010	其他材料费	元	—	82.83	22.17	1.93
机械	002000045	其他机械费	元	—	16.81	19.84	5.44

工作内容：运料、画线、下料、现场制作等全部操作过程。　　　　计量单位：10m²

定额编号					LD0007	LD0008	LD0009	LD0010
项目名称					百叶门扇制作			
					局部百叶门扇	全部百叶门扇	局部百叶门扇	全部百叶门扇
					木夹板实心基层		木龙骨、胶合板基层	
费用	综合单价（元）				**1834.82**	**1823.80**	**2167.00**	**2206.80**
	其中	人工费（元）			510.00	593.00	701.63	786.38
		材料费（元）			1171.72	1052.78	1254.74	1184.36
		施工机具使用费（元）			15.30	17.79	21.05	23.59
		企业管理费（元）			79.61	92.57	109.52	122.75
		利润（元）			49.01	56.99	67.43	75.57
		一般风险费（元）			9.18	10.67	12.63	14.15
	编码	名称	单位	单价(元)	消耗量			
人工	000300050	木工综合工	工日	125.00	4.080	4.744	5.613	6.291
材料	093705000	百叶(成品)	m²	85.47	1.688	6.000	1.688	6.000
	292500110	木夹板	m²	12.82	25.125	11.451	—	—
	050500010	胶合板	m²	12.82	—	—	17.563	8.063
	050501310	木饰面胶合板	m²	14.82	22.188	8.438	22.188	8.438
	050303800	木材 锯材	m³	1547.01	—	—	0.150	0.125
	120100510	硬木封边线	m	4.27	37.275	37.275	37.275	37.275
	144102700	胶粘剂	kg	12.82	11.250	5.750	11.250	5.750
	002000010	其他材料费	元	—	73.13	35.23	21.04	16.87
机械	002000045	其他机械费	元	—	15.30	17.79	21.05	23.59

工作内容：运料、画线、下料、现场制作、安装玻璃等全部操作过程。　　　　计量单位：10m²

定额编号					LD0011	LD0012	LD0013	LD0014
项目名称					格栅磨砂玻璃门扇制作			
					半截格栅	全部格栅	半截格栅	全部格栅
					木夹板实心基层		木龙骨、胶合板基层	
费用	综合单价（元）				**2329.49**	**2556.98**	**2680.48**	**2957.41**
	其中	人工费（元）			648.88	761.25	838.00	945.38
		材料费（元）			1485.81	1567.20	1590.92	1728.23
		施工机具使用费（元）			19.47	22.84	25.14	28.36
		企业管理费（元）			101.29	118.83	130.81	147.57
		利润（元）			62.36	73.16	80.53	90.85
		一般风险费（元）			11.68	13.70	15.08	17.02
	编码	名称	单位	单价(元)	消耗量			
人工	000300050	木工综合工	工日	125.00	5.191	6.090	6.704	7.563
材料	292500110	木夹板	m²	12.82	24.563	18.750	—	—
	050500010	胶合板	m²	12.82	—	—	15.125	9.000
	050501310	木饰面胶合板	m²	14.82	22.188	9.000	22.188	9.000
	050303800	木材 锯材	m³	1547.01	—	—	0.175	0.175
	120103400	硬木收口线	m	4.27	89.375	161.813	89.375	161.813
	120100510	硬木封边线	m	4.27	37.275	37.275	37.275	37.275
	062500300	磨砂玻璃 综合	m²	29.91	3.420	6.769	3.420	6.769
	144102700	胶粘剂	kg	12.82	9.875	6.313	9.875	9.875
	002000010	其他材料费	元	—	72.40	59.95	27.78	29.58
机械	002000045	其他机械费	元	—	19.47	22.84	25.14	28.36

工作内容：运料、画线、下料、现场制作、安装玻璃、铁花等全部操作过程。 计量单位：10m²

定额编号					LD0015	LD0016	LD0017	LD0018
项目名称					工艺铁花磨砂玻璃门扇制作			
					局部铁花	全部铁花	局部铁花	全部铁花
					木夹板实心基层		木龙骨、胶合板基层	
费用	综合单价（元）				**2196.30**	**2201.94**	**2536.13**	**2580.88**
	其中	人工费（元）			593.75	670.38	786.38	863.75
		材料费（元）			1424.31	1330.31	1513.69	1457.83
		施工机具使用费（元）			17.81	20.11	23.59	25.91
		企业管理费（元）			92.68	104.65	122.75	134.83
		利润（元）			57.06	64.42	75.57	83.01
		一般风险费（元）			10.69	12.07	14.15	15.55
	编码	名称	单位	单价（元）	消耗量			
人工	000300050	木工综合工	工日	125.00	4.750	5.363	6.291	6.910
材料	292500110	木夹板	m²	12.82	24.688	11.501	—	—
	050500010	胶合板	m²	12.82	—	—	17.313	8.063
	050501310	木饰面胶合板	m²	14.82	22.188	8.438	22.188	8.438
	050303800	木材 锯材	m³	1547.01	—	—	0.150	0.125
	120103400	硬木收口线	m	4.27	46.725	57.750	46.725	57.750
	120100510	硬木封边线	m	4.27	37.275	37.275	37.275	37.275
	062500300	磨砂玻璃 综合	m²	29.91	2.067	6.840	2.067	6.840
	144102700	胶粘剂	kg	12.82	11.125	5.750	11.125	5.750
	032142320	工艺扁铁花	m²	42.74	1.813	6.000	1.813	6.000
	144101320	玻璃胶 350 g/支	支	27.35	2.300	2.750	2.300	2.750
	002000010	其他材料费	元	—	75.46	42.11	27.34	20.33
机械	002000045	其他机械费	元	—	17.81	20.11	23.59	25.91

工作内容：运料、画线、下料、现场制作、安装玻璃等全部操作过程。 计量单位：10m²

定额编号					LD0019	LD0020	LD0021	LD0022
项目名称					工艺玻璃（刻花、彩绘、印花、喷砂）门扇制作			
					半截玻璃	全部玻璃	半截玻璃	全部玻璃
					木夹板实心基层		木龙骨、胶合板基层	
费用	综合单价（元）				**1914.16**	**1858.04**	**2284.91**	**2197.16**
	其中	人工费（元）			554.38	687.50	747.50	829.38
		材料费（元）			1193.35	964.14	1313.01	1118.80
		施工机具使用费（元）			16.63	20.63	22.43	24.88
		企业管理费（元）			86.54	107.32	116.68	129.47
		利润（元）			53.28	66.07	71.83	79.70
		一般风险费（元）			9.98	12.38	13.46	14.93
	编码	名称	单位	单价（元）	消耗量			
人工	000300050	木工综合工	工日	125.00	4.435	5.500	5.980	6.635
材料	292500110	木夹板	m²	12.82	21.500	11.856	—	—
	050500010	胶合板	m²	12.82	—	—	15.125	8.313
	050501310	木饰面胶合板	m²	14.82	22.188	8.688	22.188	8.688
	050303800	木材 锯材	m³	1547.01	—	—	0.156	0.144
	120103400	硬木收口线	m	4.27	37.938	59.563	37.938	59.563
	120100510	硬木封边线	m	4.27	37.275	37.275	37.275	37.275
	062500600	工艺（刻花、彩绘、印花、喷砂）玻璃	m²	21.37	3.634	7.139	3.634	7.139
	144102700	胶粘剂	kg	12.82	9.812	5.877	9.812	5.877
	002000010	其他材料费	元	—	64.29	41.99	24.34	19.30
机械	002000045	其他机械费	元	—	16.63	20.63	22.43	24.88

工作内容：运料、画线、下料、现场制作等全部操作过程。　　计量单位：10m²

定额编号					LD0023	LD0024
项目名称					隔音门扇(双面)制作	
					皮革面	织锦缎
					木夹板实心基层	
费用	综合单价(元)				**3780.23**	**2787.01**
	其中	人工费(元)			859.38	807.88
		材料费(元)			2662.86	1736.60
		施工机具使用费(元)			25.78	24.24
		企业管理费(元)			134.15	126.11
		利润(元)			82.59	77.64
		一般风险费(元)			15.47	14.54
	编码	名称	单位	单价(元)	消耗量	
人工	000300050	木工综合工	工日	125.00	6.875	6.463
材料	292500110	木夹板	m^2	12.82	30.376	30.376
	050501310	木饰面胶合板	m^2	14.82	8.688	8.688
	023500010	皮革	m^2	76.38	17.000	—
	120103400	硬木收口线	m	4.27	59.563	59.563
	120100510	硬木封边线	m	4.27	37.275	37.275
	144102700	胶粘剂	kg	12.82	5.877	5.877
	150700020	离心棉	m^2	17.09	17.000	17.000
	155900430	防火阻燃织物	m^2	21.37	—	18.438
	002000010	其他材料费	元	—	66.85	45.03
机械	002000045	其他机械费	元	—	25.78	24.24

D.1.2　木门扇上包金属面、软包面(编码:010801002)

工作内容：清理基层、粘贴金属面(软包面)层、清理等全部操作过程。　　计量单位：10m²

定额编号					LD0025	LD0026	LD0027
项目名称					木门扇上单面包制作		
					镜面不锈钢	皮革面	织物面料
费用	综合单价(元)				**2379.41**	**1593.53**	**982.28**
	其中	人工费(元)			347.50	401.25	401.25
		材料费(元)			1927.59	1071.82	460.57
		施工机具使用费(元)			10.43	12.04	12.04
		企业管理费(元)			54.24	62.64	62.64
		利润(元)			33.39	38.56	38.56
		一般风险费(元)			6.26	7.22	7.22
	编码	名称	单位	单价(元)	消耗量		
人工	000300050	木工综合工	工日	125.00	2.780	3.210	3.210
材料	012902610	不锈钢板	m^2	156.63	11.500	—	—
	023500010	皮革	m^2	76.38	—	11.500	—
	155900430	防火阻燃织物	m^2	21.37	—	—	12.500
	032102250	不锈钢卡口槽	m	6.41	9.540	—	—
	144102700	胶粘剂	kg	12.82	4.149	—	—
	150700020	离心棉	m^2	17.09	—	10.500	10.500
	002000010	其他材料费	元	—	12.00	14.00	14.00
机械	002000045	其他机械费	元	—	10.43	12.04	12.04

工作内容:清理基层、粘贴金属面(软包面)层、清理等全部操作过程。　　　　**计量单位:**$10m^2$

定额编号					LD0028	LD0029	LD0030
项目名称					木门扇上双面包制作		
					不锈钢板	皮革面	织物面料
费用	综合单价(元)				**4310.72**	**2781.60**	**1559.11**
	其中	人工费(元)			391.25	483.75	483.75
		材料费(元)			3802.02	2152.63	930.14
		施工机具使用费(元)			11.74	14.51	14.51
		企业管理费(元)			61.07	75.51	75.51
		利润(元)			37.60	46.49	46.49
		一般风险费(元)			7.04	8.71	8.71
	编码	名称	单位	单价(元)	消耗量		
人工	000300050	木工综合工	工日	125.00	3.130	3.870	3.870
材料	012902610	不锈钢板	m^2	156.63	23.000	—	—
	023500010	皮革	m^2	76.38	—	23.000	—
	155900430	防火阻燃织物	m^2	21.37	—	—	25.000
	032102250	不锈钢卡口槽	m	6.41	9.540	—	—
	144102700	胶粘剂	kg	12.82	8.298	—	—
	150700020	离心棉	m^2	17.09	—	21.000	21.000
	002000010	其他材料费	元	—	32.00	37.00	37.00
机械	002000045	其他机械费	元	—	11.74	14.51	14.51

D.1.3　门扇、成品门安装(编码:010801003)

工作内容:定位、安装、调校、清扫等。　　　　**计量单位:**10扇

定额编号					LD0031	LD0032
项目名称					平开门安装	吊装滑动门安装
费用	综合单价(元)				**547.36**	**1196.80**
	其中	人工费(元)			325.00	625.00
		材料费(元)			115.05	365.43
		施工机具使用费(元)			19.50	37.50
		企业管理费(元)			50.73	97.56
		利润(元)			31.23	60.06
		一般风险费(元)			5.85	11.25
	编码	名称	单位	单价(元)	消耗量	
人工	000300050	木工综合工	工日	125.00	2.600	5.000
材料	092300050	门滑轨	组	33.33	—	10.100
	030330040	不锈钢合页100mm	个	4.27	20.200	—
	002000010	其他材料费	元	—	28.80	28.80
机械	002000045	其他机械费	元	—	19.50	37.50

工作内容：门框、门套、门扇安装、五金安装、框周边塞缝等。

定额编号					LD0033	LD0034	LD0035	LD0036	LD0037
项目名称					成品木门扇安装	成品套装木门安装			木质防火门安装
						单扇门	双扇门	子母门	
单位					10m²	10 樘			10m²
费用	综合单价（元）				**1942.57**	**5811.45**	**11302.59**	**9154.14**	**3154.23**
	其中	人工费（元）			146.63	460.38	676.13	666.88	275.63
		材料费（元）			1756.32	5226.68	10443.77	8307.07	2804.12
		施工机具使用费（元）			—	—	—	—	—
		企业管理费（元）			22.89	71.86	105.54	104.10	43.03
		利润（元）			14.09	44.24	64.98	64.09	26.49
		一般风险费（元）			2.64	8.29	12.17	12.00	4.96
	编码	名称	单位	单价（元）	消耗量				
人工	000300050	木工综合工	工日	125.00	1.173	3.683	5.409	5.335	2.205
材料	110000130	单扇套装平开木门	樘	512.82	—	10.000	—	—	—
	110000150	双扇套装平开木门	樘	1025.64	—	—	10.000	—	—
	110000170	双扇套装子母平开木门	樘	811.97	—	—	—	10.000	—
	050303800	木材 锯材	m³	1547.01	0.003	0.003	0.002	0.002	—
	110100600	成品木门扇	m²	170.94	10.000	—	—	—	—
	110100020	木质防火门（成品）	m²	282.05	—	—	—	—	9.825
	030330040	不锈钢合页 100mm	个	4.27	—	20.000	40.000	40.000	—
	341100400	电	kW·h	0.70	—	—	—	—	1.145
	810201040	水泥砂浆 1:2.5（特）	m³	232.40	—	—	—	—	0.135
	002000010	其他材料费	元	—	42.28	8.44	13.48	13.48	0.80

D.1.4 门五金（编码：010801004）

工作内容：五金件安装。 计量单位：10 套

定额编号					LD0038	LD0039	LD0040	LD0041	LD0042	LD0043
项目名称					L 形执手杆锁	球形执手锁	地锁	插销	防盗门扣	门眼（猫眼）
费用	综合单价（元）				**730.83**	**706.38**	**1069.05**	**76.32**	**319.92**	**448.12**
	其中	人工费（元）			225.50	206.25	168.75	50.00	50.00	50.00
		材料费（元）			444.40	444.40	854.70	12.80	256.40	384.60
		施工机具使用费（元）			—	—	—	—	—	—
		企业管理费（元）			35.20	32.20	26.34	7.81	7.81	7.81
		利润（元）			21.67	19.82	16.22	4.81	4.81	4.81
		一般风险费（元）			4.06	3.71	3.04	0.90	0.90	0.90
	编码	名称	单位	单价（元）	消耗量					
人工	000300050	木工综合工	工日	125.00	1.804	1.650	1.350	0.400	0.400	0.400
材料	030320520	L 形执手插锁	把	44.44	10.000	—	—	—	—	—
	030321120	球形执手锁	把	44.44	—	10.000	—	—	—	—
	030330580	插销	副	1.28	—	—	—	10.000	—	—
	030321130	地锁	把	85.47	—	—	10.000	—	—	—
	112301000	防盗门扣	副	25.64	—	—	—	—	10.000	—
	030331410	门猫眼	套	38.46	—	—	—	—	—	10.000

工作内容:五金件安装。

定额编号					LD0044	LD0045	LD0046	LD0047	LD0048
项目名称					定门器	门拉手	电子锁(磁卡锁)	地弹簧	门夹
单位					10套	10副	10把	10个	
费用	综合单价(元)				**93.42**	**224.74**	**1010.42**	**3951.65**	**384.39**
	其中	人工费(元)			50.00	150.00	459.00	562.50	98.75
		材料费(元)			29.90	34.20	427.40	3237.15	258.96
		施工机具使用费(元)			—	—	—	—	—
		企业管理费(元)			7.81	23.42	71.65	87.81	15.41
		利润(元)			4.81	14.42	44.11	54.06	9.49
		一般风险费(元)			0.90	2.70	8.26	10.13	1.78
	编码	名称	单位	单价(元)	消耗量				
人工	000300050	木工综合工	工日	125.00	0.400	1.200	3.672	4.500	0.790
材料	030340960	定门器	套	2.99	10.000	—	—	—	—
	030330320	门拉手	副	3.42	—	10.000	—	—	—
	030321150	电子锁	把	42.74	—	—	10.000	—	—
	030331560	地弹簧	台	320.51	—	—	—	10.100	—
	030331760	上(下)门夹	个	25.64	—	—	—	—	10.100

工作内容:五金件安装。 **计量单位:**10套

定额编号					LD0049	LD0050
项目名称					闭门器安装	
					明装	暗装
费用	综合单价(元)				**1010.53**	**1377.01**
	其中	人工费(元)			182.25	459.00
		材料费(元)			769.20	769.20
		施工机具使用费(元)			9.84	24.79
		企业管理费(元)			28.45	71.65
		利润(元)			17.51	44.11
		一般风险费(元)			3.28	8.26
	编码	名称	单位	单价(元)	消耗量	
人工	000300050	木工综合工	工日	125.00	1.458	3.672
材料	030331610	闭门器	副	76.92	10.000	10.000
机械	002000045	其他机械费	元	—	9.84	24.79

D.2　金属门(编码:010802)

D.2.1　铝合金地弹门制作安装(编码:010802001)

工作内容:制作:型材矫正、放样下料、切割断料、钻孔组装、制作搬运。
安装:现场搬运、安装、校正框扇、裁安玻璃、五金配件、周边塞口、清扫等。　　**计量单位**:10m²

定额编号					LD0051	LD0052	LD0053	LD0054	LD0055	LD0056
项目名称					单扇地弹门制作安装		双扇地弹门制作安装			
							无侧亮		有侧亮	
					无上亮	带上亮	无上亮	带上亮	无上亮	带上亮
费用	综合单价(元)				**2518.87**	**2430.83**	**2516.83**	**2435.34**	**2359.65**	**2461.05**
	其中	人工费(元)			810.96	801.96	829.92	802.08	746.64	710.16
		材料费(元)			1452.30	1376.08	1425.31	1380.45	1377.67	1527.04
		施工机具使用费(元)			36.49	36.09	37.35	36.09	33.60	31.96
		企业管理费(元)			126.59	125.19	129.55	125.20	116.55	110.86
		利润(元)			77.93	77.07	79.76	77.08	71.75	68.25
		一般风险费(元)			14.60	14.44	14.94	14.44	13.44	12.78
	编码	名称	单位	单价(元)	消耗量					
人工	000300160	金属制安综合工	工日	120.00	6.758	6.683	6.916	6.684	6.222	5.918
材料	015100010	铝合金型材	kg	16.20	68.345	61.654	66.944	62.168	61.671	69.875
	060100020	平板玻璃	m²	17.09	9.000	10.000	9.000	10.000	9.000	10.000
	144101320	玻璃胶 350 g/支	支	27.35	3.590	4.288	3.943	4.396	4.677	5.190
	002000010	其他材料费	元	—	93.11	89.11	79.17	82.20	96.87	82.22
机械	002000045	其他机械费	元	—	36.49	36.09	37.35	36.09	33.60	31.96

工作内容:制作:型材矫正、放样下料、切割断料、钻孔组装、制作搬运。
安装:现场搬运、安装、校正框扇、裁安玻璃、五金配件、周边塞口、清扫等。　　**计量单位**:10m²

定额编号					LD0057	LD0058
项目名称					四扇地弹门制作安装	
					无上亮	带上亮
费用	综合单价(元)				**2668.13**	**2554.79**
	其中	人工费(元)			842.04	802.08
		材料费(元)			1560.68	1499.90
		施工机具使用费(元)			37.89	36.09
		企业管理费(元)			131.44	125.20
		利润(元)			80.92	77.08
		一般风险费(元)			15.16	14.44
	编码	名称	单位	单价(元)	消耗量	
人工	000300160	金属制安综合工	工日	120.00	7.017	6.684
材料	015100010	铝合金型材	kg	16.20	75.305	69.283
	060100020	平板玻璃	m²	17.09	9.000	10.000
	144101320	玻璃胶 350 g/支	支	27.35	4.105	4.791
	002000010	其他材料费	元	—	74.66	75.58
机械	002000045	其他机械费	元	—	37.89	36.09

D.2.2 铝合金平开门制作安装(编码:010802002)

工作内容:制作:型材矫正、放样下料、切割断料、钻孔组装、制作搬运。
安装:现场搬运、安装、校正框扇、裁安玻璃、五金配件、周边塞口、清扫等。

计量单位:10m²

		定额编号			LD0059	LD0060	LD0061	LD0062
		项目名称			单扇平开门制作安装		双扇平开门制作安装	
					无上亮	带上亮	无上亮	带上亮
费用		**综合单价(元)**			**2482.01**	**2478.25**	**2176.30**	**2086.47**
	其中	人工费(元)			707.88	715.32	728.76	715.32
		材料费(元)			1551.01	1537.46	1217.84	1145.68
		施工机具使用费(元)			31.85	32.19	32.79	32.19
		企业管理费(元)			110.50	111.66	113.76	111.66
		利润(元)			68.03	68.74	70.03	68.74
		一般风险费(元)			12.74	12.88	13.12	12.88
	编码	名称	单位	单价(元)	消耗量			
人工	000300160	金属制安综合工	工日	120.00	5.899	5.961	6.073	5.961
材料	015100010	铝合金型材	kg	16.20	70.051	67.535	54.216	45.253
	060100020	平板玻璃	m²	17.09	9.000	10.000	9.000	10.000
	144101320	玻璃胶 350 g/支	支	27.35	5.291	5.750	2.646	4.644
	002000010	其他材料费	元	—	117.66	115.23	113.36	114.67
机械	002000045	其他机械费	元	—	31.85	32.19	32.79	32.19

D.2.3 铝合金门(成品)安装(编码:010802003)

工作内容:现场搬运、安装框扇、校正、五金配件、安装、周边塞口、清扫等。

		定额编号			LD0063	LD0064	LD0065	LD0066
		项目名称			铝合金门安装		铝合金纱扇门安装	金属附框
					平开门	推拉门		
		单位			10m²			10m
费用		**综合单价(元)**			**2896.33**	**2676.17**	**901.97**	**281.73**
	其中	人工费(元)			278.16	248.04	180.00	12.72
		材料费(元)			2543.01	2361.11	673.33	265.57
		施工机具使用费(元)			—	—	—	—
		企业管理费(元)			43.42	38.72	28.10	1.99
		利润(元)			26.73	23.84	17.30	1.22
		一般风险费(元)			5.01	4.46	3.24	0.23
	编码	名称	单位	单价(元)	消耗量			
人工	000300160	金属制安综合工	工日	120.00	2.318	2.067	1.500	0.106
材料	110900010	铝合金平开门	m²	220.00	9.700	—	—	—
	110900300	铝合金推拉门	m²	210.00	—	9.700	—	—
	110900630	铝合金纱扇门	m²	59.82	—	—	10.000	—
	110901960	附框	m	25.64	—	—	—	10.300
	144103110	聚氨酯发泡密封胶(750mL/支)	支	19.91	9.847	7.988	—	—
	144102310	硅酮耐候密封胶	kg	29.91	6.882	5.336	2.360	—
	341100400	电	kW·h	0.70	0.700	0.700	0.700	0.700
	002000010	其他材料费	元	—	6.63	4.98	4.05	0.99

D.3　其他门(编码:010805)

D.3.1　电子感应自动门(编码:010805001)

工作内容:定位、弹线、安装、调试等全部操作过程。

定额编号					LD0067	LD0068
项目名称					电子感应自动门安装	
					玻璃门	电磁感应装置
单位					樘	套
费用	综合单价(元)				**4629.07**	**479.14**
	其中	人工费(元)			1098.00	225.00
		材料费(元)			3184.98	183.22
		施工机具使用费(元)			49.41	10.13
		企业管理费(元)			171.40	35.12
		利润(元)			105.52	21.62
		一般风险费(元)			19.76	4.05
	编码	名称	单位	单价(元)	消耗量	
人工	000300160	金属制安综合工	工日	120.00	9.150	1.875
材料	111900210	电子感应自动门	樘	2991.45	1.000	—
	113700210	电磁感应装置	套	175.21	—	1.000
	144101320	玻璃胶 350 g/支	支	27.35	7.000	—
	002000010	其他材料费	元	—	2.08	8.01
机械	002000045	其他机械费	元	—	49.41	10.13

D.3.2　旋转门(编码:010805002)

工作内容:定位、安轨道、门、电动装置安装、调试等全部操作过程。　　**计量单位:**樘

定额编号					LD0069
项目名称					全玻转门安装
					直径 2m 不锈钢柱
					玻璃 12mm
费用	综合单价(元)				**44449.82**
	其中	人工费(元)			1350.00
		材料费(元)			42735.04
		施工机具使用费(元)			—
		企业管理费(元)			210.74
		利润(元)			129.74
		一般风险费(元)			24.30
	编码	名称	单位	单价(元)	消耗量
人工	000300160	金属制安综合工	工日	120.00	11.250
材料	111900060	全玻璃转门(含玻璃转轴全套)	樘	42735.04	1.000

D.3.3 不锈钢电动伸缩门(编码:010805003)

工作内容:定位、画线、安轨道,门、电动装置安装、调试等全部工作内容。

定额编号					LD0070	LD0071
项目名称					不锈钢电动伸缩门安装	伸缩门电动装置安装
单位					10m	套
费用	综合单价(元)				**12927.86**	**3543.78**
	其中	人工费(元)			720.00	225.00
		材料费(元)			11980.92	3247.86
		施工机具使用费(元)			32.40	10.13
		企业管理费(元)			112.39	35.12
		利润(元)			69.19	21.62
		一般风险费(元)			12.96	4.05
	编码	名称	单位	单价(元)	消耗量	
人工	000300160	金属制安综合工	工日	120.00	6.000	1.875
材料	111900650	不锈钢电动伸缩门	m	1196.58	10.000	—
	574500600	自动装置	套	3247.86	—	1.000
	032130010	铁件 综合	kg	3.68	4.110	—
机械	002000045	其他机械费	元	—	32.40	10.13

D.3.4 全玻门(扇)安装(编码:010805004)

工作内容:定位、安装地弹簧、门扇(玻璃)、校正等全部作内容。 **计量单位**:$10m^2$

定额编号					LD0072	LD0073	LD0074	LD0075
项目名称					全玻璃扇安装	全玻璃门扇安装		固定玻璃安装
					有框门扇	无框(条夹)门扇	无框(点夹)门扇	
费用	综合单价(元)				**5541.02**	**5184.52**	**5148.01**	**1406.11**
	其中	人工费(元)			498.00	498.00	525.00	221.40
		材料费(元)			4908.46	4551.96	4481.16	1124.88
		施工机具使用费(元)			—	—	—	—
		企业管理费(元)			77.74	77.74	81.95	34.56
		利润(元)			47.86	47.86	50.45	21.28
		一般风险费(元)			8.96	8.96	9.45	3.99
	编码	名称	单位	单价(元)	消耗量			
人工	000300160	金属制安综合工	工日	120.00	4.150	4.150	4.375	1.845
材料	111900030	全玻有框门扇	m^2	341.88	10.000	—	—	—
	111900040	全玻无框(条夹)门扇	m^2	299.15	—	10.000	—	—
	111900050	全玻无框(点夹)门扇	m^2	299.15	—	—	10.000	—
	060500200	钢化玻璃 12	m^2	89.74	—	—	—	12.390
	030331560	地弹簧	台	320.51	4.580	4.804	4.580	—
	810201030	水泥砂浆 1:2(特)	m^3	256.68	0.034	0.034	0.034	—
	002000010	其他材料费	元	—	13.00	12.00	13.00	13.00

D.4 铝合金窗制作安装(编码:010807)

D.4.1 平开窗制作安装(编码:010807001)

工作内容:制作:型材矫正、放样下料、切割断料、钻孔组装、制作搬运。
安装:现场搬运、安装、校正框扇、裁安玻璃、五金配件、周边塞口、清扫等。

计量单位:10m²

定额编号					LD0076	LD0077	LD0078	LD0079
项目名称					单扇平开窗制作安装		双扇平开窗制作安装	
					无上亮	带上亮	无上亮	带上亮
费用	综合单价(元)				**4041.52**	**4065.83**	**3956.75**	**3597.72**
	其中	人工费(元)			543.36	559.20	545.76	571.32
		材料费(元)			3326.89	3330.37	3238.97	2846.33
		施工机具使用费(元)			24.45	25.16	24.56	25.71
		企业管理费(元)			84.82	87.29	85.19	89.18
		利润(元)			52.22	53.74	52.45	54.90
		一般风险费(元)			9.78	10.07	9.82	10.28
	编码	名称	单位	单价(元)	消耗量			
人工	000300160	金属制安综合工	工日	120.00	4.528	4.660	4.548	4.761
材料	015100010	铝合金型材	kg	16.20	62.188	60.621	93.148	77.700
	060100020	平板玻璃	m²	17.09	10.300	11.000	10.900	11.160
	144101320	玻璃胶 350 g/支	支	27.35	—	2.620	—	2.130
	020301120	橡胶密封条	m	2.97	97.189	115.679	97.465	103.670
	144103110	聚氨酯发泡密封胶(750mL/支)	支	19.91	50.489	47.256	33.657	27.514
	144102310	硅酮耐候密封胶	kg	29.91	23.657	22.151	15.780	13.186
	002000010	其他材料费	元	—	141.95	141.69	112.13	88.51
机械	002000045	其他机械费	元	—	24.45	25.16	24.56	25.71

D.4.2 推拉窗制作安装(编码:010807002)

工作内容:制作:型材矫正、放样下料、切割断料、钻孔组装、制作搬运。
安装:现场搬运、安装、校正框扇、裁安玻璃、五金配件、周边塞口、清扫等。

计量单位:10m²

定额编号					LD0080	LD0081	LD0082	LD0083	LD0084	LD0085
项目名称					推拉窗制作安装					
					双扇		三扇		四扇	
					不带亮	带亮	不带亮	带亮	不带亮	带亮
费用	综合单价(元)				**2991.98**	**2742.45**	**2866.93**	**2611.83**	**2765.70**	**2516.92**
	其中	人工费(元)			325.20	356.88	276.48	303.36	243.96	267.72
		材料费(元)			2564.29	2273.08	2503.30	2212.86	2444.85	2164.81
		施工机具使用费(元)			14.63	16.06	12.44	13.65	10.98	12.05
		企业管理费(元)			50.76	55.71	43.16	47.35	38.08	41.79
		利润(元)			31.25	34.30	26.57	29.15	23.44	25.73
		一般风险费(元)			5.85	6.42	4.98	5.46	4.39	4.82
	编码	名称	单位	单价(元)	消耗量					
人工	000300160	金属制安综合工	工日	120.00	2.710	2.974	2.304	2.528	2.033	2.231
材料	015100010	铝合金型材	kg	16.20	74.900	66.271	71.155	62.957	67.597	59.644
	060100020	平板玻璃	m²	17.09	8.530	9.260	8.530	9.260	8.500	9.260
	144101320	玻璃胶 350 g/支	支	27.35	—	1.744	—	1.744	—	1.744
	020301120	橡胶密封条	m	2.97	71.265	50.208	71.265	50.208	71.265	50.208
	144103110	聚氨酯发泡密封胶(750mL/支)	支	19.91	26.988	23.185	26.988	23.185	26.988	23.185
	144102310	硅酮耐候密封胶	kg	29.91	12.649	10.858	12.649	10.649	12.649	10.858
	002000010	其他材料费	元	—	77.81	58.04	77.49	57.76	77.19	57.13
机械	002000045	其他机械费	元	—	14.63	16.06	12.44	13.65	10.98	12.05

D.4.3 固定窗制作安装(编码:010807003)

工作内容:制作:型材矫正、放样下料、切割断料、钻孔组装、制作搬运。
安装:现场搬运、安装、校正框扇、裁安玻璃、五金配件、周边塞口、清扫等。

计量单位:10m²

		定额编号			LD0086	LD0087	LD0088
		项目名称			固定窗(矩形)制作安装	异形固定窗制作安装	固定无框玻窗制作安装
费用		**综合单价(元)**			**3290.33**	**3747.14**	**2020.75**
	其中	人工费(元)			445.56	526.80	210.00
		材料费(元)			2704.33	3054.29	1744.56
		施工机具使用费(元)			20.05	23.71	9.45
		企业管理费(元)			69.55	82.23	32.78
		利润(元)			42.82	50.63	20.18
		一般风险费(元)			8.02	9.48	3.78
	编码	名称	单位	单价(元)	消耗量		
人工	000300160	金属制安综合工	工日	120.00	3.713	4.390	1.750
材料	015100010	铝合金型材	kg	16.20	28.946	31.980	—
	060100020	平板玻璃	m²	17.09	10.900	11.000	10.500
	144103110	聚氨酯发泡密封胶(750mL/支)	支	19.91	33.657	33.657	23.657
	020301120	橡胶密封条	m	2.97	64.007	64.007	—
	144102310	硅酮耐候密封胶	kg	29.91	37.517	47.517	36.580
	002000010	其他材料费	元	—	66.78	66.78	—
机械	002000045	其他机械费	元	—	20.05	23.71	9.45

D.4.4 铝合金窗(成品)安装(编码:010807004)

工作内容:现场搬运、安装框扇、校正、五金配件、周边发泡剂塞口、清扫等。

计量单位:10m²

		定额编号			LD0089	LD0090	LD0091	LD0092	LD0093
		项目名称			铝合金成品窗安装				
					外平开	推拉	飘凸	阳台封闭	纱窗
费用		**综合单价(元)**			**2561.62**	**2346.76**	**2302.40**	**2487.94**	**2110.56**
	其中	人工费(元)			188.76	158.16	203.76	215.28	134.40
		材料费(元)			2321.85	2145.86	2043.58	2214.48	1939.84
		施工机具使用费(元)			—	—	—	—	—
		企业管理费(元)			29.47	24.69	31.81	33.61	20.98
		利润(元)			18.14	15.20	19.58	20.69	12.92
		一般风险费(元)			3.40	2.85	3.67	3.88	2.42
	编码	名称	单位	单价(元)	消耗量				
人工	000300160	金属制安综合工	工日	120.00	1.573	1.318	1.698	1.794	1.120
材料	110901500	铝合金平开窗	m²	188.03	9.700	—	—	—	—
	110901600	铝合金推拉窗	m²	179.49	—	9.700	—	—	—
	110901610	铝合金飘凸窗	m²	170.94	—	—	10.000	—	—
	110901620	铝合金阳台封闭窗	m²	188.03	—	—	—	10.000	—
	112100100	铝合金 纱窗扇	m²	188.03	—	—	—	—	10.000
	144103110	聚氨酯发泡密封胶(750mL/支)	支	19.91	12.300	9.980	8.610	8.610	—
	144102310	硅酮耐候密封胶	kg	29.91	8.179	6.680	5.269	5.269	1.860
	341100400	电	kW·h	0.70	0.700	0.700	0.700	0.700	0.700
	002000010	其他材料费	元	—	7.94	5.82	4.67	4.67	3.42

工作内容:现场搬运、安装框扇、校正、裁安玻璃、五金配件、周边塞口、清扫等。　　**计量单位**:10m²

		定额编号			LD0094	LD0095
		项目名称			铝合金成品窗	
					固定窗安装	百叶窗安装
费用		**综合单价（元）**			**2575.50**	**1580.67**
	其中	人工费（元）			201.60	201.60
		材料费（元）			2319.43	1324.60
		施工机具使用费（元）			—	—
		企业管理费（元）			31.47	31.47
		利润（元）			19.37	19.37
		一般风险费（元）			3.63	3.63
	编码	名称	单位	单价(元)	消耗量	
人工	000300160	金属制安综合工	工日	120.00	1.680	1.680
材料	110901900	铝合金固定窗	m²	188.03	9.700	—
	093705100	铝合金百叶窗	m²	85.47	—	9.700
	144102310	硅酮耐候密封胶	kg	29.91	1.509	1.509
	144103110	聚氨酯发泡密封胶(750mL/支)	支	19.91	22.298	22.298
	341100400	电	kW·h	0.70	0.700	0.700
	002000010	其他材料费	元	—	5.96	5.96

D.5　门窗套、门钢架(编码:010808)

D.5.1　木门窗套(编码:010808001)

工作内容:定位放线、运料、下料、制作、安装龙骨、钉基层板、粘贴面层、清洁等全部操作过程。　　**计量单位**:10m²

		定额编号			LD0096	LD0097	LD0098	LD0099	LD0100
		项目名称			铝塑板包门框套		木夹板门、窗套制作安装		门窗套贴木饰面胶合板
					细木工板基层		带龙骨	不带龙骨	
					木龙骨	钢龙骨			
费用		**综合单价（元）**			**2592.69**	**3052.71**	**624.59**	**636.37**	**528.23**
	其中	人工费（元）			543.75	618.75	279.38	215.63	244.13
		材料费（元）			1877.55	2238.93	257.15	352.78	218.14
		施工机具使用费（元）			24.47	27.84	12.57	9.70	—
		企业管理费（元）			84.88	96.59	43.61	33.66	38.11
		利润（元）			52.25	59.46	26.85	20.72	23.46
		一般风险费（元）			9.79	11.14	5.03	3.88	4.39
	编码	名称	单位	单价(元)	消耗量				
人工	000300050	木工综合工	工日	125.00	4.350	4.950	2.235	1.725	1.953
材料	091300010	铝塑板	m²	110.00	11.800	11.800	—	—	—
	292500110	木夹板	m²	12.82	10.472	10.472	16.219	23.653	—
	050303800	木材 锯材	m³	1547.01	0.126	0.050	—	—	—
	010000010	型钢 综合	kg	3.09	5.100	160.000	—	—	—
	144101320	玻璃胶 350 g/支	支	27.35	7.700	7.700	—	—	—
	050501310	木饰面胶合板	m²	14.82	—	—	—	—	11.500
	144102700	胶粘剂	kg	12.82	—	—	—	—	3.200
	120104000	门挡线	m	0.85	—	—	39.500	39.500	—
	002000010	其他材料费	元	—	24.02	24.33	15.65	15.97	6.69
机械	002000045	其他机械费	元	—	24.47	27.84	12.57	9.70	—

工作内容:定位放线、运料、下料、安装门框线、安装门窗套线、清洁等全部操作过程。　　**计量单位**:10m

定额编号					LD0101	LD0102
项目名称					门窗套线	木门框安装
					成品	
费用	综合单价(元)				**158.62**	**356.15**
	其中	人工费(元)			50.00	59.25
		材料费(元)			95.10	280.89
		施工机具使用费(元)			—	—
		企业管理费(元)			7.81	9.25
		利润(元)			4.81	5.69
		一般风险费(元)			0.90	1.07
	编码	名称	单位	单价(元)	消耗量	
人工	000300050	木工综合工	工日	125.00	0.400	0.474
材料	120103900	门窗套线	m	8.55	10.600	—
	110100510	成品木门框	m	6.83	—	10.200
	050303800	木材 锯材	m^3	1547.01	—	0.106
	810201040	水泥砂浆 1:2.5(特)	m^3	232.40	—	0.110
	030191120	钢钉	kg	15.38	—	1.040
	002000010	其他材料费	元	—	4.47	5.68

D.5.2 不锈钢板包门套(编码:010808002)

工作内容:定位放线、安装龙骨、钉基层板、粘贴面层、清理等全部操作过程。　　**计量单位**:$10m^2$

定额编号					LD0103	LD0104
项目名称					不锈钢板包门框	
					木龙骨	钢龙骨
费用	综合单价(元)				**3195.96**	**3269.55**
	其中	人工费(元)			768.75	768.75
		材料费(元)			2219.49	2293.08
		施工机具使用费(元)			—	—
		企业管理费(元)			120.00	120.00
		利润(元)			73.88	73.88
		一般风险费(元)			13.84	13.84
	编码	名称	单位	单价(元)	消耗量	
人工	000300050	木工综合工	工日	125.00	6.150	6.150
材料	292500110	木夹板	m^2	12.82	10.500	10.500
	050303800	木材 锯材	m^3	1547.01	0.126	—
	144102700	胶粘剂	kg	12.82	3.000	3.000
	010000010	型钢 综合	kg	3.09	—	86.900
	012902610	不锈钢板	m^2	156.63	10.900	10.900
	032102250	不锈钢卡口槽	m	6.41	22.500	22.500

D.5.3 门钢架、饰面(编码:010808003)

工作内容:1.钢架:放样、画线、裁料、平直、钻孔、拼装、焊接、补刷防锈漆等。
2.基层:下料、粘贴基层板等。3.面层:下料、粘贴面层板。
4.石材面层:调运砂浆或粘贴剂、镶贴面层、擦缝等。

定额编号					LD0105	LD0106	LD0107	LD0108	LD0109
项目名称					钢架制作、安装	胶合板基层	木装饰面层	不锈钢板面层	石材饰面层 干挂
单位					t	10m²			
费用	综合单价(元)				**5938.77**	**284.45**	**846.64**	**2098.82**	**2731.96**
	其中	人工费(元)			1942.50	97.50	205.38	233.75	767.13
		材料费(元)			3432.56	160.60	585.76	1801.91	1757.55
		施工机具使用费(元)			38.85	—	—	—	—
		企业管理费(元)			303.22	15.22	32.06	36.49	119.75
		利润(元)			186.67	9.37	19.74	22.46	73.72
		一般风险费(元)			34.97	1.76	3.70	4.21	13.81
	编码	名称	单位	单价(元)	消耗量				
人工	000300050	木工综合工	工日	125.00	15.540	0.780	1.643	1.870	6.137
材料	010000120	钢材	t	2957.26	1.080	—	—	—	—
	050500010	胶合板	m²	12.82	—	11.000	—	—	—
	090300100	木装饰板	m²	48.38	—	—	11.000	—	—
	012902610	不锈钢板	m²	156.63	—	—	—	11.000	—
	080100400	大理石饰面板 20mm	m²	145.30	—	—	—	—	10.200
	050303800	木材 锯材	m³	1547.01	0.013	0.012	—	—	—
	144102700	胶粘剂	kg	12.82	—	—	4.100	4.100	—
	144101320	玻璃胶 350 g/支	支	27.35	—	—	—	0.966	—
	144108800	云石胶	kg	20.51	—	—	—	—	0.880
	292102700	不锈钢固定连接件	个	1.32	—	—	—	—	195.031
	002000010	其他材料费	元	—	218.61	1.02	1.02	—	—
机械	002000045	其他机械费	元	—	38.85	—	—	—	—

D.6 窗台板(编码:010809)

D.6.1 木窗台板(编码:010809001)

工作内容:1.龙骨、基层:定位、打眼剔洞、下木楔、木龙骨制作安装、刷防腐油、基层板下料、安装等。
2.胶合板:下料、安装面层板等。

计量单位:10m²

定额编号					LD0110	LD0111	LD0112
项目名称					窗台板		
					实木	木龙骨、木夹板	面层 外贴木饰面胶合板
费用	综合单价(元)				**2161.47**	**554.15**	**437.94**
	其中	人工费(元)			201.13	195.00	170.00
		材料费(元)			1905.99	306.46	176.71
		施工机具使用费(元)			—	—	45.29
		企业管理费(元)			31.40	30.44	26.54
		利润(元)			19.33	18.74	16.34
		一般风险费(元)			3.62	3.51	3.06
	编码	名称	单位	单价(元)	消耗量		
人工	000300050	木工综合工	工日	125.00	1.609	1.560	1.360
材料	071500510	实木地板 企口 610×92×18	m²	180.34	10.500	—	—
	292500110	木夹板	m²	12.82	—	11.000	—
	050501310	木饰面胶合板	m²	14.82	—	—	11.000
	030190010	圆钉综合	kg	6.60	—	1.877	—
	050301410	杉木枋 30×40	m³	1025.64	—	0.132	—
	002000010	其他材料费	元	—	12.42	17.67	13.69
机械	991003010	电动空气压缩机 0.3m³/min	台班	31.02	—	—	1.460

D.6.2 铝塑窗台板(编码:010809002)

工作内容:1.龙骨、基层:定位、打眼剔洞、下木楔、木龙骨制作安装、刷防腐油、基层板下料、安装等。
　　　　2.铝塑板:下料、安装面层板等。

计量单位:10m²

定额编号					LD0113
项目名称					窗台板
					面层
					铝塑板
费用	综合单价(元)				**2163.73**
	其中	人工费(元)			231.25
		材料费(元)			1870.00
		施工机具使用费(元)			—
		企业管理费(元)			36.10
		利润(元)			22.22
		一般风险费(元)			4.16
	编码	名称	单位	单价(元)	消耗量
人工	000300050	木工综合工	工日	125.00	1.850
材料	091300300	铝塑板 双面 4	m²	162.39	11.000
	142100550	万能胶 环氧树脂	kg	13.68	4.200
	144101320	玻璃胶 350 g/支	支	27.35	0.960

D.6.3 金属窗台板(编码:010809003)

工作内容:1.龙骨、基层:定位、打眼剔洞、下木楔、木龙骨制作安装、刷防腐油、基层板下料、安装等。
　　　　2.不锈钢板面层:下料、安装面层板等。

计量单位:10m²

定额编号					LD0114
项目名称					窗台板
					面层
					不锈钢板
费用	综合单价(元)				**3182.08**
	其中	人工费(元)			218.75
		材料费(元)			2904.22
		施工机具使用费(元)			—
		企业管理费(元)			34.15
		利润(元)			21.02
		一般风险费(元)			3.94
	编码	名称	单位	单价(元)	消耗量
人工	000300050	木工综合工	工日	125.00	1.750
材料	090502150	不锈钢饰面板 1.0mm	m²	256.41	11.000
	142100550	万能胶 环氧树脂	kg	13.68	4.200
	144101320	玻璃胶 350 g/支	支	27.35	0.960

D.6.4 石材窗台板(编码:010809004)

工作内容:调运砂浆、锯板磨边、镶贴石材等。　　　　计量单位:10m²

定额编号						LD0115
项目名称						窗台板
						面层
						石材
费用	综合单价(元)					**2070.57**
	其中	人工费(元)				493.75
		材料费(元)				1443.41
		施工机具使用费(元)				—
		企业管理费(元)				77.07
		利润(元)				47.45
		一般风险费(元)				8.89
	编码	名称		单位	单价(元)	消耗量
人工	000300050	木工综合工		工日	125.00	3.950
材料	081700600	石材成品窗台板 20mm 厚		m²	130.00	10.500
	810425010	素水泥浆		m³	479.39	0.001
	810201050	水泥砂浆 1:3(特)		m³	213.87	0.303
	341100100	水		m³	4.42	0.143
	002000010	其他材料费		元	—	12.50

D.7 窗帘、窗帘盒、轨(编码:010810)

D.7.1 窗帘(编码:010810001)

工作内容:窗帘安装及校整清理等　　　　计量单位:10m²

定额编号						LD0116
项目名称						窗帘安装
费用	综合单价(元)					**240.83**
	其中	人工费(元)				78.13
		材料费(元)				141.58
		施工机具使用费(元)				—
		企业管理费(元)				12.20
		利润(元)				7.51
		一般风险费(元)				1.41
	编码	名称		单位	单价(元)	消耗量
人工	000300050	木工综合工		工日	125.00	0.625
材料	112600600	窗帘(成品)		m²	13.68	10.200
	002000010	其他材料费		元	—	2.04

D.7.2 窗帘盒(编码:010810002)

工作内容:现场制作:定位、画线、选料、木龙骨制作安装、刷防腐油、下料、裁板、钉贴板、修边等。 **计量单位:**10m

定额编号					LD0117	LD0118	LD0119	LD0120
项目名称					窗帘盒			
					制作安装	制作安装		
					木龙骨胶合板	窗帘盒		
						木夹板	木夹板基层、外贴木装饰胶合板	实木板
费用	综合单价(元)				**373.95**	**274.04**	**477.00**	**1600.56**
	其中	人工费(元)			211.00	118.50	223.38	106.63
		材料费(元)			101.71	121.15	193.26	1462.99
		施工机具使用费(元)			4.22	2.37	—	2.13
		企业管理费(元)			32.94	18.50	34.87	16.64
		利润(元)			20.28	11.39	21.47	10.25
		一般风险费(元)			3.80	2.13	4.02	1.92
	编码	名称	单位	单价(元)	消耗量			
人工	000300050	木工综合工	工日	125.00	1.688	0.948	1.787	0.853
材料	050500100	胶合板 5	m²	14.10	4.704	—	—	—
	292500110	木夹板	m²	12.82	—	8.010	8.010	—
	071500510	实木地板 企口 610×92×18	m²	180.34	—	—	—	8.010
	050501310	木饰面胶合板	m²	14.82	—	—	2.955	—
	144102700	胶粘剂	kg	12.82	—	—	1.271	—
	050303910	木材	kg	726.50	0.037	0.008	0.008	0.008
	002000010	其他材料费	元	—	8.50	12.65	24.67	12.65
机械	002000045	其他机械费	元	—	4.22	2.37	—	2.13

D.7.3 塑料窗帘盒(编码:010810003)

工作内容:成品:定位、画线、打眼、安装铁件、除锈、刷防锈漆、组装塑料窗帘盒。 **计量单位:**10m

定额编号					LD0121
项目名称					窗帘盒成品安装塑料
费用	综合单价(元)				**352.30**
	其中	人工费(元)			169.38
		材料费(元)			137.15
		施工机具使用费(元)			—
		企业管理费(元)			26.44
		利润(元)			16.28
		一般风险费(元)			3.05
	编码	名称	单位	单价(元)	消耗量
人工	000300050	木工综合工	工日	125.00	1.355
材料	292500110	木夹板	m²	12.82	1.568
	030310610	塑料窗帘盒 宽 140	m	7.69	10.800
	002000010	其他材料费	元	—	34.00

D.7.4 窗帘轨(编码:010810004)

工作内容:组配窗帘轨、安装及校整清理等。 计量单位:10m

定额编号					LD0122	LD0123	LD0124	LD0125
项目名称					成品窗帘轨			
					暗装		明装	
					单轨	双轨	单轨	双轨
费用	综合单价(元)				167.13	271.40	210.21	365.65
	其中	人工费(元)			37.50	59.13	47.88	52.63
		材料费(元)			119.50	196.30	149.40	298.80
		施工机具使用费(元)			—	—	—	—
		企业管理费(元)			5.85	9.23	7.47	8.21
		利润(元)			3.60	5.68	4.60	5.06
		一般风险费(元)			0.68	1.06	0.86	0.95
	编码	名称	单位	单价(元)	消耗量			
人工	000300050	木工综合工	工日	125.00	0.300	0.473	0.383	0.421
材料	112600550	窗帘轨 单轨	m	11.11	10.000	—	—	—
	112600530	窗帘轨 双轨	m	17.95	—	10.000	—	—
	112600500	窗帘轨(杆)	m	13.68	—	—	10.000	20.000
	030133021	膨胀螺栓 M6	套	0.28	30.000	60.000	45.000	90.000

E　油漆、涂料、裱糊工程 (0114)

说　明

一、本章中油漆、涂料饰面涂刷是按手工操作编制的，喷涂是按机械操作编制的，实际操作方法不同时，不作调整。

二、本章定额内规定的喷涂、涂刷遍数与设计要求不同时，应按每增、减一遍定额子目进行调整。

三、抹灰面油漆、涂料、裱糊子目均未包括刮腻子，如发生时，另按相应定额子目执行。

四、附着安装在同材质装饰面上的木线条、石膏线条等油漆、涂料，与装饰面同色者，并入装饰面计算；与装饰面分色者，另单独按线条定额子目执行。

五、天棚面刮腻子、刷油漆及涂料时，按抹灰面相应定额子目人工乘以系数 1.3，材料乘以系数 1.1。

六、混凝土面层（打磨后）直接刮腻子基层时，执行相应定额子目，其定额人工乘以系数 1.1。

七、零星项目刮腻子、刷油漆及涂料时，按抹灰面相应定额子目人工乘以系数 1.45，材料乘以系数 1.3。

八、独立柱（梁）面刮腻子、刷油漆及涂料时，按墙面相应定额子目执行，人工乘以系数 1.1，材料乘以系数 1.05。

九、抹灰面刮腻子、油漆、涂料定额子目中“零星子目”适用于：小型池槽、压顶、垫块、扶手、门框、阳台立柱、栏杆、栏板、挡水线、挑出梁柱、墙外宽度小于 500mm 的线（角）、板（包含空调板、阳光窗、雨篷）以及单个体积不超过 $0.02m^3$ 的现浇构件等。

十、油漆涂刷不同颜色的工料已综合在定额子目内，颜色不同的，人工、材料不作调整。

十一、油漆、喷涂在同一平面上分色和门窗内外分色时，人工、材料已综合在定额子目内。如设计规定做美术图案者，另行计算。

十二、单层木门窗刷油漆是按双面刷油编制的，若采用单面刷油时，按相应定额子目乘以系数 0.49。

十三、单层钢门、窗和其他金属面设计需刷两遍防锈漆时，增加一遍按刷一遍防锈漆定额子目人工乘以系数 0.74，材料乘以系数 0.9 计算。

十四、隔墙木龙骨刷防火涂料（防火漆）定额子目适用于：隔墙、隔断、间壁、护壁、柱木龙骨。

十五、本章定额中硝基清漆磨退出亮定额子目是按达到漆膜面上的白雾光消除并出亮编制的，实际操作中刷、涂遍数不同时，不得调整。

十六、木基层板面刷防火涂料、防火漆，均执行木材面刷防火涂料、防火漆相应定额子目。

十七、本章定额中防锈漆定额子目包含手工除锈，若采用机械（喷砂或抛丸）除锈时，执行“金属结构工程”章节中除锈的相应定额子目，防锈漆项目中的除锈用工亦不扣除。

十八、拉毛面上喷（刷）油漆、涂料时，均按抹灰面油漆、涂料相应定额子目执行，其人工乘以系数 1.2，材料乘以系数 1.6。

十九、外墙面涂饰定额子目均不包括分格嵌缝，当设计要求做分格缝时，材料消耗增加 5%，人工按 1.5 工日/$100m^2$ 增加计算。

二十、本章节金属结构防火涂料分超薄型、薄型、厚型三种，超薄型、薄型防火涂料定额子目适用于设计耐火时限 3 小时以内，厚型防火涂料定额子目适用于设计耐火时限 2 小时以上。

二十一、金属结构防火涂料定额子目按涂料密度 $500kg/m^3$ 考虑，当设计与定额取定的涂料密度不同时，防火涂料消耗量可以调整，其余不变。

二十二、单独门框油漆按木门油漆定额子目乘以系数 0.4 执行。

二十三、凹凸型涂料适用于肌理漆等不平整饰面。

二十四、本定额隔墙木龙骨基层刷防火涂料是按双向龙骨编制的，如实际为单向龙骨时，其人工、材料乘以系数 0.6。

工程量计算规则

一、抹灰面油漆、涂料工程量按相应的抹灰工程量计算规则计算。

二、龙骨、基层板刷防火涂料(防火漆)的工程量按相应的龙骨、基层板工程量计算规则计算。

三、木材面及金属面油漆工程量分别按本章附表相应的计算规则计算。

四、木楼梯(不包括底面)油漆,按水平投影面积乘以系数2.3,执行木地板油漆相应定额子目。

五、木地板油漆、打蜡工程量按设计图示面积以"m^2"计算。空洞、空圈、暖气包槽、壁龛的开口部分并入相应的工程量内。

六、裱糊工程量按设计图示面积以"m^2"计算,应扣除门窗洞口所占面积。

七、混凝土花格窗、栏杆花饰油漆、涂料工程量按单面外围面积乘以系数1.82计算。

附表:

木材面油漆

执行木门油漆定额的其他项目,其定额子目乘以相应系数:

项 目 名 称	系数	工程量计算方法
单层木门	1.00	按单面洞口面积计算
双层(一玻一纱)木门	1.36	
双层(单裁口)木门	2.00	
单层全玻门	0.83	
木百叶门	1.25	
厂库房大门	1.10	

木窗油漆定额的其他项目,其定额子目乘以下表相应系数:

项 目 名 称	系数	工程量计算方法
单层玻璃窗	1.00	按单面洞口面积计算
双层(一玻一纱)木窗	1.36	
双层(单裁口)木窗	2.00	
双层框三层(二玻一纱)木窗	2.60	
单层组合窗	0.83	
双层组合窗	1.13	
木百叶窗	1.50	

执行木扶手定额的其他项目,其定额子目乘以下表相应系数:

项 目 名 称	系数	工程量计算方法
木扶手(不带托板)	1.00	以"延长米"计算
木扶手(带托板)	2.60	
窗帘盒	2.04	
封檐板、顺水板	1.74	
挂衣板、黑板框、木线条100 mm以外	0.52	
挂镜线、窗帘棍、木线条100 mm以内	0.35	

执行其他木材面油漆定额的其他项目，其定额子目乘以下表相应系数：

项 目 名 称	系数	工程量计算方法
木板、木夹板、胶合板天棚(单面)	1.00	长×宽
木护墙、木墙裙	1.00	
窗台板、盖板、门窗套、踢脚线	1.00	
清水板条天棚、檐口	1.07	
木格栅吊顶天棚	1.20	
鱼鳞板墙	2.48	
吸音板墙面、天棚面	1.00	
屋面板(带檩条)	1.11	斜长×宽
木间壁、木隔断	1.90	单面外围面积
玻璃间壁露明墙筋	1.65	单面外围面积
木栅栏、木栏杆(带扶手)	1.82	
木屋架	1.79	跨度(长)×中高×1/2
衣柜、壁柜	1.00	按实刷展开面积
梁柱饰面、零星木装修	1.00	展开面积

金属面油漆

执行单层钢门窗油漆定额的其他项目，其定额子目乘以下表相应系数：

项 目 名 称	系数	工程量计算方法
单层钢门窗	1.00	洞口面积
双层(一玻一纱)钢门窗	1.48	
钢百叶钢门	2.74	
半截百叶钢门	2.22	
钢门或包铁皮门	1.63	
钢折叠门	2.30	
射线防护门	2.96	框(扇)外围面积
厂库平开、推拉门	1.70	
铁(钢)丝网大门	0.81	
金属间壁	1.85	长×宽
平板屋面(单面)	0.74	斜长×宽
瓦垄板屋面(单面)	0.89	
排水、伸缩缝盖板	0.78	展开面积
钢栏杆	0.92	单面外围面积

执行其他金属面油漆定额的其他项目，其定额子目乘以下表相应系数：

项目名称	系数	工程量计算方法
钢屋架、天窗架、挡风架、屋架梁、支撑、檩条	1.00	质量(t)
墙架(空腹式)	0.50	
墙架(格板式)	0.82	
钢柱、吊车梁、花式梁、柱、空花构件	0.63	
操作台、走台、制动梁、钢梁车档	0.71	
钢栅栏门、窗栅	1.71	
钢爬梯	1.18	
轻型屋架	1.42	
踏步式钢扶梯	1.05	
零星铁件	1.32	

E.1 门油漆(编码:011401)

E.1.1 木门油漆(编码:011401001)

E.1.1.1 调和漆、磁漆、金粉漆

工作内容:1.清扫、打磨、补嵌腻子、刷底油一遍、调和漆二遍等。
2.清扫、打磨、刷调和漆一遍等。

计量单位:$10m^2$

定额编号					LE0001	LE0002	LE0003	LE0004
项目名称					底油一遍、刮腻子、调和漆二遍	每增减一遍调和漆	润油粉、刮腻子、磁漆二遍	每增减一遍刷磁漆
					单层木门			
费用	综合单价(元)				**293.80**	**94.20**	**489.50**	**114.68**
	其中	人工费(元)			173.75	50.00	323.75	66.25
		材料费(元)			73.10	30.68	78.27	30.53
		施工机具使用费(元)			—	—	—	—
		企业管理费(元)			27.12	7.81	50.54	10.34
		利润(元)			16.70	4.81	31.11	6.37
		一般风险费(元)			3.13	0.90	5.83	1.19
	编码	名称	单位	单价(元)	消耗量			
人工	000300140	油漆综合工	工日	125.00	1.390	0.400	2.590	0.530
材料	130105400	调和漆 综合	kg	11.97	5.093	2.496	—	—
	130105500	磁漆	kg	14.42	—	—	4.070	1.930
	143506800	稀释剂	kg	7.69	—	—	0.430	0.330
	002000010	其他材料费	元	—	12.14	0.80	16.27	0.16

工作内容:1.清扫、打磨、补嵌腻子、刷底油一遍、调和漆二遍等。
2.清扫、打磨、刷调和漆一遍等。

计量单位:$10m^2$

定额编号					LE0005	LE0006
项目名称					润油粉、刮腻子、金粉漆二遍	每增减一遍喷(刷)金粉漆
					单层木门	
费用	综合单价(元)				**756.58**	**120.49**
	其中	人工费(元)			446.25	30.00
		材料费(元)			189.76	82.39
		施工机具使用费(元)			—	—
		企业管理费(元)			69.66	4.68
		利润(元)			42.88	2.88
		一般风险费(元)			8.03	0.54
	编码	名称	单位	单价(元)	消耗量	
人工	000300140	油漆综合工	工日	125.00	3.570	0.240
材料	130900700	金粉漆	kg	38.46	4.500	2.138
	002000010	其他材料费	元	—	16.69	0.16

E.1.1.2 木基层处理

工作内容:清扫基层、起钉子、刷喷封闭底漆。

计量单位:10m²

定额编号					LE0007	LE0008
项目名称					刷喷封闭底漆一遍	刮透明腻子一遍
					木门	
费用	综合单价(元)				**177.64**	**114.39**
	其中	人工费(元)			93.75	88.75
		材料费(元)			58.56	1.66
		施工机具使用费(元)			—	—
		企业管理费(元)			14.63	13.85
		利润(元)			9.01	8.53
		一般风险费(元)			1.69	1.60
	编码	名称	单位	单价(元)	消耗量	
人工	000300140	油漆综合工	工日	125.00	0.750	0.710
材料	130101010	封闭底漆	kg	13.68	2.430	—
	143506800	稀释剂	kg	7.69	2.550	—
	002000010	其他材料费	元	—	5.71	1.66

E.1.1.3 聚氨酯漆

工作内容:1.清扫、打磨、满刮腻子一遍、刷底漆二遍、刷(喷)聚氨酯漆二遍等。
2.清扫、打磨、刷(喷)聚氨酯漆一遍等。

计量单位:10m²

定额编号					LE0009	LE0010	LE0011	LE0012
项目名称					润油粉、刮腻子、刷聚氨酯漆二遍	刷聚氨酯漆每增加一遍	喷涂润油粉、刮腻子、聚氨酯漆二遍	喷涂聚氨酯漆每增加一遍
					单层木门			
费用	综合单价(元)				**346.25**	**82.91**	**346.61**	**85.03**
	其中	人工费(元)			205.50	39.50	185.00	35.00
		材料费(元)			85.22	32.73	94.97	37.43
		施工机具使用费(元)			—	—	16.65	3.15
		企业管理费(元)			32.08	6.17	28.88	5.46
		利润(元)			19.75	3.80	17.78	3.36
		一般风险费(元)			3.70	0.71	3.33	0.63
	编码	名称	单位	单价(元)	消耗量			
人工	000300140	油漆综合工	工日	125.00	1.644	0.316	1.480	0.280
材料	130102800	聚氨酯漆	kg	15.38	4.224	2.042	4.858	2.348
	002000010	其他材料费	元	—	20.25	1.32	20.25	1.32
机械	002000045	其他机械费	元	—	—	—	16.65	3.15

E.1.1.4 清漆

工作内容:1.清扫、打磨、满刮腻子一遍、刷底漆二遍、刷酚醛清漆二遍等。
2.清扫、打磨、刷酚醛清漆一遍等。

计量单位:10m²

定额编号						LE0013	LE0014
项目名称						刷底油、油色、酚醛清漆二遍	刷酚醛清漆每增减一遍
						单层木门	
费用	综合单价(元)					**308.05**	**64.66**
	其中	人工费(元)				205.50	39.50
		材料费(元)				47.02	14.48
		施工机具使用费(元)				—	—
		企业管理费(元)				32.08	6.17
		利润(元)				19.75	3.80
		一般风险费(元)				3.70	0.71
	编码	名称		单位	单价(元)	消耗量	
人工	000300140	油漆综合工		工日	125.00	1.644	0.316
材料	130101500	酚醛清漆		kg	13.38	2.360	1.020
	002000010	其他材料费		元	—	15.44	0.83

工作内容:1.清扫、打磨、满刮腻子一遍、刷底漆二遍、刷(喷)聚酯清漆二遍等。
2.清扫、打磨、刷(喷)聚酯清漆一遍等。

计量单位:10m²

定额编号						LE0015	LE0016	LE0017	LE0018
项目名称						刷聚酯清漆二遍	刷聚酯清漆每增加一遍	喷涂聚酯清漆二遍	喷涂聚酯清漆每增加一遍
						单层木门			
费用	综合单价(元)					**321.56**	**75.46**	**259.50**	**83.17**
	其中	人工费(元)				205.50	39.50	141.25	40.13
		材料费(元)				60.53	25.28	67.38	28.59
		施工机具使用费(元)				—	—	12.71	3.61
		企业管理费(元)				32.08	6.17	22.05	6.26
		利润(元)				19.75	3.80	13.57	3.86
		一般风险费(元)				3.70	0.71	2.54	0.72
	编码	名称		单位	单价(元)	消耗量			
人工	000300140	油漆综合工		工日	125.00	1.644	0.316	1.130	0.321
材料	130103100	聚氨酯清漆		kg	17.09	2.058	0.995	2.264	1.095
	143506800	稀释剂		kg	7.69	2.166	1.047	2.599	1.256
	002000010	其他材料费		元	—	8.70	0.22	8.70	0.22
机械	002000045	其他机械费		元	—	—	—	12.71	3.61

工作内容：1.清扫、打磨、润水粉、满刮腻子一遍、刷理硝基清漆、磨退出亮等。
2.清扫、打磨、刷理漆片(硝基清漆)一遍等。

计量单位：$10m^2$

定额编号					LE0019	LE0020	LE0021	LE0022	LE0023
项目名称					润油粉、刮腻子、刷硝基清漆、磨退出亮	刷硝基清漆二遍	刷硝基清漆每增加一遍	喷涂硝基清漆二遍	喷涂硝基清漆每增加一遍
					单层木门				
费用	综合单价(元)				**948.82**	**239.44**	**115.98**	**241.70**	**110.01**
	其中	人工费(元)			468.63	138.38	69.25	124.50	56.75
		材料费(元)			353.57	63.67	28.02	72.36	32.82
		施工机具使用费(元)			—	—	—	11.21	5.11
		企业管理费(元)			73.15	21.60	10.81	19.43	8.86
		利润(元)			45.03	13.30	6.65	11.96	5.45
		一般风险费(元)			8.44	2.49	1.25	2.24	1.02
	编码	名称	单位	单价(元)	消耗量				
人工	000300140	油漆综合工	工日	125.00	3.749	1.107	0.554	0.996	0.454
材料	130104500	硝基清漆	kg	11.70	11.743	1.960	1.001	2.156	1.101
	143507300	硝基漆稀释剂(天那水)	kg	6.88	27.480	4.656	2.338	5.587	2.866
	002000010	其他材料费	元	—	27.11	8.70	0.22	8.70	0.22
机械	002000045	其他机械费	元	—	—	—	—	11.21	5.11

E.1.1.5 过氯乙烯漆

工作内容：1.清扫、打磨、满刮腻子一遍、刷底漆一遍、磁漆二遍、清漆二遍等。
2.清扫、打磨、刷底漆(磁漆、清漆)一遍等。

计量单位：$10m^2$

定额编号					LE0024	LE0025	LE0026	LE0027
项目名称					单层木门过氯乙烯漆			
					五遍成活	每增减一遍		
						底漆	磁漆	清漆
费用	综合单价(元)				**715.82**	**130.44**	**105.93**	**154.01**
	其中	人工费(元)			357.75	62.75	62.63	62.63
		材料费(元)			261.41	50.73	26.37	74.45
		施工机具使用费(元)			—	—	—	—
		企业管理费(元)			55.84	9.80	9.78	9.78
		利润(元)			34.38	6.03	6.02	6.02
		一般风险费(元)			6.44	1.13	1.13	1.13
	编码	名称	单位	单价(元)	消耗量			
人工	000300140	油漆综合工	工日	125.00	2.862	0.502	0.501	0.501
材料	130301910	过氯乙烯磁漆	kg	5.28	6.550	—	3.280	—
	130301800	过氯乙烯底漆 综合	kg	12.56	3.250	3.250	—	—
	130302200	过氯乙烯清漆 综合	kg	12.56	8.820	—	—	4.410
	143519300	过氯乙烯稀释剂	kg	8.55	7.630	1.140	1.040	2.210
	002000010	其他材料费	元	—	9.99	0.16	0.16	0.16

E.1.2 金属门油漆(编码:011401002)

E.1.2.1 调和漆、磁漆

工作内容:1.除锈、清扫、刷漆一遍(二遍)等。
2.清扫、刷漆一遍等。

计量单位:10m²

定额编号					LE0028	LE0029
项目名称					调和漆	
					二遍	每增减一遍
					单层钢门窗	
费用	综合单价(元)				**137.74**	**72.82**
	其中	人工费(元)			86.25	46.25
		材料费(元)			28.19	14.08
		施工机具使用费(元)			—	—
		企业管理费(元)			13.46	7.22
		利润(元)			8.29	4.44
		一般风险费(元)			1.55	0.83
	编码	名称	单位	单价(元)	消耗量	
人工	000300140	油漆综合工	工日	125.00	0.690	0.370
材料	130105400	调和漆 综合	kg	11.97	2.246	1.123
	002000010	其他材料费	元	—	1.31	0.64

工作内容:1.除锈、清扫、打磨、刷磁漆二遍等。
2.清扫、打磨、刷磁漆一遍等。

计量单位:10m²

定额编号					LE0030	LE0031
项目名称					磁漆	
					二遍	每增减一遍
					单层钢门窗	
费用	综合单价(元)				**177.08**	**84.55**
	其中	人工费(元)			113.75	53.75
		材料费(元)			32.59	16.27
		施工机具使用费(元)			—	—
		企业管理费(元)			17.76	8.39
		利润(元)			10.93	5.17
		一般风险费(元)			2.05	0.97
	编码	名称	单位	单价(元)	消耗量	
人工	000300140	油漆综合工	工日	125.00	0.910	0.430
材料	130105500	磁漆	kg	14.42	2.114	1.057
	143506800	稀释剂	kg	7.69	0.228	0.113
	002000010	其他材料费	元	—	0.35	0.16

E.1.2.2 **过氯乙烯漆**

工作内容:1.清扫、打磨、补嵌腻子、刷底漆一遍、磁漆二遍、清漆二遍等。
2.清扫、打磨、刷底漆(磁漆、清漆)一遍等。

计量单位:10m²

定额编号					LE0032	LE0033	LE0034	LE0035
项目名称					过氯乙烯漆			
					单层钢门窗	单层钢门窗		
					五遍成活	每增减一遍		
						底漆	磁漆	清漆
费用	综合单价(元)				**490.83**	**109.81**	**92.82**	**126.24**
	其中	人工费(元)			247.50	58.75	58.75	58.75
		材料费(元)			176.46	35.18	18.19	51.61
		施工机具使用费(元)			—	—	—	—
		企业管理费(元)			38.63	9.17	9.17	9.17
		利润(元)			23.78	5.65	5.65	5.65
		一般风险费(元)			4.46	1.06	1.06	1.06
	编码	名称	单位	单价(元)	消耗量			
人工	000300140	油漆综合工	工日	125.00	1.980	0.470	0.470	0.470
材料	130301910	过氯乙烯磁漆	kg	5.28	4.563	—	2.282	—
	130301800	过氯乙烯底漆 综合	kg	12.56	2.264	2.264	—	—
	130302200	过氯乙烯清漆 综合	kg	12.56	6.143	—	—	3.071
	143519300	过氯乙烯稀释剂	kg	8.55	5.277	0.789	0.718	1.525
	002000010	其他材料费	元	—	1.66	—	—	—

E.2 窗油漆(编码:011402)

E.2.1 木窗油漆(编码:011402001)

E.2.1.1 **调和漆、磁漆、金粉漆**

工作内容:1.清扫、打磨、补嵌腻子、刷底油一遍、调和漆二遍等。
2.清扫、打磨、刷调和漆一遍等。

计量单位:10m²

定额编号					LE0036	LE0037	LE0038	LE0039
项目名称					底油一遍、刮腻子、调和漆二遍	每增减一遍调和漆	润油粉、刮腻子、磁漆二遍	每增减一遍刷磁漆
					单层木窗			
费用	综合单价(元)				**257.86**	**85.97**	**459.04**	**93.70**
	其中	人工费(元)			155.00	47.50	310.00	53.75
		材料费(元)			60.97	25.64	65.28	25.42
		施工机具使用费(元)			—	—	—	—
		企业管理费(元)			24.20	7.41	48.39	8.39
		利润(元)			14.90	4.56	29.79	5.17
		一般风险费(元)			2.79	0.86	5.58	0.97
	编码	名称	单位	单价(元)	消耗量			
人工	000300140	油漆综合工	工日	125.00	1.240	0.380	2.480	0.430
材料	130105400	调和漆 综合	kg	11.97	4.244	2.086	—	—
	130105500	磁漆	kg	14.42	—	—	3.392	1.610
	143506800	稀释剂	kg	7.69	—	—	0.360	0.270
	002000010	其他材料费	元	—	10.17	0.67	13.60	0.13

工作内容:1.清扫、打磨、补嵌腻子、刷底油一遍、调和漆二遍等。
2.清扫、打磨、刷调和漆一遍等。

计量单位:10m²

定额编号					LE0040	LE0041
项目名称					润油粉、刮腻子、金粉漆二遍	每增减一遍喷(刷)金粉漆
					单层木窗	
费用	综合单价(元)				**607.59**	**156.00**
	其中	人工费(元)			353.75	68.75
		材料费(元)			158.25	68.67
		施工机具使用费(元)			—	—
		企业管理费(元)			55.22	10.73
		利润(元)			34.00	6.61
		一般风险费(元)			6.37	1.24
	编码	名称	单位	单价(元)	消耗量	
人工	000300140	油漆综合工	工日	125.00	2.830	0.550
材料	130900700	金粉漆	kg	38.46	3.752	1.782
	002000010	其他材料费	元	—	13.95	0.13

E.2.1.2 **木基层处理**

工作内容:清扫基层、起钉子、刷喷封闭底漆。

计量单位:10m²

定额编号					LE0042	LE0043
项目名称					刷喷封闭底漆一遍	刮透明腻子一遍
					木窗	
费用	综合单价(元)				**118.70**	**91.88**
	其中	人工费(元)			55.00	71.25
		材料费(元)			48.83	1.38
		施工机具使用费(元)			—	—
		企业管理费(元)			8.59	11.12
		利润(元)			5.29	6.85
		一般风险费(元)			0.99	1.28
	编码	名称	单位	单价(元)	消耗量	
人工	000300140	油漆综合工	工日	125.00	0.440	0.570
材料	130101010	封闭底漆	kg	13.68	2.025	—
	143506800	稀释剂	kg	7.69	2.126	—
	002000010	其他材料费	元	—	4.78	1.38

E.2.1.3 **聚氨酯漆**

工作内容:1.清扫、打磨、满刮腻子一遍、刷底漆二遍、刷(喷)聚氨酯漆二遍等。
2.清扫、打磨、刷(喷)聚氨酯漆一遍等。

计量单位:10m²

定额编号					LE0044	LE0045	LE0046	LE0047
项目名称					润油粉、刮腻子、刷聚氨酯漆二遍	刷聚氨酯漆每增加一遍	喷涂润油粉、刮腻子、聚氨酯漆二遍	喷涂聚氨酯漆每增加一遍
					单层木窗			
费用	综合单价(元)				**491.80**	**90.80**	**483.84**	**87.30**
	其中	人工费(元)			331.25	50.00	297.50	41.25
		材料费(元)			71.05	27.28	79.17	31.20
		施工机具使用费(元)			—	—	26.78	3.71
		企业管理费(元)			51.71	7.81	46.44	6.44
		利润(元)			31.83	4.81	28.59	3.96
		一般风险费(元)			5.96	0.90	5.36	0.74
	编码	名称	单位	单价(元)	消耗量			
人工	000300140	油漆综合工	工日	125.00	2.650	0.400	2.380	0.330
材料	130102800	聚氨酯漆	kg	15.38	3.522	1.701	4.050	1.956
材料	002000010	其他材料费	元	—	16.88	1.12	16.88	1.12
机械	002000045	其他机械费	元	—	—	—	26.78	3.71

E.2.1.4 **清漆**

工作内容:1.清扫、打磨、满刮腻子一遍、刷底漆二遍、刷酚醛清漆二遍等。
2.清扫、打磨、刷酚醛清漆一遍等。

计量单位:10m²

定额编号					LE0048	LE0049
项目名称					刷底油、油色、酚醛清漆二遍	刷酚醛清漆每增减一遍
					单层木窗	
费用	综合单价(元)				**288.37**	**54.95**
	其中	人工费(元)			196.25	33.75
		材料费(元)			39.10	12.08
		施工机具使用费(元)			—	—
		企业管理费(元)			30.63	5.27
		利润(元)			18.86	3.24
		一般风险费(元)			3.53	0.61
	编码	名称	单位	单价(元)	消耗量	
人工	000300140	油漆综合工	工日	125.00	1.570	0.270
材料	130101500	酚醛清漆	kg	13.38	1.960	0.850
材料	130104000	色调和漆	kg	11.97	0.080	—
材料	002000010	其他材料费	元	—	11.92	0.71

工作内容:1.清扫、打磨、满刮腻子一遍、刷底漆二遍、刷(喷)聚酯清漆二遍等。
2.清扫、打磨、刷(喷)聚酯清漆一遍等。

计量单位:10m²

定额编号				LE0050	LE0051	LE0052	LE0053
项目名称				刷聚酯清漆二遍	刷聚酯清漆每增加一遍	喷涂聚酯清漆二遍	喷涂聚酯清漆每增加一遍
				单层木窗			
费用	综合单价(元)			**217.81**	**81.36**	**218.45**	**62.90**
	其中	人工费(元)		132.50	47.50	120.00	28.75
		材料费(元)		49.51	21.03	55.23	23.79
		施工机具使用费(元)		—	—	10.80	2.59
		企业管理费(元)		20.68	7.41	18.73	4.49
		利润(元)		12.73	4.56	11.53	2.76
		一般风险费(元)		2.39	0.86	2.16	0.52
	编码	名称	单位	单价(元)	消耗量			
人工	000300140	油漆综合工	工日	125.00	1.060	0.380	0.960	0.230
材料	130103100	聚氨酯清漆	kg	17.09	1.716	0.829	1.888	0.912
	143506800	稀释剂	kg	7.69	1.806	0.872	2.167	1.046
	002000010	其他材料费	元	—	6.30	0.16	6.30	0.16
机械	002000045	其他机械费	元	—	—	—	10.80	2.59

工作内容:1.清扫、打磨、润水粉、满刮腻子一遍、刷理硝基清漆、磨退出亮等。
2.清扫、打磨、刷理漆片(硝基清漆)一遍等。

计量单位:10m²

定额编号					LE0054	LE0055	LE0056	LE0057	LE0058
项目名称					润油粉、刮腻子、刷硝基清漆、磨退出亮	刷硝基清漆二遍	刷硝基清漆每增加一遍	喷涂硝基清漆二遍	喷涂硝基清漆每增加一遍
					单层木窗				
费用	综合单价(元)				**1038.86**	**270.08**	**130.86**	**267.16**	**100.69**
	其中	人工费(元)			585.75	172.50	86.50	153.75	56.25
		材料费(元)			294.84	50.96	20.99	58.02	24.18
		施工机具使用费(元)			—	—	—	13.84	5.06
		企业管理费(元)			91.44	26.93	13.50	24.00	8.78
		利润(元)			56.29	16.58	8.31	14.78	5.41
		一般风险费(元)			10.54	3.11	1.56	2.77	1.01
	编码	名称	单位	单价(元)	消耗量				
人工	000300140	油漆综合工	工日	125.00	4.686	1.380	0.692	1.230	0.450
材料	130104500	硝基清漆	kg	11.70	9.786	1.610	0.834	1.771	0.917
	143507300	硝基漆稀释剂(天那水)	kg	6.88	22.900	3.754	1.610	4.505	1.932
	002000010	其他材料费	元	—	22.79	6.30	0.16	6.30	0.16
机械	002000045	其他机械费	元	—	—	—	—	13.84	5.06

E.2.1.5 **过氯乙烯漆**

工作内容：1.清扫、打磨、满刮腻子一遍、刷底漆一遍、磁漆二遍、清漆二遍等。
2.清扫、打磨、刷底漆(磁漆、清漆)一遍等。

计量单位：10m²

定额编号					LE0059	LE0060	LE0061	LE0062
项目名称					单层木窗过氯乙烯漆			
					五遍成活	每增减一遍		
						底漆	磁漆	清漆
费用	综合单价（元）				**681.59**	**121.69**	**101.38**	**141.48**
	其中	人工费（元）			365.00	62.50	62.50	62.50
		材料费（元）			217.96	42.29	21.98	62.08
		施工机具使用费（元）			—	—	—	—
		企业管理费（元）			56.98	9.76	9.76	9.76
		利润（元）			35.08	6.01	6.01	6.01
		一般风险费（元）			6.57	1.13	1.13	1.13
	编码	名称	单位	单价(元)	消耗量			
人工	000300140	油漆综合工	工日	125.00	2.920	0.500	0.500	0.500
材料	130301910	过氯乙烯磁漆	kg	5.28	5.460	—	2.730	—
	130301800	过氯乙烯底漆 综合	kg	12.56	2.710	2.710	—	—
	130302200	过氯乙烯清漆 综合	kg	12.56	7.350	—	—	3.680
	143519300	过氯乙烯稀释剂	kg	8.55	6.360	0.950	0.870	1.840
	002000010	其他材料费	元	—	8.40	0.13	0.13	0.13

E.3 木扶手及其他板条、线条油漆(编码：011403)

E.3.1 木扶手油漆(编码：011403001)

E.3.1.1 **调和漆、磁漆、金粉漆**

工作内容：1.清扫、打磨、补嵌腻子、刷底油一遍、调和漆二遍等。
2.清扫、打磨、刷调和漆一遍等。

计量单位：10m

定额编号					LE0063	LE0064	LE0065	LE0066
项目名称					底油一遍、刮腻子、调和漆二遍	每增减一遍调和漆	润油粉、刮腻子、磁漆二遍	每增减一遍刷磁漆
					木扶手(不带托板)			
费用	综合单价（元）				**63.91**	**20.42**	**122.01**	**25.23**
	其中	人工费（元）			45.00	13.75	90.00	17.50
		材料费（元）			6.76	2.95	7.69	3.00
		施工机具使用费（元）			—	—	—	—
		企业管理费（元）			7.02	2.15	14.05	2.73
		利润（元）			4.32	1.32	8.65	1.68
		一般风险费（元）			0.81	0.25	1.62	0.32
	编码	名称	单位	单价(元)	消耗量			
人工	000300140	油漆综合工	工日	125.00	0.360	0.110	0.720	0.140
材料	130105400	调和漆 综合	kg	11.97	0.490	0.239	—	—
	130105500	磁漆	kg	14.42	—	—	0.390	0.190
	143506800	稀释剂	kg	7.69	—	—	0.040	0.030
	002000010	其他材料费	元	—	0.89	0.09	1.76	0.03

工作内容：1.清扫、打磨、补嵌腻子、刷底油一遍、调和漆二遍等。
2.清扫、打磨、刷调和漆一遍等。

计量单位：10m

定额编号					LE0067	LE0068
项目名称					润油粉、刮腻子、金粉漆二遍	每增减一遍喷(刷)金粉漆
					木扶手（不带托板）	
费用	综合单价（元）				**153.33**	**33.28**
	其中	人工费（元）			106.25	20.00
		材料费（元）			18.37	7.88
		施工机具使用费（元）			—	—
		企业管理费（元）			16.59	3.12
		利润（元）			10.21	1.92
		一般风险费（元）			1.91	0.36
	编码	名称	单位	单价(元)	消耗量	
人工	000300140	油漆综合工	工日	125.00	0.850	0.160
材料	130900700	金粉漆	kg	38.46	0.430	0.204
	002000010	其他材料费	元	—	1.83	0.03

E.3.1.2 **木基层处理**

工作内容：清扫基层、起钉子、刷喷封闭底漆。

计量单位：10m

定额编号					LE0069	LE0070
项目名称					刷喷封闭底漆一遍	刮透明腻子一遍
					木扶手（不带托板）	
费用	综合单价（元）				**25.54**	**32.02**
	其中	人工费（元）			16.25	25.00
		材料费（元）			4.90	0.27
		施工机具使用费（元）			—	—
		企业管理费（元）			2.54	3.90
		利润（元）			1.56	2.40
		一般风险费（元）			0.29	0.45
	编码	名称	单位	单价(元)	消耗量	
人工	000300140	油漆综合工	工日	125.00	0.130	0.200
材料	130101010	封闭底漆	kg	13.68	0.195	—
	143506800	稀释剂	kg	7.69	0.234	—
	002000010	其他材料费	元	—	0.43	0.27

E.3.1.3 聚氨酯漆

工作内容:1.清扫、打磨、满刮腻子一遍、刷底漆二遍、刷(喷)聚氨酯漆二遍等。
2.清扫、打磨、刷(喷)聚氨酯漆一遍等。

计量单位:10m

定额编号					LE0071	LE0072	LE0073	LE0074
项目名称					润油粉、刮腻子、刷聚氨酯漆二遍	刷聚氨酯漆每增加一遍	喷涂润油粉、刮腻子、聚氨酯漆二遍	喷涂聚氨酯漆每增加一遍
					木扶手（不带托板）			
费用	综合单价（元）				**62.20**	**14.90**	**75.48**	**15.51**
	其中	人工费（元）			42.50	9.25	48.75	8.75
		材料费（元）			8.22	3.15	9.17	3.60
		施工机具使用费（元）			—	—	4.39	0.79
		企业管理费（元）			6.63	1.44	7.61	1.37
		利润（元）			4.08	0.89	4.68	0.84
		一般风险费（元）			0.77	0.17	0.88	0.16
	编码	名称	单位	单价(元)	消耗量			
人工	000300140	油漆综合工	工日	125.00	0.340	0.074	0.390	0.070
材料	130102800	聚氨酯漆	kg	15.38	0.410	0.196	0.472	0.225
	002000010	其他材料费	元	—	1.91	0.14	1.91	0.14
机械	002000045	其他机械费	元	—	—	—	4.39	0.79

E.3.1.4 清漆

工作内容:1.清扫、打磨、满刮腻子一遍、刷底漆二遍、刷酚醛清漆二遍等。
2.清扫、打磨、刷酚醛清漆一遍等。

计量单位:10m

定额编号					LE0075	LE0076
项目名称					刷底油、油色、酚醛清漆二遍	刷酚醛清漆每增减一遍
					木扶手（不带托板）	
费用	综合单价（元）				**61.73**	**10.50**
	其中	人工费（元）			45.00	7.00
		材料费（元）			4.58	1.61
		施工机具使用费（元）			—	—
		企业管理费（元）			7.02	1.09
		利润（元）			4.32	0.67
		一般风险费（元）			0.81	0.13
	编码	名称	单位	单价(元)	消耗量	
人工	000300140	油漆综合工	工日	125.00	0.360	0.056
材料	130101500	酚醛清漆	kg	13.38	0.230	0.100
	002000010	其他材料费	元	—	1.50	0.27

工作内容：1.清扫、打磨、满刮腻子一遍、刷底漆二遍、刷(喷)聚酯清漆二遍等。
2.清扫、打磨、刷(喷)聚酯清漆一遍等。

计量单位：10m

定额编号					LE0077	LE0078	LE0079	LE0080
项目名称					刷聚酯清漆二遍	刷聚酯清漆每增加一遍	喷涂聚酯清漆二遍	喷涂聚酯清漆每增加一遍
					木扶手（不带托板）			
费用	综合单价（元）				**60.21**	**14.18**	**44.31**	**19.76**
	其中	人工费（元）			42.50	9.25	27.50	12.50
		材料费（元）			6.23	2.43	6.90	2.75
		施工机具使用费（元）			—	—	2.48	1.13
		企业管理费（元）			6.63	1.44	4.29	1.95
		利润（元）			4.08	0.89	2.64	1.20
		一般风险费（元）			0.77	0.17	0.50	0.23
	编码	名称	单位	单价(元)	消耗量			
人工	000300140	油漆综合工	工日	125.00	0.340	0.074	0.220	0.100
材料	130103100	聚氨酯清漆	kg	17.09	0.200	0.095	0.220	0.105
	143506800	稀释剂	kg	7.69	0.210	0.101	0.252	0.121
	002000010	其他材料费	元	—	1.20	0.03	1.20	0.03
机械	002000045	其他机械费	元	—	—	—	2.48	1.13

工作内容：1.清扫、打磨、润水粉、满刮腻子一遍、刷理硝基清漆、磨退出亮等。
2.清扫、打磨、刷理漆片(硝基清漆)一遍等。

计量单位：10m

定额编号					LE0081	LE0082	LE0083	LE0084	LE0085
项目名称					润油粉、刮腻子、刷硝基清漆、磨退出亮	刷硝基清漆二遍	刷硝基清漆每增加一遍	喷涂硝基清漆二遍	喷涂硝基清漆每增加一遍
					木扶手（不带托板）				
费用	综合单价（元）				**254.29**	**67.23**	**33.05**	**44.84**	**25.24**
	其中	人工费（元）			172.88	47.75	23.88	27.50	16.25
		材料费（元）			34.70	6.58	2.72	7.43	3.14
		施工机具使用费（元）			—	—	—	2.48	1.46
		企业管理费（元）			26.99	7.45	3.73	4.29	2.54
		利润（元）			16.61	4.59	2.29	2.64	1.56
		一般风险费（元）			3.11	0.86	0.43	0.50	0.29
	编码	名称	单位	单价(元)	消耗量				
人工	000300140	油漆综合工	工日	125.00	1.383	0.382	0.191	0.220	0.130
材料	130104500	硝基清漆	kg	11.70	1.125	0.192	0.096	0.211	0.105
	143507300	硝基漆稀释剂（天那水）	kg	6.88	2.634	0.456	0.228	0.547	0.274
	002000010	其他材料费	元	—	3.42	1.20	0.03	1.20	0.03
机械	002000045	其他机械费	元	—	—	—	—	2.48	1.46

E.3.1.5 **过氯乙烯漆**

工作内容:1.清扫、打磨、满刮腻子一遍、刷底漆一遍、磁漆二遍、清漆二遍等。
2.清扫、打磨、刷底漆(磁漆、清漆)一遍等。

计量单位:10m

定额编号					LE0086	LE0087	LE0088	LE0089
项目名称					木扶手(不带托板)			
					五遍成活	每增减一遍		
						底漆	磁漆	清漆
费用	综合单价(元)				**148.50**	**26.29**	**23.95**	**28.53**
	其中	人工费(元)			97.13	16.88	16.88	16.88
		材料费(元)			25.13	4.86	2.52	7.10
		施工机具使用费(元)			—	—	—	—
		企业管理费(元)			15.16	2.63	2.63	2.63
		利润(元)			9.33	1.62	1.62	1.62
		一般风险费(元)			1.75	0.30	0.30	0.30
	编码	名称	单位	单价(元)	消耗量			
人工	000300140	油漆综合工	工日	125.00	0.777	0.135	0.135	0.135
材料	130301910	过氯乙烯磁漆	kg	5.28	0.630	—	0.310	—
	130301800	过氯乙烯底漆 综合	kg	12.56	0.310	0.310	—	—
	130302200	过氯乙烯清漆 综合	kg	12.56	0.850	—	—	0.420
	143519300	过氯乙烯稀释剂	kg	8.55	0.730	0.110	0.100	0.210
	002000010	其他材料费	元	—	0.99	0.03	0.03	0.03

E.3.2 其他木材面油漆(编码:011404007)

E.3.2.1 **调和漆、磁漆、金粉漆**

工作内容:1.清扫、打磨、补嵌腻子、刷底油一遍、调和漆二遍等。
2.清扫、打磨、刷调和漆一遍等。

计量单位:10m²

定额编号					LE0090	LE0091	LE0092	LE0093	LE0094	LE0095
项目名称					底油一遍、刮腻子、调和漆二遍	每增减一遍调和漆	润油粉、刮腻子、磁漆二遍	每增减一遍刷磁漆	润油粉、刮腻子、金粉漆二遍	每增减一遍喷(刷)金粉漆
					其他木材面					
费用	综合单价(元)				**194.13**	**61.51**	**337.74**	**76.90**	**418.20**	**106.68**
	其中	人工费(元)			123.75	36.25	234.75	48.50	253.75	51.25
		材料费(元)			36.94	15.47	39.56	15.30	95.88	41.58
		施工机具使用费(元)			—	—	—	—	—	—
		企业管理费(元)			19.32	5.66	36.64	7.57	39.61	8.00
		利润(元)			11.89	3.48	22.56	4.66	24.39	4.93
		一般风险费(元)			2.23	0.65	4.23	0.87	4.57	0.92
	编码	名称	单位	单价(元)	消耗量					
人工	000300140	油漆综合工	工日	125.00	0.990	0.290	1.878	0.388	2.030	0.410
材料	130105400	调和漆 综合	kg	11.97	2.570	1.258	—	—	—	—
	130105500	磁漆	kg	14.42	—	—	2.052	0.970	—	—
	143506800	稀释剂	kg	7.69	—	—	0.220	0.160	—	—
	130900700	金粉漆	kg	38.46	—	—	—	—	2.272	1.079
	002000010	其他材料费	元	—	6.18	0.41	8.28	0.08	8.50	0.08

E.3.2.2 木基层处理

工作内容:清扫基层、起钉子、刷喷封闭底漆。 **计量单位:**10m²

定额编号					LE0096	LE0097
项目名称					刷喷封闭底漆一遍	刮透明腻子一遍
					木材面	
费用	综合单价(元)				**74.10**	**41.74**
	其中	人工费(元)			43.75	32.00
		材料费(元)			18.53	1.08
		施工机具使用费(元)			—	—
		企业管理费(元)			6.83	5.00
		利润(元)			4.20	3.08
		一般风险费(元)			0.79	0.58
	编码	名称	单位	单价(元)	消耗量	
人工	000300140	油漆综合工	工日	125.00	0.350	0.256
材料	130101010	封闭底漆	kg	13.68	0.848	—
	143506800	稀释剂	kg	7.69	0.648	—
	130307840	透明腻子	kg	1.88	—	0.307
	002000010	其他材料费	元	—	1.95	0.50

E.3.2.3 聚氨酯漆

工作内容:1.清扫、打磨、满刮腻子一遍、刷底漆二遍、刷(喷)聚氨酯漆二遍等。
2.清扫、打磨、刷(喷)聚氨酯漆一遍等。 **计量单位:**10m²

定额编号					LE0098	LE0099	LE0100	LE0101
项目名称					润油粉、刮腻子、刷聚氨酯漆二遍	刷聚氨酯漆每增加一遍	喷涂润油粉、刮腻子、聚氨酯漆二遍	喷涂聚氨酯漆每增加一遍
					其他木材面			
费用	综合单价(元)				**188.74**	**49.40**	**217.93**	**51.22**
	其中	人工费(元)			114.75	25.88	125.00	23.75
		材料费(元)			42.98	16.52	47.91	18.91
		施工机具使用费(元)			—	—	11.25	2.14
		企业管理费(元)			17.91	4.04	19.51	3.71
		利润(元)			11.03	2.49	12.01	2.28
		一般风险费(元)			2.07	0.47	2.25	0.43
	编码	名称	单位	单价(元)	消耗量			
人工	000300140	油漆综合工	工日	125.00	0.918	0.207	1.000	0.190
材料	130102800	聚氨酯漆	kg	15.38	2.131	1.030	2.451	1.185
	002000010	其他材料费	元	—	10.21	0.68	10.21	0.68
机械	002000045	其他机械费	元	—	—	—	11.25	2.14

E.3.2.4 清 漆

工作内容：1.清扫、打磨、满刮腻子一遍、刷底漆二遍、刷酚醛清漆二遍等。
2.清扫、打磨、刷酚醛清漆一遍等。

计量单位：10m^2

定额编号					LE0102	LE0103
项目名称					刷底油、油色、酚醛清漆二遍	刷酚醛清漆每增减一遍
					其他木材面	
费用	综合单价（元）				**212.75**	**32.71**
	其中	人工费（元）			148.75	20.00
		材料费（元）			23.81	7.31
		施工机具使用费（元）			—	—
		企业管理费（元）			23.22	3.12
		利润（元）			14.29	1.92
		一般风险费（元）			2.68	0.36
	编码	名称	单位	单价（元）	消耗量	
人工	000300140	油漆综合工	工日	125.00	1.190	0.160
材料	130101500	酚醛清漆	kg	13.38	1.190	0.520
	002000010	其他材料费	元	—	7.89	0.35

工作内容：1.清扫、打磨、满刮腻子一遍、刷底漆二遍、刷(喷)聚酯清漆二遍等。
2.清扫、打磨、刷(喷)聚酯清漆一遍等。

计量单位：10m^2

定额编号					LE0104	LE0105	LE0106	LE0107
项目名称					刷聚酯清漆二遍	刷聚酯清漆每增加一遍	喷涂聚酯清漆二遍	喷涂聚酯清漆每增加一遍
					其他木材面			
费用	综合单价（元）				**171.91**	**45.98**	**141.84**	**58.52**
	其中	人工费（元）			114.75	26.25	82.50	32.50
		材料费（元）			26.15	12.64	29.61	14.31
		施工机具使用费（元）			—	—	7.43	2.93
		企业管理费（元）			17.91	4.10	12.88	5.07
		利润（元）			11.03	2.52	7.93	3.12
		一般风险费（元）			2.07	0.47	1.49	0.59
	编码	名称	单位	单价（元）	消耗量			
人工	000300140	油漆综合工	工日	125.00	0.918	0.210	0.660	0.260
材料	130103100	聚氨酯清漆	kg	17.09	1.038	0.502	1.142	0.552
	002000010	其他材料费	元	—	8.41	4.06	10.09	4.88
机械	002000045	其他机械费	元	—	—	—	7.43	2.93

工作内容:1.清扫、打磨、润水粉、满刮腻子一遍、刷理硝基清漆、磨退出亮等。
2.清扫、打磨、刷理漆片(硝基清漆)一遍等。

计量单位:10m²

定额编号					LE0108	LE0109	LE0110	LE0111	LE0112
项目名称					润油粉、刮腻子、刷硝基清漆、磨退出亮	刷硝基清漆二遍	刷硝基清漆每增加一遍	喷涂硝基清漆二遍	喷涂硝基清漆每增加一遍
					其他木材面				
费用	综合单价(元)				**752.15**	**191.72**	**94.42**	**159.43**	**77.48**
	其中	人工费(元)			451.88	126.50	63.25	91.25	45.00
		材料费(元)			178.17	31.03	14.08	35.32	16.28
		施工机具使用费(元)			—	—	—	8.21	4.05
		企业管理费(元)			70.54	19.75	9.87	14.24	7.02
		利润(元)			43.43	12.16	6.08	8.77	4.32
		一般风险费(元)			8.13	2.28	1.14	1.64	0.81
	编码	名称	单位	单价(元)	消耗量				
人工	000300140	油漆综合工	工日	125.00	3.615	1.012	0.506	0.730	0.360
材料	130104500	硝基清漆	kg	11.70	5.921	0.984	0.505	1.082	0.555
	143507300	硝基漆稀释剂(天那水)	kg	6.88	13.850	2.285	1.173	2.742	1.408
	002000010	其他材料费	元	—	13.61	3.80	0.10	3.80	0.10
机械	002000045	其他机械费	元	—	—	—	—	8.21	4.05

E.3.2.5 过氯乙烯漆

工作内容:1.清扫、打磨、满刮腻子一遍、刷底漆一遍、磁漆二遍、清漆二遍等。
2.清扫、打磨、刷底漆(磁漆、清漆)一遍等。

计量单位:10m²

定额编号					LE0113	LE0114	LE0115	LE0116
项目名称					其他木材面过氯乙烯漆			
					五遍成活	每增减一遍		
						底漆	磁漆	清漆
费用	综合单价(元)				**461.64**	**83.43**	**71.03**	**95.24**
	其中	人工费(元)			259.63	45.50	45.50	45.50
		材料费(元)			131.86	25.64	13.24	37.45
		施工机具使用费(元)			—	—	—	—
		企业管理费(元)			40.53	7.10	7.10	7.10
		利润(元)			24.95	4.37	4.37	4.37
		一般风险费(元)			4.67	0.82	0.82	0.82
	编码	名称	单位	单价(元)	消耗量			
人工	000300140	油漆综合工	工日	125.00	2.077	0.364	0.364	0.364
材料	130301910	过氯乙烯磁漆	kg	5.28	3.300	—	1.650	—
	130301800	过氯乙烯底漆 综合	kg	12.56	1.640	1.640	—	—
	130302200	过氯乙烯清漆 综合	kg	12.56	4.450	—	—	2.220
	143519300	过氯乙烯稀释剂	kg	8.55	3.850	0.580	0.520	1.110
	002000010	其他材料费	元	—	5.03	0.08	0.08	0.08

E.3.2.6 裂纹漆

工作内容:清扫、满刮腻子二遍、打磨、刷底漆和面漆等。　　　　**计量单位:**10m²

定额编号					LE0117
项目名称					裂纹漆
费用	综合单价(元)				**528.59**
	其中	人工费(元)			301.88
		材料费(元)			145.15
		施工机具使用费(元)			—
		企业管理费(元)			47.12
		利润(元)			29.01
		一般风险费(元)			5.43
	编码	名称	单位	单价(元)	消耗量
人工	000300140	油漆综合工	工日	125.00	2.415
材料	130700200	硝基磁漆	kg	16.21	2.320
	143507300	硝基漆稀释剂(天那水)	kg	6.88	0.324
	130105300	裂纹漆	kg	22.22	1.709
	130104500	硝基清漆	kg	11.70	1.285
	002000010	其他材料费	元	—	52.31

E.3.2.7 防腐油

工作内容:清扫、刷防腐油(喷阻燃剂)一遍。　　　　**计量单位:**10m²

定额编号					LE0118
项目名称					木材面刷防腐油一遍
费用	综合单价(元)				**40.82**
	其中	人工费(元)			18.75
		材料费(元)			17.00
		施工机具使用费(元)			—
		企业管理费(元)			2.93
		利润(元)			1.80
		一般风险费(元)			0.34
	编码	名称	单位	单价(元)	消耗量
人工	000300140	油漆综合工	工日	125.00	0.150
材料	140300300	煤油	kg	3.76	0.260
	140100010	防腐油	kg	3.07	2.450
	002000010	其他材料费	元	—	8.50

E.3.3 地板油漆(编码:011404014)

工作内容:1.清扫、打磨、补嵌腻子、刷底油一遍、调和漆二遍等。
2.清扫、打磨、补嵌腻子、刷底油一遍、油色、刷清漆二遍等。
3.清扫、打磨、补嵌腻子、刷底油一遍、润油粉、漆片、擦蜡等。

计量单位:10m²

定额编号					LE0119	LE0120	LE0121	LE0122
项目名称					木地板			
					满刮腻子 地板漆二遍	底油、地板漆二遍	润油粉一遍、漆片二遍 擦蜡	润油粉一遍、油色、漆片二遍 擦软蜡
费用	综合单价(元)				**104.54**	**118.96**	**136.97**	**186.95**
	其中	人工费(元)			64.25	73.38	93.75	126.25
		材料费(元)			22.93	25.76	17.89	26.59
		施工机具使用费(元)			—	—	—	—
		企业管理费(元)			10.03	11.45	14.63	19.71
		利润(元)			6.17	7.05	9.01	12.13
		一般风险费(元)			1.16	1.32	1.69	2.27
	编码	名称	单位	单价(元)	消耗量			
人工	000300140	油漆综合工	工日	125.00	0.514	0.587	0.750	1.010
材料	130700110	地板漆	kg	13.66	1.500	1.500	—	—
	002000010	其他材料费	元	—	2.44	5.27	17.89	26.59

工作内容:1.清扫、打磨、补嵌腻子、刷底油一遍、调和漆二遍等。
2.清扫、打磨、补嵌腻子、刷底油一遍、油色、刷清漆二遍等。
3.清扫、打磨、补嵌腻子、刷底油一遍、润油粉、漆片、擦蜡等。

计量单位:10m²

定额编号					LE0123	LE0124
项目名称					木地板	
					润油粉、油色清漆二遍	底油、油色清漆二遍
费用	综合单价(元)				**147.21**	**113.09**
	其中	人工费(元)			96.25	73.75
		材料费(元)			24.96	19.41
		施工机具使用费(元)			—	—
		企业管理费(元)			15.02	11.51
		利润(元)			9.25	7.09
		一般风险费(元)			1.73	1.33
	编码	名称	单位	单价(元)	消耗量	
人工	000300140	油漆综合工	工日	125.00	0.770	0.590
材料	130101500	酚醛清漆	kg	13.38	0.960	0.960
	002000010	其他材料费	元	—	12.12	6.57

工作内容:1.清扫、打磨、补嵌腻子、刷底油一遍、调和漆二遍等。
2.清扫、打磨、补嵌腻子、刷底油一遍、油色、刷清漆二遍等。
3.清扫、打磨、补嵌腻子、刷底油一遍、润油粉、漆片、擦蜡等。

计量单位:10m²

定额编号					LE0125	LE0126
项目名称					木地板	
					底油、刮腻子、油色、漆片二遍、水晶地板漆二遍	每增减一遍水晶地板漆
费用	综合单价(元)				**192.17**	**47.84**
	其中	人工费(元)			105.00	22.50
		材料费(元)			58.80	19.26
		施工机具使用费(元)			—	—
		企业管理费(元)			16.39	3.51
		利润(元)			10.09	2.16
		一般风险费(元)			1.89	0.41
	编码	名称	单位	单价(元)	消耗量	
人工	000300140	油漆综合工	工日	125.00	0.840	0.180
材料	130700120	水晶地板漆	kg	22.65	1.810	0.850
	130101500	酚醛清漆	kg	13.38	0.030	—
	002000010	其他材料费	元	—	17.40	0.01

E.4 金属面油漆(编码:011405)

E.4.1 金属面油漆(编码:011405001)

E.4.1.1 调和漆、磁漆

工作内容:除锈、清扫、刷调和漆。

计量单位:t

定额编号					LE0127	LE0128
项目名称					调和漆	
					二遍	每增减一遍
					其他金属面	
费用	综合单价(元)				**303.10**	**146.17**
	其中	人工费(元)			176.25	83.75
		材料费(元)			79.23	39.79
		施工机具使用费(元)			—	—
		企业管理费(元)			27.51	13.07
		利润(元)			16.94	8.05
		一般风险费(元)			3.17	1.51
	编码	名称	单位	单价(元)	消耗量	
人工	000300140	油漆综合工	工日	125.00	1.410	0.670
材料	130105400	调和漆 综合	kg	11.97	6.320	3.160
	002000010	其他材料费	元	—	3.58	1.96

工作内容：除锈、清扫、刷磁漆。

计量单位：t

定额编号					LE0129	LE0130
项目名称					磁漆	
					二遍	每增减一遍
					其他金属面	
费用	综合单价（元）				387.08	184.16
	其中	人工费（元）			232.50	108.75
		材料费（元）			91.76	46.02
		施工机具使用费（元）			—	—
		企业管理费（元）			36.29	16.98
		利润（元）			22.34	10.45
		一般风险费（元）			4.19	1.96
	编码	名称	单位	单价(元)	消耗量	
人工	000300140	油漆综合工	工日	125.00	1.860	0.870
材料	130105500	磁漆	kg	14.42	5.956	2.980
	143506800	稀释剂	kg	7.69	0.650	0.320
	002000010	其他材料费	元	—	0.88	0.59

E.4.1.2 过氯乙烯漆

工作内容：1.清扫、打磨、满刮腻子一遍、刷底漆一遍、磁漆二遍、清漆二遍等。
2.清扫、打磨、刷底漆(磁漆、清漆)一遍等。

计量单位：10m²

定额编号					LE0131	LE0132	LE0133	LE0134
项目名称					过氯乙烯漆			
					其他金属面	其他金属面		
					五遍成活	每增减一遍		
						底漆	磁漆	清漆
费用	综合单价（元）				697.28	134.95	87.05	177.35
	其中	人工费（元）			158.25	28.25	28.25	31.88
		材料费（元）			496.27	99.07	51.17	136.86
		施工机具使用费（元）			—	—	—	—
		企业管理费（元）			24.70	4.41	4.41	4.98
		利润（元）			15.21	2.71	2.71	3.06
		一般风险费（元）			2.85	0.51	0.51	0.57
	编码	名称	单位	单价(元)	消耗量			
人工	000300140	油漆综合工	工日	125.00	1.266	0.226	0.226	0.255
材料	130301910	过氯乙烯磁漆	kg	5.28	12.840	—	6.420	—
	143519300	过氯乙烯稀释剂	kg	8.55	14.860	2.230	2.020	3.300
	130302200	过氯乙烯清漆 综合	kg	12.56	17.290	—	—	8.650
	130301800	过氯乙烯底漆 综合	kg	12.56	6.370	6.370	—	—
	002000010	其他材料费	元	—	4.25	—	—	—

E.4.1.3 **沥青漆**

工作内容:1.除锈、清扫、打磨、刷沥青漆三遍等。
2.清扫、打磨、刷沥青漆一遍等。

定额编号					LE0135	LE0136	LE0137	LE0138
项目名称					沥青漆			
					三遍		每增加一遍	
					金属平板屋面	其他金属面	金属平板屋面	其他金属面
单位					$10m^2$	t	$10m^2$	t
费用	综合单价(元)				**136.40**	**549.68**	**43.98**	**165.48**
	其中	人工费(元)			88.25	360.00	28.25	105.00
		材料费(元)			24.30	92.40	8.10	32.11
		施工机具使用费(元)			—	—	—	—
		企业管理费(元)			13.78	56.20	4.41	16.39
		利润(元)			8.48	34.60	2.71	10.09
		一般风险费(元)			1.59	6.48	0.51	1.89
	编码	名称	单位	单价(元)	消耗量			
人工	000300140	油漆综合工	工日	125.00	0.706	2.880	0.226	0.840
材料	130303600	沥青漆	kg	6.48	1.966	7.470	0.655	2.490
	002000010	其他材料费	元	—	11.56	43.99	3.86	15.97

E.4.1.4 **防锈漆**

工作内容:除锈、清扫、刷漆。

定额编号					LE0139	LE0140	LE0141	LE0142
项目名称					防锈漆一遍		银粉漆二遍(不含防锈漆)	
					单层钢门窗	其他金属面	单层钢门窗	其他金属面
单位					$10m^2$	t	$10m^2$	t
费用	综合单价(元)				**70.03**	**185.40**	**172.45**	**368.63**
	其中	人工费(元)			37.50	96.25	111.25	221.25
		材料费(元)			22.40	63.15	31.14	87.60
		施工机具使用费(元)			—	—	—	—
		企业管理费(元)			5.85	15.02	17.37	34.54
		利润(元)			3.60	9.25	10.69	21.26
		一般风险费(元)			0.68	1.73	2.00	3.98
	编码	名称	单位	单价(元)	消耗量			
人工	000300140	油漆综合工	工日	125.00	0.300	0.770	0.890	1.770
材料	130500700	防锈漆	kg	12.82	1.652	4.650	—	—
	140100100	清油	kg	16.51	—	—	1.034	2.910
	142301500	银粉	kg	19.66	—	—	0.255	0.720
	002000010	其他材料费	元	—	1.22	3.54	9.06	25.40

工作内容：除锈、磨砂纸、刷漆。

定额编号					LE0143	LE0144	LE0145	LE0146
项目名称					防锈漆每增加一遍		银粉漆每增减一遍	
					单层钢门窗	其他金属面	单层钢门窗	其他金属面
单位					10m²	t	10m²	t
费用	综合单价（元）				**55.09**	**147.34**	**77.84**	**166.41**
	其中	人工费（元）			27.50	71.25	50.00	100.00
		材料费（元）			20.16	56.84	14.32	39.39
		施工机具使用费（元）			—	—	—	—
		企业管理费（元）			4.29	11.12	7.81	15.61
		利润（元）			2.64	6.85	4.81	9.61
		一般风险费（元）			0.50	1.28	0.90	1.80
	编码	名称	单位	单价(元)	消耗量			
人工	000300140	油漆综合工	工日	125.00	0.220	0.570	0.400	0.800
材料	130500700	防锈漆	kg	12.82	1.487	4.185	—	—
	140100100	清油	kg	16.51	—	—	0.465	1.310
	142301500	银粉	kg	19.66	—	—	0.130	0.320
	002000010	其他材料费	元	—	1.10	3.19	4.09	11.47

E.4.1.5 氟碳漆

工作内容：清扫、除锈、刷防锈漆、满刮抗裂腻子三遍、光面腻子二遍、刷底漆、中间漆、金属氟碳漆、氟碳罩面清漆等。

计量单位：10m²

定额编号					LE0147
项目名称					金属面氟碳漆饰面
费用	综合单价（元）				**722.15**
	其中	人工费（元）			310.50
		材料费（元）			327.75
		施工机具使用费（元）			—
		企业管理费（元）			48.47
		利润（元）			29.84
		一般风险费（元）			5.59
	编码	名称	单位	单价(元)	消耗量
人工	000300140	油漆综合工	工日	125.00	2.484
材料	130307850	氟碳漆用光面腻子粉	kg	1.79	8.555
	130105000	丙烯酸聚氨酯底漆	kg	38.77	0.798
	130105010	丙烯酸聚氨酯中间漆	kg	35.63	1.582
	130900300	金属氟碳漆面漆	kg	38.46	1.743
	143518000	氟碳漆面漆稀释剂	kg	17.26	0.478
	130105510	氟碳罩面清漆	kg	131.13	0.602
	002000010	其他材料费	元	—	70.91

E.4.1.6 防腐油

工作内容：除锈、清扫、打磨、刷耐高温防腐漆等。

计量单位：10m²

定额编号					LE0148
项目名称					金属面刷防腐油一遍
费用	综合单价（元）				403.47
	其中	人工费（元）			265.00
		材料费（元）			66.86
		施工机具使用费（元）			—
		企业管理费（元）			41.37
		利润（元）			25.47
		一般风险费（元）			4.77
	编码	名称	单位	单价（元）	消耗量
人工	000300140	油漆综合工	工日	125.00	2.120
材料	140100010	防腐油	kg	3.07	10.890
	002000010	其他材料费	元	—	33.43

E.5 抹灰面油漆（编码：011406）

E.5.1 抹灰面油漆（编码：011406001）

E.5.1.1 调和漆、金粉漆

工作内容：1.清扫、打磨、刷底油一遍、漆二遍等。
2.清扫、打磨、刷漆一遍等。

计量单位：10m²

定额编号					LE0149	LE0150
项目名称					抹灰面调和漆	
					底油一遍、调和漆两遍	每增减一遍调和漆
费用	综合单价（元）				102.61	28.24
	其中	人工费（元）			57.63	12.00
		材料费（元）			29.40	13.00
		施工机具使用费（元）			—	—
		企业管理费（元）			9.00	1.87
		利润（元）			5.54	1.15
		一般风险费（元）			1.04	0.22
	编码	名称	单位	单价（元）	消耗量	
人工	000300140	油漆综合工	工日	125.00	0.461	0.096
材料	130105400	调和漆 综合	kg	11.97	1.854	0.927
	002000010	其他材料费	元	—	7.21	1.90

工作内容：1.清扫、打磨、刷底油一遍、漆二遍等。
2.清扫、打磨、刷漆一遍等。

计量单位：10m²

定额编号					LE0151	LE0152
项目名称					抹灰面喷(刷)金粉漆	
					底油一遍、喷(刷)金粉漆两遍	每增减一遍金粉漆
费用	综合单价（元）				449.63	101.47
	其中	人工费（元）			283.75	47.50
		材料费（元）			89.21	41.14
		施工机具使用费（元）			—	—
		企业管理费（元）			44.29	7.41
		利润（元）			27.27	4.56
		一般风险费（元）			5.11	0.86
	编码	名称	单位	单价(元)	消耗量	
人工	000300140	油漆综合工	工日	125.00	2.270	0.380
材料	130900700	金粉漆	kg	38.46	2.132	1.066
	002000010	其他材料费	元	—	7.21	0.14

E.5.1.2 乳胶漆

工作内容：1.清扫、打磨、乳胶漆二遍等。
2.每增加一遍：刷乳胶漆一遍等。

计量单位：10m²

定额编号					LE0153	LE0154	LE0155	LE0156
项目名称					内墙面乳胶漆		外墙面乳胶漆	
					抹灰面			
					二遍	每增减一遍	二遍	每增减一遍
费用	综合单价（元）				115.45	45.69	145.23	61.43
	其中	人工费（元）			68.13	24.75	85.00	34.00
		材料费（元）			28.91	14.25	37.26	18.24
		施工机具使用费（元）			—	—	—	—
		企业管理费（元）			10.63	3.86	13.27	5.31
		利润（元）			6.55	2.38	8.17	3.27
		一般风险费（元）			1.23	0.45	1.53	0.61
	编码	名称	单位	单价(元)	消耗量			
人工	000300140	油漆综合工	工日	125.00	0.545	0.198	0.680	0.272
材料	130305600	乳胶漆	kg	7.26	3.950	1.950	5.100	2.500
	002000010	其他材料费	元	—	0.23	0.09	0.23	0.09

工作内容:1.清扫、打磨、乳胶漆二遍等。
2.每增加一遍:刷乳胶漆一遍等。

计量单位:10m²

定额编号					LE0157	LE0158	LE0159	LE0160
项目名称					乳胶漆			
					砼花格窗、栏杆、花饰		零星项目	
					二遍	每增减一遍	二遍	每增减一遍
费用	综合单价(元)				**174.90**	**70.52**	**140.22**	**59.19**
	其中	人工费(元)			93.25	33.50	85.00	34.00
		材料费(元)			56.45	27.97	32.25	16.00
		施工机具使用费(元)			—	—	—	—
		企业管理费(元)			14.56	5.23	13.27	5.31
		利润(元)			8.96	3.22	8.17	3.27
		一般风险费(元)			1.68	0.60	1.53	0.61
	编码	名称	单位	单价(元)	消耗量			
人工	000300140	油漆综合工	工日	125.00	0.746	0.268	0.680	0.272
材料	130305600	乳胶漆	kg	7.26	7.741	3.843	4.423	2.196
	002000010	其他材料费	元	—	0.25	0.07	0.14	0.06

工作内容:1.清扫、打磨、乳胶漆二遍等。
2.每增加一遍:刷乳胶漆一遍等。

计量单位:10m

定额编号					LE0161	LE0162	LE0163	LE0164
项目名称					乳胶漆二遍	乳胶漆每增减一遍	乳胶漆二遍	乳胶漆每增减一遍
					线条60mm以内		线条60mm以外	
费用	综合单价(元)				**31.44**	**10.02**	**41.73**	**12.98**
	其中	人工费(元)			20.25	6.63	25.38	8.13
		材料费(元)			5.72	1.60	9.49	2.65
		施工机具使用费(元)			—	—	—	—
		企业管理费(元)			3.16	1.03	3.96	1.27
		利润(元)			1.95	0.64	2.44	0.78
		一般风险费(元)			0.36	0.12	0.46	0.15
	编码	名称	单位	单价(元)	消耗量			
人工	000300140	油漆综合工	工日	125.00	0.162	0.053	0.203	0.065
材料	130305600	乳胶漆	kg	7.26	0.779	0.217	1.298	0.362
	002000010	其他材料费	元	—	0.06	0.02	0.07	0.02

E.5.1.3 抹灰面油漆

工作内容：清扫、弹线、刷漆。 计量单位：10m²

定额编号					LE0165
项目名称					水性水泥漆二遍
费用	综合单价（元）				**118.74**
	其中	人工费（元）			38.75
		材料费（元）			69.52
		施工机具使用费（元）			—
		企业管理费（元）			6.05
		利润（元）			3.72
		一般风险费（元）			0.70
	编码	名称	单位	单价（元）	消耗量
人工	000300140	油漆综合工	工日	125.00	0.310
材料	130306400	水性水泥漆	kg	17.61	3.938
	002000010	其他材料费	元	—	0.17

工作内容：清扫、涂熟桐油、刮腻子、磨光、刷底油、做花纹、刷漆等。 计量单位：10m²

定额编号					LE0166	LE0167
项目名称					油漆画石纹	抹灰面做假木纹
费用	综合单价（元）				**206.93**	**293.51**
	其中	人工费（元）			134.13	196.00
		材料费（元）			36.56	44.54
		施工机具使用费（元）			—	—
		企业管理费（元）			20.94	30.60
		利润（元）			12.89	18.84
		一般风险费（元）			2.41	3.53
	编码	名称	单位	单价（元）	消耗量	
人工	000300140	油漆综合工	工日	125.00	1.073	1.568
材料	130105400	调和漆 综合	kg	11.97	2.180	2.180
	002000010	其他材料费	元	—	10.47	18.45

工作内容：清扫、满刮抗裂腻子三遍、光面腻子二遍、打磨、刷底漆、中涂漆、金属氟碳漆、氟碳罩面清漆等。

计量单位：10m²

定额编号					LE0168
项目名称					抹灰面氟碳漆饰面
费用	综合单价（元）				**826.92**
	其中	人工费（元）			354.25
		材料费（元）			376.95
		施工机具使用费（元）			—
		企业管理费（元）			55.30
		利润（元）			34.04
		一般风险费（元）			6.38
	编码	名称	单位	单价（元）	消耗量
人工	000300140	油漆综合工	工日	125.00	2.834
材料	130307860	氟碳漆用抗裂腻子粉	kg	1.79	28.512
	130307850	氟碳漆用光面腻子粉	kg	1.79	20.412
	130105010	丙烯酸聚氨酯中间漆	kg	35.63	1.605
	130900300	金属氟碳漆面漆	kg	38.46	1.767
	130105510	氟碳罩面清漆	kg	131.13	0.611
	143518000	氟碳漆面漆稀释剂	kg	17.26	0.479
	002000010	其他材料费	元	—	75.84

E.5.1.4 **真石漆、金属漆**

工作内容：清扫、满刮腻子二遍、打磨、刷底漆、真石漆、罩面漆等。

计量单位：10m²

定额编号					LE0169	LE0170	LE0171	LE0172
项目名称					外墙真石漆		内墙真石漆	
					抹灰墙（柱）项目	零星项目（抹灰面）	抹灰墙（柱）面	零星项目（抹灰面）
费用	综合单价（元）				**1000.03**	**1130.05**	**741.80**	**853.01**
	其中	人工费（元）			308.75	340.00	194.25	223.75
		材料费（元）			607.85	698.19	495.06	568.80
		施工机具使用费（元）			—	—	—	—
		企业管理费（元）			48.20	53.07	30.32	34.93
		利润（元）			29.67	32.67	18.67	21.50
		一般风险费（元）			5.56	6.12	3.50	4.03
	编码	名称	单位	单价（元）	消耗量			
人工	000300140	油漆综合工	工日	125.00	2.470	2.720	1.554	1.790
材料	040100520	白色硅酸盐水泥	kg	0.75	5.000	5.350	—	—
	130500410	防水漆	kg	11.71	4.000	4.600	—	—
	130306700	透明底漆	kg	10.47	3.500	4.030	3.500	4.030
	130307110	H 型真石涂料	kg	10.26	50.000	57.500	44.000	50.600
	002000010	其他材料费	元	—	7.61	8.17	6.97	7.45

工作内容：清扫、涂熟桐油、喷(刷)漆。

计量单位：10m²

定额编号			LE0173
项目名称			抹灰面(喷)水性金属漆
费用	综合单价（元）		**992.80**
	其中	人工费（元）	636.25
		材料费（元）	184.64
		施工机具使用费（元）	—
		企业管理费（元）	99.32
		利润（元）	61.14
		一般风险费（元）	11.45

	编码	名称	单位	单价(元)	消耗量
人工	000300140	油漆综合工	工日	125.00	5.090
材料	130900800	水性金属漆	kg	23.08	8.000

E.5.2 满刮腻子(编码：011406003)

工作内容：1.清扫、打磨、满刮腻子二遍(一遍)等。
2.清扫、板缝贴自粘胶带。

计量单位：10m²

定额编号					LE0174	LE0175	LE0176	LE0177
项目名称					抹灰面刮腻子		抹灰面刮成品腻子粉	
					二遍	每增减一遍	二遍	每增减一遍
费用	综合单价（元）				**79.61**	**29.26**	**74.54**	**32.52**
	其中	人工费（元）			50.63	17.75	45.00	18.75
		材料费（元）			15.30	6.71	17.39	8.70
		施工机具使用费（元）			—	—	—	—
		企业管理费（元）			7.90	2.77	7.02	2.93
		利润（元）			4.87	1.71	4.32	1.80
		一般风险费（元）			0.91	0.32	0.81	0.34
	编码	名称	单位	单价(元)	消耗量			
人工	000300140	油漆综合工	工日	125.00	0.405	0.142	0.360	0.150
材料	040100520	白色硅酸盐水泥	kg	0.75	3.000	1.200	—	—
	142300600	滑石粉	kg	0.30	20.000	10.000	—	—
	144104600	腻子胶	kg	1.28	2.000	0.800	—	—
	130305000	腻子粉 成品(一般型)	kg	0.85	—	—	20.412	10.206
	002000010	其他材料费	元	—	4.49	1.79	0.04	0.02

工作内容：1.清扫、打磨、满刮腻子二遍(一遍)等。
2.清扫、板缝贴自粘胶带。

计量单位：10m²

定额编号					LE0178	LE0179	LE0180	LE0181	LE0182	LE0183
项目名称					抹灰面刮成品腻子粉		抹灰面刮成品腻子膏		抹灰面刮成品腻子膏	
					防水型		二遍	每增减一遍	防水型	
					二遍	每增减一遍			二遍	每增减一遍
费用	综合单价(元)				**85.15**	**37.82**	**75.21**	**31.26**	**87.39**	**37.35**
	其中	人工费(元)			45.00	18.75	47.50	18.75	47.50	18.75
		材料费(元)			28.00	14.00	14.88	7.44	27.06	13.53
		施工机具使用费(元)			—	—	—	—	—	—
		企业管理费(元)			7.02	2.93	7.41	2.93	7.41	2.93
		利润(元)			4.32	1.80	4.56	1.80	4.56	1.80
		一般风险费(元)			0.81	0.34	0.86	0.34	0.86	0.34
	编码	名称	单位	单价(元)	消耗量					
人工	000300140	油漆综合工	工日	125.00	0.360	0.150	0.380	0.150	0.380	0.150
材料	130304900	腻子粉 成品(防水型)	kg	1.37	20.412	10.206	—	—	—	—
	133502700	腻子膏 一般型	kg	0.85	—	—	17.500	8.750	—	—
	133502600	腻子膏 防水型	kg	1.23	—	—	—	—	22.000	11.000
	002000010	其他材料费	元	—	0.04	0.02	—	—	—	—

E.6 喷刷涂料(编码:011407)

E.6.1 墙面喷刷涂料(编码:011407001)

工作内容：1.清扫、满刮腻子二遍、打磨、刷涂料二遍等。
2.每增加一遍：刷涂料。

计量单位：10m²

定额编号					LE0184	LE0185	LE0186
项目名称					外墙涂料	刷内墙涂料	
					抹灰面	二遍	每增减一遍
费用	综合单价(元)				**200.37**	**157.83**	**47.75**
	其中	人工费(元)			102.13	92.25	20.50
		材料费(元)			70.65	40.65	21.71
		施工机具使用费(元)			—	—	—
		企业管理费(元)			15.94	14.40	3.20
		利润(元)			9.81	8.87	1.97
		一般风险费(元)			1.84	1.66	0.37
	编码	名称	单位	单价(元)	消耗量		
人工	000300140	油漆综合工	工日	125.00	0.817	0.738	0.164
材料	130307800	内墙涂料	kg	10.85	—	3.691	1.995
	130307810	外墙涂料	kg	12.56	5.600	—	—
	002000010	其他材料费	元	—	0.31	0.60	0.06

工作内容：清扫、打磨、满刮腻子二遍、调刷底漆、中间漆、面漆等。　　计量单位：10m²

定额编号					LE0187
项目名称					外墙喷凹凸复层装饰涂料
					抹灰面
费用	综合单价（元）				297.99
	其中	人工费（元）			98.63
		材料费（元）			163.82
		施工机具使用费（元）			8.88
		企业管理费（元）			15.40
		利润（元）			9.48
		一般风险费（元）			1.78
	编码	名称	单位	单价（元）	消耗量
人工	000300140	油漆综合工	工日	125.00	0.789
材料	130303400	抗碱底涂料	kg	11.37	2.500
	130504290	凹凸复层涂料	kg	13.42	7.000
	040100520	白色硅酸盐水泥	kg	0.75	25.000
	002000010	其他材料费	元	—	22.70
机械	002000045	其他机械费	元	—	8.88

工作内容：清扫、找补孔洞、调料、刮腻子、遮盖不应喷处、喷涂料、压平等。　　计量单位：10m²

定额编号					LE0188	LE0189
项目名称					胶砂喷涂	彩砂喷涂
费用	综合单价（元）				244.46	595.35
	其中	人工费（元）			126.63	112.50
		材料费（元）			72.21	450.20
		施工机具使用费（元）			11.40	2.25
		企业管理费（元）			19.77	17.56
		利润（元）			12.17	10.81
		一般风险费（元）			2.28	2.03
	编码	名称	单位	单价（元）	消耗量	
人工	000300140	油漆综合工	工日	125.00	1.013	0.900
材料	144105100	砂胶料	kg	6.11	11.000	—
	130300200	丙烯酸彩砂涂料	kg	11.84	—	38.000
	040100500	白色硅酸盐水泥 32.5	kg	0.75	—	0.003
	002000010	其他材料费	元	—	5.00	0.28
机械	002000045	其他机械费	元	—	11.40	2.25

工作内容:1.清扫、满刮腻子二遍、刷涂料等。
2.清理基层、打磨、刷涂料等。

计量单位:10m²

定额编号					LE0190	LE0191	LE0192
项目名称					防霉涂料一遍	墙面抗碱封底涂料	刷憎水剂
费用	综合单价(元)				**140.80**	**95.36**	**25.82**
	其中	人工费(元)			28.75	26.25	18.75
		材料费(元)			104.28	62.02	2.00
		施工机具使用费(元)			—	—	—
		企业管理费(元)			4.49	4.10	2.93
		利润(元)			2.76	2.52	1.80
		一般风险费(元)			0.52	0.47	0.34
	编码	名称	单位	单价(元)	消耗量		
人工	000300140	油漆综合工	工日	125.00	0.230	0.210	0.150
材料	143506950	憎水剂	kg	—	—	—	(1.000)
	130303400	抗碱底涂料	kg	11.37	—	3.000	—
	130500300	防霉涂料	kg	23.08	4.500	—	—
	002000010	其他材料费	元	—	0.42	27.91	2.00

E.6.2 金属构件刷防火涂料(编码:011407005)

工作内容:除锈、清扫、刷漆。

定额编号					LE0193	LE0194	LE0195	LE0196
项目名称					防火漆二遍		防火漆每增减一遍	
					单层钢门窗	其他金属面	单层钢门窗	其他金属面
单位					10m²	t	10m²	t
费用	综合单价(元)				**136.95**	**640.22**	**61.40**	**287.99**
	其中	人工费(元)			83.75	436.25	37.50	196.25
		材料费(元)			30.57	86.10	13.77	38.72
		施工机具使用费(元)			—	—	—	—
		企业管理费(元)			13.07	68.10	5.85	30.63
		利润(元)			8.05	41.92	3.60	18.86
		一般风险费(元)			1.51	7.85	0.68	3.53
	编码	名称	单位	单价(元)	消耗量			
人工	000300140	油漆综合工	工日	125.00	0.670	3.490	0.300	1.570
材料	130502410	防火漆	kg	11.71	2.093	5.890	0.942	2.650
	002000010	其他材料费	元	—	6.06	17.13	2.74	7.69

工作内容：清理基层、喷防火涂料等。

定额编号					LE0197	LE0198	LE0199	LE0200
项目名称					防火涂料二遍		防火涂料每增减一遍	
					单层钢门窗	其他金属面	单层钢门窗	其他金属面
单位					$10m^2$	t	$10m^2$	t
费用	综合单价（元）				**140.01**	**648.84**	**61.40**	**287.99**
	其中	人工费（元）			83.75	436.25	37.50	196.25
		材料费（元）			33.63	94.72	13.77	38.72
		施工机具使用费（元）			—	—	—	—
		企业管理费（元）			13.07	68.10	5.85	30.63
		利润（元）			8.05	41.92	3.60	18.86
		一般风险费（元）			1.51	7.85	0.68	3.53
	编码	名称	单位	单价(元)	消耗量			
人工	000300140	油漆综合工	工日	125.00	0.670	3.490	0.300	1.570
材料	130504200	防火涂料	kg	11.71	2.302	6.479	0.942	2.650
	002000010	其他材料费	元	—	6.67	18.85	2.74	7.69

工作内容：清理基层、喷刷防火涂料等。　　计量单位：$10m^2$

定额编号					LE0201	LE0202
项目名称					耐火极限0.5h以内	
					超薄型防火涂料	薄型防火涂料
费用	综合单价（元）				**195.68**	**296.47**
	其中	人工费（元）			57.63	65.88
		材料费（元）			108.15	197.51
		施工机具使用费（元）			5.56	5.56
		企业管理费（元）			15.23	17.22
		利润（元）			8.16	9.23
		一般风险费（元）			0.95	1.07
	编码	名称	单位	单价(元)	消耗量	
人工	000300140	油漆综合工	工日	125.00	0.461	0.527
材料	143502000	防火涂料稀释剂	kg	9.40	1.000	—
	130504260	超薄型防火涂料	kg	11.97	8.250	—
	130504240	薄型防火涂料	kg	11.97	—	16.500
机械	002000040	其他机械费	元	—	5.56	5.56

工作内容：清理基层、喷刷防火涂料等。　　计量单位：10m²

定额编号					LE0203	LE0204
项目名称					耐火极限 1h 以内	
					超薄型防火涂料	薄型防火涂料
费用	综合单价（元）				**252.50**	**485.83**
	其中	人工费（元）			72.13	82.38
		材料费（元）			142.95	362.09
		施工机具使用费（元）			6.95	6.95
		企业管理费（元）			19.06	21.53
		利润（元）			10.22	11.54
		一般风险费（元）			1.19	1.34
	编码	名称	单位	单价（元）	消耗量	
人工	000300140	油漆综合工	工日	125.00	0.577	0.659
材料	143502000	防火涂料稀释剂	kg	9.40	1.200	—
	130504260	超薄型防火涂料	kg	11.97	11.000	—
	130504240	薄型防火涂料	kg	11.97	—	30.250
机械	002000040	其他机械费	元	—	6.95	6.95

工作内容：清理基层、喷刷防火涂料等。　　计量单位：10m²

定额编号					LE0205	LE0206
项目名称					耐火极限 1.5h 以内	
					超薄型防火涂料	薄型防火涂料
费用	综合单价（元）				**309.13**	**609.38**
	其中	人工费（元）			86.50	98.88
		材料费（元）			177.75	460.85
		施工机具使用费（元）			8.35	8.35
		企业管理费（元）			22.86	25.84
		利润（元）			12.25	13.85
		一般风险费（元）			1.42	1.61
	编码	名称	单位	单价（元）	消耗量	
人工	000300140	油漆综合工	工日	125.00	0.692	0.791
材料	143502000	防火涂料稀释剂	kg	9.40	1.400	—
	130504260	超薄型防火涂料	kg	11.97	13.750	—
	130504240	薄型防火涂料	kg	11.97	—	38.500
机械	002000040	其他机械费	元	—	8.35	8.35

工作内容：清理基层、喷刷防火涂料等。

计量单位：10m²

定额编号					LE0207	LE0208	LE0209
项目名称					耐火极限 2h 以内		
					超薄型防火涂料	薄型防火涂料	厚型防火涂料
费用	综合单价（元）				**352.41**	**727.99**	**1751.64**
	其中	人工费（元）			104.13	118.63	103.00
		材料费（元）			197.91	553.41	1598.70
		施工机具使用费（元）			7.41	7.41	7.41
		企业管理费（元）			26.88	30.37	26.61
		利润（元）			14.41	16.28	14.26
		一般风险费（元）			1.67	1.89	1.66
	编码	名称	单位	单价(元)	消耗量		
人工	000300140	油漆综合工	工日	125.00	0.833	0.949	0.824
材料	130504260	超薄型防火涂料	kg	11.97	16.500	—	—
	130504250	厚型防火涂料	kg	14.53	—	—	110.000
	130504240	薄型防火涂料	kg	11.97	—	46.200	—
	002000010	其他材料费	元	—	0.40	0.40	0.40
机械	002000040	其他机械费	元	—	7.41	7.41	7.41

工作内容：清理基层、喷刷防火涂料等。

计量单位：10m²

定额编号					LE0210	LE0211
项目名称					厚型防火涂料	
					耐火极限 2.5h 以内	耐火极限 3h 以内
费用	综合单价（元）				**2153.93**	**2584.78**
	其中	人工费（元）			103.00	123.63
		材料费（元）			1998.41	2398.11
		施工机具使用费（元）			9.27	11.13
		企业管理费（元）			27.06	32.48
		利润（元）			14.51	17.41
		一般风险费（元）			1.68	2.02
	编码	名称	单位	单价(元)	消耗量	
人工	000300140	油漆综合工	工日	125.00	0.824	0.989
材料	130504250	厚型防火涂料	kg	14.53	137.500	165.000
	002000010	其他材料费	元	—	0.53	0.66
机械	002000040	其他机械费	元	—	9.27	11.13

E.6.3 木材构件喷刷防火涂料(编码:011407006)

工作内容:清扫、刷防火涂料等。　　　　**计量单位:**10m²

定额编号					LE0212	LE0213	LE0214	LE0215
项目名称					防火涂料二遍	防火涂料每增减一遍	防火涂料二遍	防火涂料每增减一遍
					隔墙、隔断(间壁)、护壁、柱木龙骨		木地板木龙骨	
费用	综合单价(元)				**157.23**	**64.05**	**142.62**	**64.83**
	其中	人工费(元)			106.75	41.50	88.88	38.88
		材料费(元)			21.64	11.33	29.73	15.44
		施工机具使用费(元)			—	—	—	—
		企业管理费(元)			16.66	6.48	13.87	6.07
		利润(元)			10.26	3.99	8.54	3.74
		一般风险费(元)			1.92	0.75	1.60	0.70
	编码	名称	单位	单价(元)	消耗量			
人工	000300140	油漆综合工	工日	125.00	0.854	0.332	0.711	0.311
材料	130504200	防火涂料	kg	11.71	1.780	0.940	2.450	1.290
	002000010	其他材料费	元	—	0.80	0.32	1.04	0.33

工作内容:清扫、刷防火涂料等。　　　　**计量单位:**10m²

定额编号					LE0216	LE0217
项目名称					防火涂料二遍	防火涂料每增减一遍
					天棚方木骨架(木龙骨)	
费用	综合单价(元)				**229.04**	**109.75**
	其中	人工费(元)			151.25	71.25
		材料费(元)			36.92	19.25
		施工机具使用费(元)			—	—
		企业管理费(元)			23.61	11.12
		利润(元)			14.54	6.85
		一般风险费(元)			2.72	1.28
	编码	名称	单位	单价(元)	消耗量	
人工	000300140	油漆综合工	工日	125.00	1.210	0.570
材料	130504200	防火涂料	kg	11.71	3.040	1.610
	002000010	其他材料费	元	—	1.32	0.40

工作内容：清扫、刷防火涂料等。

计量单位：10m²

定额编号					LE0218	LE0219	LE0220	LE0221
项目名称					防火涂料二遍		防火涂料每增减一遍	
					基层板双面	基层板单面	基层板双面	基层板单面
费用	综合单价（元）				**230.44**	**115.25**	**104.06**	**52.01**
	其中	人工费（元）			142.75	71.38	62.38	31.13
		材料费（元）			49.12	24.59	24.83	12.47
		施工机具使用费（元）			—	—	—	—
		企业管理费（元）			22.28	11.14	9.74	4.86
		利润（元）			13.72	6.86	5.99	2.99
		一般风险费（元）			2.57	1.28	1.12	0.56
	编码	名称	单位	单价（元）	消耗量			
人工	000300140	油漆综合工	工日	125.00	1.142	0.571	0.499	0.249
材料	130504200	防火涂料	kg	11.71	3.890	1.950	2.060	1.030
	002000010	其他材料费	元	—	3.57	1.76	0.71	0.41

工作内容：清扫、刷防火漆等。

计量单位：10m²

定额编号					LE0222	LE0223	LE0224
项目名称					防火漆二遍		
					隔墙、隔断（间壁）、护壁、柱木龙骨	木地板木龙骨	天棚方木骨架（木龙骨）
费用	综合单价（元）				**112.10**	**108.63**	**204.53**
	其中	人工费（元）			71.25	62.50	132.50
		材料费（元）			21.60	29.23	36.23
		施工机具使用费（元）			—	—	—
		企业管理费（元）			11.12	9.76	20.68
		利润（元）			6.85	6.01	12.73
		一般风险费（元）			1.28	1.13	2.39
	编码	名称	单位	单价（元）	消耗量		
人工	000300140	油漆综合工	工日	125.00	0.570	0.500	1.060
材料	130502410	防火漆	kg	11.71	1.776	2.405	2.979
	002000010	其他材料费	元	—	0.80	1.07	1.35

工作内容：清扫、刷防火漆等。

计量单位：10m²

定额编号					LE0225	LE0226	LE0227
项目名称					防火漆每增减一遍		
					隔墙、隔断（间壁）、护壁、柱木龙骨	木地板木龙骨	天棚方木骨架（木龙骨）
费用	综合单价（元）				**47.72**	**50.07**	**85.47**
	其中	人工费（元）			28.75	27.50	52.50
		材料费（元）			11.20	15.14	18.77
		施工机具使用费（元）			—	—	—
		企业管理费（元）			4.49	4.29	8.20
		利润（元）			2.76	2.64	5.05
		一般风险费（元）			0.52	0.50	0.95
	编码	名称	单位	单价(元)	消耗量		
人工	000300140	油漆综合工	工日	125.00	0.230	0.220	0.420
材料	130502410	防火漆	kg	11.71	0.936	1.265	1.568
材料	002000010	其他材料费	元	—	0.24	0.33	0.41

工作内容：清扫、刷防火漆等。

计量单位：10m²

定额编号					LE0228	LE0229	LE0230	LE0231	LE0232
项目名称					防火漆二遍		防火漆每增减一遍		（布艺面）喷阻燃剂
					基层板面				
					双面	单面	双面	单面	
费用	综合单价（元）				**192.49**	**97.09**	**88.13**	**44.09**	**80.63**
	其中	人工费（元）			113.75	57.50	50.00	25.00	55.00
		材料费（元）			48.00	24.04	24.61	12.34	10.76
		施工机具使用费（元）			—	—	—	—	—
		企业管理费（元）			17.76	8.98	7.81	3.90	8.59
		利润（元）			10.93	5.53	4.81	2.40	5.29
		一般风险费（元）			2.05	1.04	0.90	0.45	0.99
	编码	名称	单位	单价(元)	消耗量				
人工	000300140	油漆综合工	工日	125.00	0.910	0.460	0.400	0.200	0.440
材料	130502410	防火漆	kg	11.71	3.890	1.950	2.060	1.030	—
材料	002000010	其他材料费	元	—	2.45	1.21	0.49	0.28	0.50
材料	143506810	阻燃剂	kg	5.13	—	—	—	—	2.000

E.7 裱糊(编码:011408)

E.7.1 墙纸裱糊(编码:011408001)

工作内容:清扫、找补腻子、刷底胶、刷粘贴剂、铺贴墙纸(织物面料)等。 计量单位:10m²

定额编号					LE0233	LE0234	LE0235	LE0236	LE0237
项目名称					墙面贴装饰纸(布)		墙纸基层刷基膜	墙面贴装饰纸(布)	墙面金、银箔饰面
					墙纸			织物面料	
					不对花	对花			
费用	综合单价(元)				**372.42**	**422.18**	**140.39**	**483.24**	**893.10**
	其中	人工费(元)			68.75	96.63	26.25	175.88	157.50
		材料费(元)			285.09	299.44	107.05	259.84	693.03
		施工机具使用费(元)			—	—	—	—	—
		企业管理费(元)			10.73	15.08	4.10	27.45	24.59
		利润(元)			6.61	9.29	2.52	16.90	15.14
		一般风险费(元)			1.24	1.74	0.47	3.17	2.84
	编码	名称	单位	单价(元)	消耗量				
人工	000300140	油漆综合工	工日	125.00	0.550	0.773	0.210	1.407	1.260
材料	093100020	墙纸	m²	24.79	11.000	11.579	—	—	—
	155900430	防火阻燃织物	m²	21.37	—	—	—	11.579	—
	130101500	酚醛清漆	kg	13.38	0.700	0.700	—	0.700	—
	016100810	金银箔纸	m²	60.00	—	—	—	—	11.500
	130301310	封闭基膜涂料	kg	21.88	—	—	3.000	—	—
	040100500	白色硅酸盐水泥 32.5	kg	0.75	—	—	30.000	—	—
	144107400	建筑胶	kg	1.97	—	—	9.600	—	—
	002000010	其他材料费	元	—	3.03	3.03	—	3.03	3.03

工作内容:清扫、找补腻子、刷底胶、刷粘贴剂、铺贴墙纸(织物面料)等。 计量单位:10m²

定额编号					LE0238	LE0239	LE0240
项目名称					梁(柱)面贴装饰纸(布)		
					墙纸		织物面料
					不对花	对花	
费用	综合单价(元)				**473.91**	**513.83**	**540.09**
	其中	人工费(元)			135.00	155.00	208.75
		材料费(元)			302.44	316.94	274.93
		施工机具使用费(元)			—	—	—
		企业管理费(元)			21.07	24.20	32.59
		利润(元)			12.97	14.90	20.06
		一般风险费(元)			2.43	2.79	3.76
	编码	名称	单位	单价(元)	消耗量		
人工	000300140	油漆综合工	工日	125.00	1.080	1.240	1.670
材料	093100020	墙纸	m²	24.79	11.700	12.285	—
	155900430	防火阻燃织物	m²	21.37	—	—	12.285
	130101500	酚醛清漆	kg	13.38	0.700	0.700	0.700
	002000010	其他材料费	元	—	3.03	3.03	3.03

工作内容：清扫、找补腻子、刷底胶、刷粘贴剂、铺贴墙纸(织物面料)等。　　计量单位：10m²

<table>
<tr><td colspan="5">定额编号</td><td>LE0241</td><td>LE0242</td><td>LE0243</td><td>LE0244</td></tr>
<tr><td colspan="5" rowspan="3">项目名称</td><td colspan="3">天棚面贴装饰纸(布)</td><td rowspan="3">天棚金、银箔饰面</td></tr>
<tr><td colspan="2">墙纸</td><td rowspan="2">织物面料</td></tr>
<tr><td>不对花</td><td>对花</td></tr>
<tr><td rowspan="7">费用</td><td colspan="4">综合单价(元)</td><td>419.90</td><td>484.57</td><td>617.24</td><td>970.25</td></tr>
<tr><td rowspan="6">其中</td><td colspan="3">人工费(元)</td><td>106.13</td><td>145.75</td><td>281.38</td><td>218.25</td></tr>
<tr><td colspan="3">材料费(元)</td><td>285.09</td><td>299.44</td><td>259.84</td><td>693.03</td></tr>
<tr><td colspan="3">施工机具使用费(元)</td><td>—</td><td>—</td><td>—</td><td>—</td></tr>
<tr><td colspan="3">企业管理费(元)</td><td>16.57</td><td>22.75</td><td>43.92</td><td>34.07</td></tr>
<tr><td colspan="3">利润(元)</td><td>10.20</td><td>14.01</td><td>27.04</td><td>20.97</td></tr>
<tr><td colspan="3">一般风险费(元)</td><td>1.91</td><td>2.62</td><td>5.06</td><td>3.93</td></tr>
<tr><td></td><td>编码</td><td>名称</td><td>单位</td><td>单价(元)</td><td colspan="4">消耗量</td></tr>
<tr><td>人工</td><td>000300140</td><td>油漆综合工</td><td>工日</td><td>125.00</td><td>0.849</td><td>1.166</td><td>2.251</td><td>1.746</td></tr>
<tr><td rowspan="5">材料</td><td>093100020</td><td>墙纸</td><td>m²</td><td>24.79</td><td>11.000</td><td>11.579</td><td>—</td><td>—</td></tr>
<tr><td>130101500</td><td>酚醛清漆</td><td>kg</td><td>13.38</td><td>0.700</td><td>0.700</td><td>0.700</td><td>—</td></tr>
<tr><td>155900430</td><td>防火阻燃织物</td><td>m²</td><td>21.37</td><td>—</td><td>—</td><td>11.579</td><td>—</td></tr>
<tr><td>016100810</td><td>金、银箔纸</td><td>m²</td><td>60.00</td><td>—</td><td>—</td><td>—</td><td>11.500</td></tr>
<tr><td>002000010</td><td>其他材料费</td><td>元</td><td>—</td><td>3.03</td><td>3.03</td><td>3.03</td><td>3.03</td></tr>
</table>

F　其他装饰工程
(0115)

说　明

一、本章定额包括柜类、货架，压条、装饰线，扶手、栏杆、栏板装饰，浴厕配件，雨篷、旗杆，招牌、灯箱，美术字等。

二、柜类、货架：

柜台、收银台、酒吧台、货架、附墙衣柜等系参考定额，材料消耗量可按实调整。

三、压条、装饰线：

1.压条、装饰线均按成品安装考虑。

2.装饰线条(顶角装饰线除外)按直线形在墙面安装考虑。墙面安装圆弧形装饰线条以及天棚面安装直线形、圆弧形装饰线条的，按相应项目乘以系数执行：

(1)墙面安装圆弧形装饰线条，人工乘以系数1.2，材料乘以系数1.1。

(2)天棚面安装直线形装饰线条，人工乘以系数1.34。

(3)天棚面安装圆弧形装饰线条，人工乘以系数1.6，材料乘以系数1.1。

(4)装饰线条做艺术图案，人工乘以系数1.8，材料乘以系数1.1。

(5)装饰线条直接安装在金属龙骨上，人工乘以系数1.68。

3.石材、面砖磨边、开孔均按现场制作加工考虑，其中磨边按直形边考虑，圆弧形磨边时，按相应定额子目人工乘以系数1.3，其余不变。

4.打玻璃胶子目适用于墙面装饰面层单独打胶的情况。

四、扶手、栏杆、栏板装饰：

1.定额中铁件、金属构件除锈是按手工除锈编制的，若采用机械(喷砂或抛丸)除锈时，按金属工程章节相应定额子目执行。

2.定额中铁件、金属构件已包括刷防锈漆一遍，如设计需要刷第二遍及多遍防锈漆时，按金属工程章节相应定额子目执行。

3.扶手、栏杆、栏板项目(护窗栏杆除外)适用于楼梯、走廊、回廊及其他装饰性扶手、栏杆、栏板。

4.扶手、栏杆、栏板项目已综合考虑扶手弯头(非整体弯头)的费用。如遇木扶手、大理石扶手为整体弯头，弯头另按本章相应定额子目执行。

5.设计栏杆、栏板的材料消耗量与定额不同时，其消耗量可以调整。

五、浴厕配件：

1.浴厕配件按成品安装考虑。

2.石材洗漱台安装不包括石材磨边、倒角及开面盆洞口，另执行本章相应定额子目。

六、雨篷、旗杆：

1.点支式、托架式雨篷的型钢、爪件的规格、数量是按常用做法考虑的，当设计要求与定额不同时，材料消耗量可以调整，人工、机械不变。托架式雨篷的斜拉杆费用另计。

2.铝塑板、不锈钢面层雨篷项目按平面雨篷考虑，不包括雨篷侧面。

3.旗杆项目按常用做法考虑，未包括旗杆基础、旗杆台座及其饰面。

七、招牌、灯箱：

1.招牌、灯箱项目，当设计与定额考虑的材料品种、规格不同时，材料可以换算。

2.平面招牌是指安装在墙面上；箱体招牌、竖式标箱是指六面体固定在墙面上；沿雨篷、檐口、阳台走向的立式招牌，按平面招牌项目执行。

3.广告牌基层以附墙方式考虑，当设计为独立式的，按相应定额子目执行，其中人工乘以系数1.10。

4.招牌、灯箱定额子目均不包括广告牌所需喷绘、灯饰、灯光、店徽、其他艺术装饰及配套机械。

八、美术字：

1.美术字按成品安装固定编制。

2.美术字不分字体均执行本定额。

3.美术字按最大外接矩形面积区分规格，按相应项目执行。

工程量计算规则

一、柜类、货架：

柜台、收银台、酒吧台按设计图示尺寸以“延长米”计算；货架、附墙衣柜类按设计图示尺寸以正立面的高度(包括脚的高度在内)乘以宽度以“m^2”计算。

二、压条、装饰线：

1.木装饰线、石膏装饰线、金属装饰线、石材装饰线条按设计图示长度以“m”计算。

2.柱墩、柱帽、木雕花饰件、石膏角花、灯盘按设计图示数量以“个”计算。

3.石材磨边、面砖磨边按长度以“延长米”计算。

4.打玻璃胶按长度以“延长米”计算。

三、扶手、栏杆、栏板装饰：

1.扶手、栏杆、栏板、成品栏杆(带扶手)按设计图示以扶手中心线长度以“延长米”计算，不扣除弯头长度。如遇木扶手、大理石扶手为整体弯头时，扶手消耗量需扣除整体弯头的长度，设计不明确者，每只整体弯头按400mm扣除。

2.单独弯头按设计图示数量以“个”计算。

四、浴厕配件：

1.石材洗漱台按设计图示台面外接矩形面积以“m^2”计算，不扣除孔洞、挖弯、削角所占面积，挡板、吊沿板面积并入台面面积内。

2.镜面玻璃(带框)、盥洗室木镜箱按设计图示边框外围面积以“m^2”计算。

3.镜面玻璃(不带框)按设计图示面积以“m^2”计算。

4.安装成品镜面按设计图示数量以“套”计算。

5.毛巾环、肥皂盒、金属帘子杆、浴缸拉手、毛巾杆安装等按设计图示数量以“副”或“个”计算。

五、雨篷、旗杆：

1.雨篷按设计图示水平投影面积以“m^2”计算。

2.不锈钢旗杆按设计图示数量以“根”计算。

3.电动升降系统和风动系统按设计数量以“套”计算。

六、招牌、灯箱：

1.平面招牌基层按设计图示正立面边框外围面积以“m^2”计算，复杂凹凸部分亦不增减。

2.沿雨篷、檐口或阳台走向的立式招牌基层，按平面招牌执行时，应按展开面积以“m^2”计算。

3.箱体招牌和竖式标箱的基层，按设计图示外围体积以“m^2”计算。

4.招牌、灯箱上的店徽及其他艺术装潢等均另行计算。

5.招牌、灯箱的面层按设计图示展开面积以“m^2”计算。

6.广告牌钢骨架按设计图示尺寸计算的理论质量以“t”计算。型钢按设计图纸的规格尺寸计算(不扣除孔眼、切边、切肢的质量)。钢板按几何图形的外接矩形计算(不扣除孔眼质量)。

七、美术字：

美术字的安装按字的最大外围矩形面积以“个”计算。

F.1 柜类、货架(编码:011501)

F.1.1 柜台(编码:011501001)

工作内容:选料、下料、刨光、开榫打眼、骨架组装、贴防火板、面层装饰、安装玻璃、五金配件安装、清理等。

计量单位:10m

定额编号					LF0001
项目名称					柜台
费用	综合单价(元)				**6420.22**
	其中	人工费(元)			2137.50
		材料费(元)			3705.17
		施工机具使用费(元)			—
		企业管理费(元)			333.66
		利润(元)			205.41
		一般风险费(元)			38.48
	编码	名称	单位	单价(元)	消耗量
人工	000300050	木工综合工	工日	125.00	17.100
材料	144102700	胶粘剂	kg	12.82	9.030
	050501310	木饰面胶合板	m^2	14.82	21.010
	065500510	镜面玻璃	m^2	59.83	3.449
	050500010	胶合板	m^2	12.82	5.565
	065500530	车边玻璃	m^2	59.83	5.665
	120101700	木条	m	1.54	24.675
	030330120	夹轮	个	11.97	81.600
	340903400	山字槽	m	8.55	56.280
	060100020	平板玻璃	m^2	17.09	5.445
	144101320	玻璃胶 350 g/支	支	27.35	11.340
	340904100	羊角架 300	个	20.51	30.600
	256100410	白色有机灯片	m^2	34.19	2.550
	002000010	其他材料费	元	—	47.46

F.1.2 酒柜(编码:011501002)

工作内容:下料、刨光、画线、拼装、钉胶合板、钉木夹板、贴木饰面胶合板、安装玻璃、五金配件安装、清理等。

计量单位:10m²

定额编号					LF0002
项目名称					附墙酒柜
费用	综合单价(元)				**3298.80**
	其中	人工费(元)			1715.63
		材料费(元)			1093.88
		施工机具使用费(元)			25.73
		企业管理费(元)			267.81
		利润(元)			164.87
		一般风险费(元)			30.88
	编码	名称	单位	单价(元)	消耗量
人工	000300050	木工综合工	工日	125.00	13.725
材料	144102700	胶粘剂	kg	12.82	8.480
	120103200	木质装饰线	m	5.13	28.070
	050501310	木饰面胶合板	m^2	14.82	19.020
	292500110	木夹板	m^2	12.82	15.410
	065500510	镜面玻璃	m^2	59.83	0.710
	050500010	胶合板	m^2	12.82	6.770
	093900850	铝合金轨道 TS—S	m	17.09	1.400
	092300060	下滑轨	m	5.64	1.400
	032100520	四轮轴承滑车	个	25.64	4.480
	030330520	不锈钢铰链	副	6.84	2.240
	030330330	木拉手	个	2.56	1.120
	060100020	平板玻璃	m^2	17.09	0.280
	144101320	玻璃胶 350 g/支	支	27.35	0.820
	030340990	强力磁碰	个	12.82	1.120
	002000010	其他材料费	元	—	26.02
机械	002000045	其他机械费	元	—	25.73

F.1.3 衣柜(编码:011501003)

工作内容:下料、刨光、画线、拼装、钉胶合板、钉木夹板、贴木饰面胶合板、安裁玻璃、五金配件安装、清理等。

计量单位:10m²

定额编号					LF0003
项目名称					附墙衣柜
费用	综合单价(元)				**3407.20**
	其中	人工费(元)			1771.88
		材料费(元)			1129.98
		施工机具使用费(元)			26.58
		企业管理费(元)			276.59
		利润(元)			170.28
		一般风险费(元)			31.89
	编码	名称	单位	单价(元)	消耗量
人工	000300050	木工综合工	工日	125.00	14.175
材料	144102700	胶粘剂	kg	12.82	8.860
	120103200	木质装饰线	m	5.13	32.450
	050501310	木饰面胶合板	m²	14.82	19.830
	292500110	木夹板	m²	12.82	16.120
	050500010	胶合板	m²	12.82	8.310
	093900850	铝合金轨道 TS-S	m	17.09	1.920
	092300060	下滑轨	m	5.64	1.920
	032100520	四轮轴承滑车	个	25.64	6.720
	002000010	其他材料费	元	—	26.91
机械	002000045	其他机械费	元	—	26.58

F.1.4 书柜(编码:011501006)

工作内容:下料、刨光、画线、拼装、钉胶合板、钉木夹板、贴木饰面胶合板、安裁玻璃、五金配件安装、清理等。

计量单位:10m²

定额编号					LF0004
项目名称					附墙书柜
费用	综合单价(元)				**4104.41**
	其中	人工费(元)			1937.00
		材料费(元)			1614.96
		施工机具使用费(元)			29.06
		企业管理费(元)			302.37
		利润(元)			186.15
		一般风险费(元)			34.87
	编码	名称	单位	单价(元)	消耗量
人工	000300050	木工综合工	工日	125.00	15.496
材料	144102700	胶粘剂	kg	12.82	14.273
	120103200	木质装饰线	m	5.13	85.400
	050501310	木饰面胶合板	m²	14.82	25.490
	292500110	木夹板	m²	12.82	19.450
	050500010	胶合板	m²	12.82	2.410
	030330520	不锈钢铰链	副	6.84	23.710
	030330330	木拉手	个	2.56	9.480
	050501650	装饰木皮	m²	42.74	1.500
	062500300	磨砂玻璃 综合	m²	29.91	1.400
	002000010	其他材料费	元	—	43.44
机械	002000045	其他机械费	元	—	29.06

F.1.5 矮柜(编码:011501011)

工作内容:下料、刨光、画线、拼装、钉胶合板、钉木夹板、贴木饰面胶合板、五金配件安装、清理等。 **计量单位:**10m²

定额编号					LF0005
项目名称					附墙矮柜
费用	综合单价(元)				**6332.84**
	其中	人工费(元)			2350.00
		材料费(元)			3312.61
		施工机具使用费(元)			35.25
		企业管理费(元)			366.84
		利润(元)			225.84
		一般风险费(元)			42.30
	编码	名称	单位	单价(元)	消耗量
人工	000300050	木工综合工	工日	125.00	18.800
材料	144102700	胶粘剂	kg	12.82	23.414
	120103200	木质装饰线	m	5.13	173.242
	050501310	木饰面胶合板	m²	14.82	41.074
	292500110	木夹板	m²	12.82	42.864
	030330520	不锈钢铰链	副	6.84	58.009
	030330330	木拉手	个	2.56	29.004
	050501650	装饰木皮	m²	42.74	9.706
	002000010	其他材料费	元	—	79.61
机械	002000045	其他机械费	元	—	35.25

F.1.6 吧台背柜(编码:011501012)

工作内容:下料、刨光、画线、拼装、钉胶合板、钉木夹板、贴木饰面胶合板、安裁玻璃、五金配件安装、清理等。 **计量单位:**10m²

定额编号					LF0006
项目名称					吧台背柜
费用	综合单价(元)				**3560.61**
	其中	人工费(元)			1574.13
		材料费(元)			1529.68
		施工机具使用费(元)			31.48
		企业管理费(元)			245.72
		利润(元)			151.27
		一般风险费(元)			28.33
	编码	名称	单位	单价(元)	消耗量
人工	000300050	木工综合工	工日	125.00	12.593
材料	050303800	木材 锯材	m³	1547.01	0.091
	144102700	胶粘剂	kg	12.82	9.265
	120103200	木质装饰线	m	5.13	29.214
	050501310	木饰面胶合板	m²	14.82	13.456
	292500110	木夹板	m²	12.82	12.033
	065500510	镜面玻璃	m²	59.83	0.339
	050500010	胶合板	m²	12.82	8.434
	065500530	车边玻璃	m²	59.83	2.659
	093900850	铝合金轨道 TS-S	m	17.09	2.931
	092300060	下滑轨	m	5.64	2.931
	032100520	四轮轴承滑车	个	25.64	14.100
	032103110	不锈钢承珠	个	0.68	31.727
	002000010	其他材料费	元	—	29.36
机械	002000045	其他机械费	元	—	31.48

F.1.7 酒吧台(编码:011501014)

工作内容:下料、刨光、画线、拼装、钉胶合板、钉木夹板、贴木饰面胶合板、五金配件安装、清理等。 **计量单位:**10m

定额编号						LF0007
项目名称						酒吧台
费用	综合单价(元)					**11510.23**
	其中	人工费(元)				2212.50
		材料费(元)				8655.66
		施工机具使用费(元)				44.25
		企业管理费(元)				345.37
		利润(元)				212.62
		一般风险费(元)				39.83
	编码	名称	单位	单价(元)		消耗量
人工	000300050	木工综合工	工日	125.00		17.700
材料	050303800	木材 锯材	m^3	1547.01		0.137
	144102700	胶粘剂	kg	12.82		13.593
	120103200	木质装饰线	m	5.13		66.568
	050501310	木饰面胶合板	m^2	14.82		20.627
	292500110	木夹板	m^2	12.82		35.480
	120101620	实木脚线 100mm	m	12.82		14.522
	023500010	皮革	m^2	76.38		1.260
	334100570	酒吧设备(成品)1m	组	683.76		10.000
	002000010	其他材料费	元	—		47.41
机械	002000045	其他机械费	元	—		44.25

F.1.8 收银台(编码:011501016)

工作内容:下料、刨光、画线、拼装、钉胶合板、钉木夹板、贴木饰面胶合板、五金配件安装、清理等。 **计量单位:**10m

定额编号						LF0008
项目名称						收银台
费用	综合单价(元)					**7690.59**
	其中	人工费(元)				3100.00
		材料费(元)				3690.97
		施工机具使用费(元)				62.00
		企业管理费(元)				483.91
		利润(元)				297.91
		一般风险费(元)				55.80
	编码	名称	单位	单价(元)		消耗量
人工	000300050	木工综合工	工日	125.00		24.800
材料	144102700	胶粘剂	kg	12.82		18.850
	120103200	木质装饰线	m	5.13		36.040
	050501310	木饰面胶合板	m^2	14.82		43.140
	292500110	木夹板	m^2	12.82		55.524
	030330520	不锈钢铰链	副	6.84		40.800
	030330330	木拉手	个	2.56		51.000
	030500320	抽屉锁	把	21.37		30.600
	030331110	抽屉导轨	对	25.64		30.600
	002000010	其他材料费	元	—		65.14
机械	002000045	其他机械费	元	—		62.00

F.1.9 货架(编码:011501018)

工作内容:下料、刨光、画线、拼装、钉胶合板、钉木夹板、贴木饰面胶合板、五金配件安装、清理等。 **计量单位:**10m²

		定额编号			LF0009
		项目名称			货架
费用		**综合单价(元)**			**4467.17**
	其中	人工费(元)			1900.00
		材料费(元)			2015.79
		施工机具使用费(元)			38.00
		企业管理费(元)			296.59
		利润(元)			182.59
		一般风险费(元)			34.20
	编码	名称	单位	单价(元)	消耗量
人工	000300050	木工综合工	工日	125.00	15.200
材料	050303800	木材 锯材	m^3	1547.01	0.191
	144102700	胶粘剂	kg	12.82	17.540
	120103200	木质装饰线	m	5.13	32.489
	050501310	木饰面胶合板	m^2	14.82	39.174
	050500010	胶合板	m^2	12.82	43.250
	030330520	不锈钢铰链	副	6.84	16.850
	030330330	木拉手	个	2.56	8.293
	002000010	其他材料费	元	—	57.27
机械	002000045	其他机械费	元	—	38.00

F.1.10 装饰石材台板(编码:011501B01)

工作内容:清理基层、贴石材饰面板、清理等。 **计量单位:**10m²

		定额编号			LF0010
		项目名称			装饰石材台板
费用		**综合单价(元)**			**1859.41**
	其中	人工费(元)			282.50
		材料费(元)			1500.57
		施工机具使用费(元)			—
		企业管理费(元)			44.10
		利润(元)			27.15
		一般风险费(元)			5.09
	编码	名称	单位	单价(元)	消耗量
人工	000300050	木工综合工	工日	125.00	2.260
材料	144102700	胶粘剂	kg	12.82	4.725
	082100010	装饰石材	m^2	120.00	12.000

F.2 压条、装饰条(编码:011502)

F.2.1 金属装饰线(编码:011502001)

工作内容:定位、画线、下料、涂胶、安装、固定等。

计量单位:10m

	定额编号				LF0011
	项目名称				金属装饰条
费用	综合单价(元)				**111.91**
	其中	人工费(元)			43.63
		材料费(元)			56.49
		施工机具使用费(元)			—
		企业管理费(元)			6.81
		利润(元)			4.19
		一般风险费(元)			0.79
	编码	名称	单位	单价(元)	消耗量
人工	000300050	木工综合工	工日	125.00	0.349
材料	120301930	金属条	m	5.13	10.600
	341100400	电	kW·h	0.70	0.515
	002000010	其他材料费	元	—	1.75

F.2.2 木质装饰线(编码:011502002)

F.2.2.1 木质装饰线

工作内容:定位、画线、下料、加楔、涂胶、安装、固定等。

计量单位:10m

	定额编号				LF0012	LF0013	LF0014
	项目名称				木质装饰线条		
					宽度		
					25mm 以内	50mm 以内	80mm 以内
费用	综合单价(元)				**91.33**	**95.94**	**100.22**
	其中	人工费(元)			28.00	29.75	32.63
		材料费(元)			55.07	57.41	57.95
		施工机具使用费(元)			0.70	0.74	0.82
		企业管理费(元)			4.37	4.64	5.09
		利润(元)			2.69	2.86	3.14
		一般风险费(元)			0.50	0.54	0.59
	编码	名称	单位	单价(元)	消耗量		
人工	000300050	木工综合工	工日	125.00	0.224	0.238	0.261
材料	120103200	木质装饰线	m	5.13	10.600	10.600	10.600
	002000010	其他材料费	元	—	0.69	3.03	3.57
机械	002000045	其他机械费	元	—	0.70	0.74	0.82

工作内容：定位、画线、下料、加楔、涂胶、安装、固定等。　　　　计量单位：10m

定额编号					LF0015	LF0016	LF0017
项目名称					木质装饰线条		
					宽度		
					100mm 内	150mm 内	200mm 内
费用	综合单价（元）				**103.83**	**111.10**	**117.04**
	其中	人工费（元）			34.63	39.50	43.38
		材料费（元）			58.98	59.93	60.86
		施工机具使用费（元）			0.87	0.99	1.08
		企业管理费（元）			5.40	6.17	6.77
		利润（元）			3.33	3.80	4.17
		一般风险费（元）			0.62	0.71	0.78
	编码	名称	单位	单价(元)	消耗量		
人工	000300050	木工综合工	工日	125.00	0.277	0.316	0.347
材料	120103200	木质装饰线	m	5.13	10.600	10.600	10.600
	002000010	其他材料费	元	—	4.60	5.55	6.48
机械	002000045	其他机械费	元	—	0.87	0.99	1.08

F.2.2.2 **木质装饰顶角线**

工作内容：定位、画线、下料、加楔、涂胶、安装、固定等。　　　　计量单位：10m

定额编号					LF0018	LF0019	LF0020
项目名称					木质装饰线条		
					顶角线		
					50mm 内	80mm 内	100mm 内
费用	综合单价（元）				**104.40**	**113.16**	**114.34**
	其中	人工费（元）			35.75	41.50	41.50
		材料费（元）			58.10	59.40	60.58
		施工机具使用费（元）			0.89	1.04	1.04
		企业管理费（元）			5.58	6.48	6.48
		利润（元）			3.44	3.99	3.99
		一般风险费（元）			0.64	0.75	0.75
	编码	名称	单位	单价(元)	消耗量		
人工	000300050	木工综合工	工日	125.00	0.286	0.332	0.332
材料	120103200	木质装饰线	m	5.13	10.600	10.600	10.600
	002000010	其他材料费	元	—	3.72	5.02	6.20
机械	002000045	其他机械费	元	—	0.89	1.04	1.04

F.2.3 石材装饰线(编码:011502003)

F.2.3.1 砂浆粘贴石材装饰线

工作内容:清理基层、调运砂浆,线条切边磨细、湿板,砂浆打底,粘贴线条,擦缝,清理等。 计量单位:10m

定额编号						LF0021	LF0022	LF0023	LF0024
项目名称						石材装饰线			
						砂浆粘贴			
						50mm 内	100mm 内	150mm 以内	200mm 以内
费用	综合单价(元)					**305.16**	**338.38**	**374.17**	**386.56**
	其中	人工费(元)				88.40	108.81	132.86	135.07
		材料费(元)				190.66	197.44	202.09	211.62
		施工机具使用费(元)				2.21	2.72	3.32	3.38
		企业管理费(元)				13.80	16.99	20.74	21.08
		利润(元)				8.50	10.46	12.77	12.98
		一般风险费(元)				1.59	1.96	2.39	2.43
	编码	名称	单位	单价(元)		消耗量			
人工	000300120	镶贴综合工	工日	130.00		0.680	0.837	1.022	1.039
材料	120500710	石材装饰线	m	17.09		10.600	10.600	10.600	10.600
	144102700	胶粘剂	kg	12.82		0.450	0.750	0.850	1.275
	144107400	建筑胶	kg	1.97		0.152	0.315	0.473	0.699
	040100520	白色硅酸盐水泥	kg	0.75		0.100	0.200	0.200	0.300
	341100100	水	m^3	4.42		0.030	0.056	0.074	0.103
	810201050	水泥砂浆 1:3(特)	m^3	213.87		0.008	0.016	0.023	0.034
	810201010	水泥砂浆 1:1(特)	m^3	334.13		0.003	0.005	0.008	0.011
	810425010	素水泥浆	m^3	479.39		0.001	0.001	0.002	0.002
	002000010	其他材料费	元	—		0.04	0.08	0.08	0.16
机械	002000045	其他机械费	元	—		2.21	2.72	3.32	3.38

F.2.3.2 粘接剂粘贴石材装饰线

工作内容:清理基层,调运砂浆、粘接剂,线条切边磨细、湿板,砂浆打底,粘贴线条,擦缝,清理等。 计量单位:10m

定额编号					LF0025	LF0026	LF0027
项目名称					石材装饰线		
					粘接剂粘贴		
					50mm 内	100mm 内	150mm 内
费用	综合单价(元)				**351.52**	**541.68**	**503.60**
	其中	人工费(元)			96.33	208.00	143.65
		材料费(元)			226.75	272.28	317.55
		施工机具使用费(元)			2.41	5.20	3.59
		企业管理费(元)			15.04	32.47	22.42
		利润(元)			9.26	19.99	13.80
		一般风险费(元)			1.73	3.74	2.59
	编码	名称	单位	单价(元)	消耗量		
人工	000300120	镶贴综合工	工日	130.00	0.741	1.600	1.105
材料	120500710	石材装饰线	m	17.09	10.600	10.600	10.600
	144102700	胶粘剂	kg	12.82	3.413	6.825	10.238
	040100520	白色硅酸盐水泥	kg	0.75	0.100	0.200	0.200
	341100100	水	m^3	4.42	0.003	0.005	0.008
	810201050	水泥砂浆 1:3(特)	m^3	213.87	0.008	0.016	0.023
	002000010	其他材料费	元	—	0.04	0.04	0.04
机械	002000045	其他机械费	元	—	2.41	5.20	3.59

F.2.3.3　**干挂石材装饰线**

工作内容:清理基层、安装干挂件、线条切边磨细、钻孔、安装、清理等。　　**计量单位:**10m

定额编号					LF0028	LF0029
项目名称					石材装饰线	
					干挂	
					200mm 以内	200mm 以外
费用	综合单价(元)				**628.48**	**710.52**
	其中	人工费(元)			241.54	303.94
		材料费(元)			315.64	316.85
		施工机具使用费(元)			6.04	7.60
		企业管理费(元)			37.70	47.45
		利润(元)			23.21	29.21
		一般风险费(元)			4.35	5.47
	编码	名称	单位	单价(元)	消耗量	
人工	000300120	镶贴综合工	工日	130.00	1.858	2.338
材料	292102600	不锈钢连接件	个	1.24	34.340	34.340
	120500710	石材装饰线	m	17.09	10.600	10.600
	030113010	不锈钢六角螺栓带螺母 M10×20	套	2.56	34.680	34.680
	144108800	云石胶	kg	20.51	0.019	0.019
	341100100	水	m^3	4.42	0.019	0.043
	002000010	其他材料费	元	—	2.65	3.75
机械	002000045	其他机械费	元	—	6.04	7.60

F.2.3.4　**挂帖石材装饰线**

工作内容:清理基层、调运砂浆,安装膨胀螺栓,钢筋网片制安,线条切边磨细、钻孔开槽、穿丝固定,灌浆,擦缝,清理等。　　**计量单位:**10m

定额编号					LF0030	LF0031	LF0032	LF0033
项目名称					石材装饰线			
					挂贴			
					100mm 以内	150mm 以内	200mm 以内	200mm 以外
费用	综合单价(元)				**447.69**	**472.82**	**499.59**	**549.21**
	其中	人工费(元)			179.53	195.91	213.07	242.97
		材料费(元)			215.17	219.07	223.61	234.52
		施工机具使用费(元)			4.49	4.90	5.33	6.07
		企业管理费(元)			28.02	30.58	33.26	37.93
		利润(元)			17.25	18.83	20.48	23.35
		一般风险费(元)			3.23	3.53	3.84	4.37
	编码	名称	单位	单价(元)	消耗量			
人工	000300120	镶贴综合工	工日	130.00	1.381	1.507	1.639	1.869
材料	120500710	石材装饰线	m	17.09	10.600	10.600	10.600	10.600
	040100520	白色硅酸盐水泥	kg	0.75	0.147	0.194	0.271	0.386
	810201040	水泥砂浆 1:2.5(特)	m^3	232.40	0.031	0.046	0.062	0.108
	341100100	水	m^3	4.42	0.013	0.019	0.026	0.045
	002000010	其他材料费	元	—	26.64	27.00	27.73	27.78
机械	002000045	其他机械费	元	—	4.49	4.90	5.33	6.07

F.2.3.5 粘贴其他石材线条

工作内容：画线、调运砂浆、镶贴石材线、固定、安装等。

		定额编号			LF0034	LF0035	LF0036	LF0037
		项目名称			粘贴石材			
					圆柱腰线	阴角线	柱墩	柱帽
		单位			10m		个	
费用		**综合单价（元）**			**563.01**	**475.98**	**542.70**	**616.51**
	其中	人工费（元）			203.32	211.38	364.26	364.26
		材料费（元）			299.67	202.21	70.90	144.71
		施工机具使用费（元）			5.08	5.28	9.11	9.11
		企业管理费（元）			31.74	33.00	56.86	56.86
		利润（元）			19.54	20.31	35.01	35.01
		一般风险费（元）			3.66	3.80	6.56	6.56
	编码	名称	单位	单价（元）	消耗量			
人工	000300120	镶贴综合工	工日	130.00	1.564	1.626	2.802	2.802
材料	081700500	石材腰线	m	25.64	10.600	—	—	—
	120500020	石材阴角线	m	17.09	—	10.200	—	—
	350300040	石材底座	个	51.28	—	—	1.020	—
	081900020	石材柱帽	个	128.21	—	—	—	1.020
	002000010	其他材料费	元	—	27.89	27.89	18.59	13.94
机械	002000045	其他机械费	元	—	5.08	5.28	9.11	9.11

F.2.3.6 石材磨边

工作内容：现场切割、磨边、成型、抛光等。

		定额编号			LF0038	LF0039	LF0040	LF0041
		项目名称			石材装饰线			
					现场磨边			
					磨边	45°斜边	半圆边	台面开孔
		单位			10m			10个
费用		**综合单价（元）**			**93.19**	**110.15**	**263.52**	**567.16**
	其中	人工费（元）			68.63	81.50	197.38	441.88
		材料费（元）			6.02	6.63	12.81	5.89
		施工机具使用费（元）			—	—	—	—
		企业管理费（元）			10.71	12.72	30.81	68.98
		利润（元）			6.59	7.83	18.97	42.46
		一般风险费（元）			1.24	1.47	3.55	7.95
	编码	名称	单位	单价（元）	消耗量			
人工	000300020	装饰综合工	工日	125.00	0.549	0.652	1.579	3.535
材料	341100100	水	m^3	4.42	0.023	0.023	0.035	0.035
	002000010	其他材料费	元	—	4.85	5.46	11.58	4.88
	341100400	电	kW·h	0.70	1.530	1.530	1.530	1.224

F.2.3.7 面砖磨边

工作内容：现场切割、磨边、成型、抛光等。 计量单位：10m

定额编号					LF0042	LF0043
项目名称					面砖	
					现场磨边	
					直边、45°边	半圆边
费用	综合单价（元）				**64.16**	**182.93**
	其中	人工费（元）			48.00	138.13
		材料费（元）			3.20	7.48
		施工机具使用费（元）			—	—
		企业管理费（元）			7.49	21.56
		利润（元）			4.61	13.27
		一般风险费（元）			0.86	2.49
	编码	名称	单位	单价(元)	消耗量	
人工	000300020	装饰综合工	工日	125.00	0.384	1.105
材料	002000010	其他材料费	元	—	2.13	6.41
	341100400	电	kW·h	0.70	1.530	1.530

F.2.4 石膏装饰线(编码:011502004)

工作内容：定位、画线、打眼、下木楔子、安装石膏线条、接角、修整等。 计量单位：10m

定额编号					LF0044	LF0045	LF0046
项目名称					石膏条	石膏阴角线	
						100mm 以内	100mm 以外
费用	综合单价（元）				**53.09**	**72.64**	**75.01**
	其中	人工费（元）			23.13	38.63	40.25
		材料费（元）			23.71	23.57	23.89
		施工机具使用费（元）			—	—	—
		企业管理费（元）			3.61	6.03	6.28
		利润（元）			2.22	3.71	3.87
		一般风险费（元）			0.42	0.70	0.72
	编码	名称	单位	单价(元)	消耗量		
人工	000300050	木工综合工	工日	125.00	0.185	0.309	0.322
材料	120700700	石膏装饰条 50×10	m	2.14	10.600	—	—
	120700800	石膏顶角线	m	2.14	—	10.600	10.600
	002000010	其他材料费	元	—	0.73	0.59	0.91
	341100400	电	kW·h	0.70	0.420	0.420	0.420

F.2.5　塑料装饰线(编码:011502007)

工作内容:定位、画线、清理基层、安装固定线条等。　　　　计量单位:10m

定额编号					LF0047
项目名称					硬塑料线条
费用	综合单价(元)				**40.53**
	其中	人工费(元)			22.25
		材料费(元)			12.27
		施工机具使用费(元)			—
		企业管理费(元)			3.47
		利润(元)			2.14
		一般风险费(元)			0.40
	编码	名称	单位	单价(元)	消耗量
人工	000300050	木工综合工	工日	125.00	0.178
材料	120900800	硬塑料线条	m	1.13	10.500
	002000010	其他材料费	元	—	0.40

F.2.6　GRC 装饰线条(编码:011502008)

工作内容:定位、画线、清理基层、安装固定线条等。　　　　计量单位:10m

定额编号					LF0048	LF0049	LF0050
项目名称					EPC、GRC 成品线条		
					粘贴		
					100mm 内	200mm 以内	200mm 以外
费用	综合单价(元)				**387.36**	**484.46**	**572.13**
	其中	人工费(元)			256.25	318.50	381.25
		材料费(元)			61.87	79.90	87.87
		施工机具使用费(元)			—	—	—
		企业管理费(元)			40.00	49.72	59.51
		利润(元)			24.63	30.61	36.64
		一般风险费(元)			4.61	5.73	6.86
	编码	名称	单位	单价(元)	消耗量		
人工	000300050	木工综合工	工日	125.00	2.050	2.548	3.050
材料	092501100	EPC、GRC 成品线条	m	5.13	10.100	10.100	10.100
	040100520	白色硅酸盐水泥	kg	0.75	0.147	0.271	0.386
	144102700	胶粘剂	kg	12.82	0.750	1.275	1.530
	341100100	水	m^3	4.42	0.056	0.103	0.148
	810201040	水泥砂浆 1:2.5(特)	m^3	232.40	—	0.047	0.066
	002000010	其他材料费	元	—	0.08	0.16	0.16

F.2.7 雕花饰件(编码:011502B01)

工作内容:钻孔、斩木榫、成品安装、校正等全部操作过程。 **计量单位**:10个

定额编号					LF0051	LF0052	LF0053	LF0054
项目名称					安装木雕花饰件			
					单个面积			
					0.2m² 以内	0.5m² 以内	1m² 以内	1m² 以外
费用	综合单价(元)				**3079.81**	**3343.59**	**3614.33**	**3819.72**
	其中	人工费(元)			376.00	575.00	778.00	934.00
		材料费(元)			2592.82	2598.84	2606.66	2610.00
		施工机具使用费(元)			9.40	14.38	19.45	23.35
		企业管理费(元)			58.69	89.76	121.45	145.80
		利润(元)			36.13	55.26	74.77	89.76
		一般风险费(元)			6.77	10.35	14.00	16.81
	编码	名称	单位	单价(元)	消耗量			
人工	000300050	木工综合工	工日	125.00	3.008	4.600	6.224	7.472
材料	123500030	木雕花饰件(成品)	个	256.41	10.100	10.100	10.100	10.100
	144102700	胶粘剂	kg	12.82	0.240	0.710	1.320	1.580
机械	002000045	其他机械费	元	—	9.40	14.38	19.45	23.35

工作内容:定位、弹线、下料、加楔、涂胶、安装、固定等全部操作过程。 **计量单位**:个

定额编号					LF0055	LF0056
项目名称					石膏艺术浮雕	
					角花	灯盘
费用	综合单价(元)				**42.97**	**73.11**
	其中	人工费(元)			17.50	33.38
		材料费(元)			20.74	30.71
		施工机具使用费(元)			—	—
		企业管理费(元)			2.73	5.21
		利润(元)			1.68	3.21
		一般风险费(元)			0.32	0.60
	编码	名称	单位	单价(元)	消耗量	
人工	000300050	木工综合工	工日	125.00	0.140	0.267
材料	123500010	石膏艺术浮雕角花 280×280	只	17.09	1.020	—
	123500020	石膏艺术浮雕灯盘 ϕ900	只	25.64	—	1.020
	144102700	胶粘剂	kg	12.82	0.029	0.126
	341100400	电	kW·h	0.70	4.200	4.200

F.2.8 打玻璃胶(编码:011502B02)

工作内容:清扫、贴纸、打胶、成品保护等。　　　计量单位:10m

定额编号					LF0057
项目名称					打玻璃胶
费用	综合单价(元)				**78.03**
	其中	人工费(元)			25.00
		材料费(元)			46.28
		施工机具使用费(元)			—
		企业管理费(元)			3.90
		利润(元)			2.40
		一般风险费(元)			0.45
	编码	名称	单位	单价(元)	消耗量
人工	000300050	木工综合工	工日	125.00	0.200
材料	144101320	玻璃胶 350 g/支	支	27.35	1.500
	002000010	其他材料费	元	—	5.25

F.3 扶手、栏杆、栏板装饰(编码:011503)

F.3.1 金属扶手、栏杆、栏板(编码:011503001)

F.3.1.1 铝合金栏杆

工作内容:制作、放样、下料、焊接、安装、清理等。　　　计量单位:10m

定额编号					LF0058
项目名称					铝合金栏杆
费用	综合单价(元)				**1095.97**
	其中	人工费(元)			517.20
		材料费(元)			426.10
		施工机具使用费(元)			12.93
		企业管理费(元)			80.73
		利润(元)			49.70
		一般风险费(元)			9.31
	编码	名称	单位	单价(元)	消耗量
人工	000300160	金属制安综合工	工日	120.00	4.310
材料	171300600	铝合金方管 25×25×1.2	m	17.95	1.410
	015100610	铝合金方管 20×20×1.2	m	4.86	70.670
	002000010	其他材料费	元	—	57.33
机械	002000045	其他机械费	元	—	12.93

F.3.1.2 **不锈钢栏杆**

工作内容:制作、放样、下料、焊接、安装、清理等。 **计量单位:**10m

定额编号					LF0059	LF0060	LF0061	LF0062	LF0063	LF0064
项目名称					不锈钢管栏杆					
					直形		弧形		螺旋形	
					竖条式	其他	竖条式	其他	竖条式	其他
费用	综合单价(元)				**2379.53**	**3075.66**	**2556.71**	**3280.81**	**2803.83**	**3552.80**
	其中	人工费(元)			494.40	534.00	631.20	692.40	822.00	902.40
		材料费(元)			1739.18	2384.02	1739.18	2384.02	1739.18	2384.02
		施工机具使用费(元)			12.36	13.35	15.78	17.31	20.55	22.56
		企业管理费(元)			77.18	83.36	98.53	108.08	128.31	140.86
		利润(元)			47.51	51.32	60.66	66.54	78.99	86.72
		一般风险费(元)			8.90	9.61	11.36	12.46	14.80	16.24
	编码	名称	单位	单价(元)	消耗量					
人工	000300160	金属制安综合工	工日	120.00	4.120	4.450	5.260	5.770	6.850	7.520
材料	170500500	不锈钢管 $D32$	m	17.09	56.930	85.500	56.930	85.500	56.930	85.500
	200300030	不锈钢法兰盘 $\phi59$	个	9.03	57.710	57.710	57.710	57.710	57.710	57.710
	142100400	环氧树脂	kg	18.89	1.500	2.300	1.500	2.300	1.500	2.300
	002000010	其他材料费	元	—	216.79	358.26	216.79	358.26	216.79	358.26
机械	002000045	其他机械费	元	—	12.36	13.35	15.78	17.31	20.55	22.56

F.3.1.3 **铁花栏杆**

工作内容:制作、放样、下料、焊接、安装、清理等。 **计量单位:**10m

定额编号					LF0065	LF0066	LF0067
项目名称					铁花栏杆		
					钢筋	型钢	铸铁
费用	综合单价(元)				**1014.29**	**930.12**	**2340.80**
	其中	人工费(元)			456.00	484.80	360.00
		材料费(元)			423.68	302.20	1874.52
		施工机具使用费(元)			11.40	12.12	9.00
		企业管理费(元)			71.18	75.68	56.20
		利润(元)			43.82	46.59	34.60
		一般风险费(元)			8.21	8.73	6.48
	编码	名称	单位	单价(元)	消耗量		
人工	000300160	金属制安综合工	工日	120.00	3.800	4.040	3.000
材料	011300200	扁钢 30×4	kg	3.26	—	34.440	34.440
	011300300	扁钢 40×4	kg	3.26	—	13.360	13.360
	010900011	圆钢 综合	kg	2.35	172.390	54.390	—
	111700300	铁花带铁框	m^2	170.94	—	—	10.000
	002000010	其他材料费	元	—	18.56	18.56	9.29
机械	002000045	其他机械费	元	—	11.40	12.12	9.00

F.3.1.4　型钢栏杆

工作内容：制作、放样、下料、焊接、安装、清理等。　　**计量单位：**10m

定额编号					LF0068	LF0069	LF0070
项目名称					型钢栏杆		
					塑料扶手	钢管扶手	硬木扶手
费用	综合单价（元）				**840.18**	**790.37**	**880.73**
	其中	人工费（元）			295.20	295.20	387.60
		材料费（元）			465.22	415.41	388.40
		施工机具使用费（元）			—	—	—
		企业管理费（元）			46.08	46.08	60.50
		利润（元）			28.37	28.37	37.25
		一般风险费（元）			5.31	5.31	6.98
	编码	名称	单位	单价(元)	消耗量		
人工	000300160	金属制安综合工	工日	120.00	2.460	2.460	3.230
材料	050300010	木方	m^3	820.51	—	—	0.072
	170101600	钢管 $D50$	m	12.00	—	10.600	—
	122300700	塑料扶手	m	12.82	10.600	—	—
	011300200	扁钢 30×4	kg	3.26	47.800	34.720	47.800
	010900011	圆钢 综合	kg	2.35	54.390	55.040	54.390
	143901010	乙炔气	m^3	14.31	2.460	2.460	2.460
	002000010	其他材料费	元	—	10.48	10.48	10.48

F.3.1.5　铜管栏杆

工作内容：制作、放样、下料、焊接、安装、清理等。　　**计量单位：**10m

定额编号					LF0071
项目名称					铜管栏杆
费用	综合单价（元）				**2397.93**
	其中	人工费（元）			571.20
		材料费（元）			1658.12
		施工机具使用费（元）			14.28
		企业管理费（元）			89.16
		利润（元）			54.89
		一般风险费（元）			10.28
	编码	名称	单位	单价(元)	消耗量
人工	000300160	金属制安综合工	工日	120.00	4.760
材料	171500230	铜管 $\phi20$	m	17.09	56.930
	200700020	铜法兰 $\phi59$	个	7.52	57.710
	002000010	其他材料费	元	—	251.21
机械	002000045	其他机械费	元	—	14.28

F.3.1.6 **成品金属栏杆**

工作内容:制作、放样、下料、焊接、安装、清理等。 **计量单位:**10m

定额编号					LF0072
项目名称					成品金属栏杆
费用	综合单价(元)				**1014.80**
	其中	人工费(元)			313.08
		材料费(元)			609.29
		施工机具使用费(元)			7.83
		企业管理费(元)			48.87
		利润(元)			30.09
		一般风险费(元)			5.64
	编码	名称	单位	单价(元)	消耗量
人工	000300160	金属制安综合工	工日	120.00	2.609
材料	122101010	金属栏杆(成品)	m	60.00	10.000
	002000010	其他材料费	元	—	9.29
机械	002000045	其他机械费	元	—	7.83

F.3.1.7 **铝合金扶手**

工作内容:制作、放样、下料、焊接、安装、清理等。 **计量单位:**10m

定额编号					LF0073
项目名称					铝合金扶手
费用	综合单价(元)				**757.09**
	其中	人工费(元)			124.80
		材料费(元)			595.45
		施工机具使用费(元)			3.12
		企业管理费(元)			19.48
		利润(元)			11.99
		一般风险费(元)			2.25
	编码	名称	单位	单价(元)	消耗量
人工	000300160	金属制安综合工	工日	120.00	1.040
材料	015100050	铝合金U型 80×13×1.2	m	14.58	0.200
	171300200	铝合金扁管 100×44×1.8	m	55.56	10.600
	002000010	其他材料费	元	—	3.60
机械	002000045	其他机械费	元	—	3.12

F.3.1.8 **不锈钢扶手**

工作内容:制作、放样、下料、焊接、安装、清理等。 **计量单位:**10m

定额编号					LF0074	LF0075	LF0076	LF0077	LF0078
项目名称					不锈钢扶手				
					直形		弧形		螺旋形
					φ60	φ75	φ60	φ75	
费用	综合单价(元)				**646.18**	**697.66**	**905.06**	**1008.12**	**1014.04**
	其中	人工费(元)			124.80	129.60	184.80	194.40	234.00
		材料费(元)			484.54	529.81	665.70	756.33	710.96
		施工机具使用费(元)			3.12	3.24	4.62	4.86	5.85
		企业管理费(元)			19.48	20.23	28.85	30.35	36.53
		利润(元)			11.99	12.45	17.76	18.68	22.49
		一般风险费(元)			2.25	2.33	3.33	3.50	4.21
	编码	名称	单位	单价(元)	消耗量				
人工	000300160	金属制安综合工	工日	120.00	1.040	1.080	1.540	1.620	1.950
材料	122300120	不锈钢扶手(弧形)φ60	m	59.83	—	—	10.600	—	—
	122300220	不锈钢扶手(弧形)φ75	m	68.38	—	—	—	10.600	—
	122300210	不锈钢扶手(直形)φ75	m	47.01	—	10.600	—	—	—
	122300310	螺旋形不锈钢扶手	m	64.10	—	—	—	—	10.600
	122300110	不锈钢扶手(直形)φ60	m	42.74	10.600	—	—	—	—
	002000010	其他材料费	元	—	31.50	31.50	31.50	31.50	31.50
机械	002000045	其他机械费	元	—	3.12	3.24	4.62	4.86	5.85

F.3.1.9 **钢管扶手**

工作内容:制作、放样、下料、焊接、安装、清理等。 **计量单位:**10m

定额编号					LF0079	LF0080
项目名称					钢管扶手	
					圆管	方管
费用	综合单价(元)				**299.32**	**983.88**
	其中	人工费(元)			124.80	192.00
		材料费(元)			137.68	735.20
		施工机具使用费(元)			3.12	4.80
		企业管理费(元)			19.48	29.97
		利润(元)			11.99	18.45
		一般风险费(元)			2.25	3.46
	编码	名称	单位	单价(元)	消耗量	
人工	000300160	金属制安综合工	工日	120.00	1.040	1.600
材料	170101600	钢管 $D50$	m	12.00	10.600	—
	170900010	方钢管 100×60	m	68.37	—	10.600
	002000010	其他材料费	元	—	10.48	10.48
机械	002000045	其他机械费	元	—	3.12	4.80

F.3.1.10 铜管扶手

工作内容：制作、放样、下料、焊接、安装、清理等。 计量单位：10m

		定额编号			LF0081	LF0082	LF0083	LF0084
		项目名称			铜管扶手			
					直形		弧形	
					$\phi 60$	$\phi 75$	$\phi 60$	$\phi 75$
费用		综合单价（元）			**1201.17**	**1660.43**	**2003.72**	**2106.67**
	其中	人工费（元）			124.80	129.60	184.80	194.40
		材料费（元）			1039.53	1492.58	1764.36	1854.88
		施工机具使用费（元）			3.12	3.24	4.62	4.86
		企业管理费（元）			19.48	20.23	28.85	30.35
		利润（元）			11.99	12.45	17.76	18.68
		一般风险费（元）			2.25	2.33	3.33	3.50
	编码	名称	单位	单价(元)	消耗量			
人工	000300160	金属制安综合工	工日	120.00	1.040	1.080	1.540	1.620
材料	180701600	铜管扶手(直形) $\phi 60$	m	85.47	10.600	—	—	—
	122301000	铜管扶手(弧形) $\phi 60$	m	153.85	—	—	10.600	—
	122301100	铜管扶手(弧形) $\phi 75$	m	162.39	—	—	—	10.600
	180701700	铜管扶手(直形) $\phi 75$	m	128.21	—	10.600	—	—
	002000010	其他材料费	元	—	133.55	133.55	133.55	133.55
机械	002000045	其他机械费	元	—	3.12	3.24	4.62	4.86

F.3.2 硬木扶手、栏杆、栏板(编码:011503002)

F.3.2.1 木栏杆

工作内容：制作、放样、下料、安装、清理等。 计量单位：10m

		定额编号			LF0085	LF0086
		项目名称			木栏杆	
					车花	不车花
费用		综合单价（元）			**2997.67**	**1678.27**
	其中	人工费（元）			417.50	396.25
		材料费（元）			2467.36	1174.96
		施工机具使用费（元）			—	—
		企业管理费（元）			65.17	61.85
		利润（元）			40.12	38.08
		一般风险费（元）			7.52	7.13
	编码	名称	单位	单价(元)	消耗量	
人工	000300050	木工综合工	工日	125.00	3.340	3.170
材料	122100200	车花木栏杆 $\phi 40$	m	68.38	36.000	—
	122100100	不车花木栏杆 $\phi 40$	m	32.48	—	36.000
	002000010	其他材料费	元	—	5.68	5.68

F.3.2.2 **木扶手、弯头**

工作内容:制作、放样、下料、安装、清理等。

定额编号					LF0087	LF0088	LF0089	LF0090
项目名称					硬木扶手			弯头
					直形	弧形	螺旋形	硬木
单位					10m			个
费用	**综合单价(元)**				**1400.72**	**2376.55**	**1576.14**	**53.19**
	其中	人工费(元)			175.00	230.00	348.75	29.13
		材料费(元)			1178.43	2084.41	1133.16	16.19
		施工机具使用费(元)			—	—	—	—
		企业管理费(元)			27.32	35.90	54.44	4.55
		利润(元)			16.82	22.10	33.51	2.80
		一般风险费(元)			3.15	4.14	6.28	0.52
	编码	名称	单位	单价(元)	消耗量			
人工	000300050	木工综合工	工日	125.00	1.400	1.840	2.790	0.233
材料	122301210	硬木扶手(直形)	m	111.11	10.600	—	—	—
	122301220	硬木扶手(弧形)	m	196.58	—	10.600	—	—
	122301610	螺旋形木扶手	m	106.84	—	—	10.600	—
	122301900	硬木弯头 100×60	个	15.94	—	—	—	1.010
	002000010	其他材料费	元	—	0.66	0.66	0.66	0.09

F.3.3 **塑料扶手、栏杆、栏板(编码:011503003)**

工作内容:制作、放样、下料、安装、清理等。

计量单位:10m

定额编号					LF0091
项目名称					塑料扶手
费用	**综合单价(元)**				**408.50**
	其中	人工费(元)			207.50
		材料费(元)			139.74
		施工机具使用费(元)			5.19
		企业管理费(元)			32.39
		利润(元)			19.94
		一般风险费(元)			3.74
	编码	名称	单位	单价(元)	消耗量
人工	000300050	木工综合工	工日	125.00	1.660
材料	144102700	胶粘剂	kg	12.82	0.300
	122300700	塑料扶手	m	12.82	10.600
机械	002000045	其他机械费	元	—	5.19

F.3.4　金属靠墙扶手(编码:011503005)

工作内容:制作、放样、下料、焊接、安装、清理等。　　**计量单位:**10m

定额编号						LF0092	LF0093	LF0094
项目名称						铝合金靠墙扶手	钢管靠墙扶手	不锈钢管靠墙扶手
费用	综合单价(元)					**1141.81**	**615.58**	**1021.18**
	其中	人工费(元)				258.12	258.12	258.12
		材料费(元)				807.49	281.26	686.86
		施工机具使用费(元)				6.45	6.45	6.45
		企业管理费(元)				40.29	40.29	40.29
		利润(元)				24.81	24.81	24.81
		一般风险费(元)				4.65	4.65	4.65
	编码	名称		单位	单价(元)	消耗量		
人工	000300160	金属制安综合工		工日	120.00	2.151	2.151	2.151
材料	171300200	铝合金扁管 100×44×1.8		m	55.56	10.600	—	—
	171300600	铝合金方管 25×25×1.2		m	17.95	3.710	—	—
	170101600	钢管 $D50$		m	12.00	—	10.600	—
	200100210	镀锌法兰 $\phi50$		只	10.40	14.420	14.420	—
	122300210	不锈钢扶手(直形) $\phi75$		m	47.01	—	—	10.600
	200300020	不锈钢法兰 $\phi75$		个	12.78	—	—	14.420
	002000010	其他材料费		元	—	1.99	4.09	4.27
机械	002000045	其他机械费		元	—	6.45	6.45	6.45

F.3.5　硬木靠墙扶手(编码:011503006)

工作内容:制作、放样、下料、安装、清理等。　　**计量单位:**10m

定额编号					LF0095
项目名称					硬木靠墙扶手
费用	综合单价(元)				**1831.23**
	其中	人工费(元)			386.00
		材料费(元)			1333.22
		施工机具使用费(元)			7.72
		企业管理费(元)			60.25
		利润(元)			37.09
		一般风险费(元)			6.95
	编码	名称	单位	单价(元)	消耗量
人工	000300050	木工综合工	工日	125.00	3.088
材料	122301210	硬木扶手(直形)	m	111.11	10.600
	200100210	镀锌法兰 $\phi50$	只	10.40	14.420
	002000010	其他材料费	元	—	5.49
机械	002000045	其他机械费	元	—	7.72

F.3.6 塑料靠墙扶手(编码:011503007)

工作内容:制作、放样、下料、安装、清理等。

计量单位:10m

定额编号					LF0096
项目名称					塑料靠墙扶手
费用	综合单价(元)				**419.22**
	其中	人工费(元)			207.50
		材料费(元)			150.46
		施工机具使用费(元)			5.19
		企业管理费(元)			32.39
		利润(元)			19.94
		一般风险费(元)			3.74
	编码	名称	单位	单价(元)	消耗量
人工	000300050	木工综合工	工日	125.00	1.660
材料	122300700	塑料扶手	m	12.82	10.600
	200100210	镀锌法兰 ϕ50	只	10.40	1.110
	002000010	其他材料费	元	—	3.02
机械	002000045	其他机械费	元	—	5.19

F.3.7 玻璃栏板(编码:011503008)

F.3.7.1 铝合金栏杆玻璃栏板

工作内容:制作、放样、下料、焊接、安装、清理等。

计量单位:10m

定额编号					LF0097	LF0098
项目名称					铝合金栏杆	
					玻璃栏板	
					半玻	全玻
费用	综合单价(元)				**1692.77**	**1812.54**
	其中	人工费(元)			1046.40	1098.36
		材料费(元)			337.47	389.95
		施工机具使用费(元)			26.16	27.46
		企业管理费(元)			163.34	171.45
		利润(元)			100.56	105.55
		一般风险费(元)			18.84	19.77
	编码	名称	单位	单价(元)	消耗量	
人工	000300160	金属制安综合工	工日	120.00	8.720	9.153
材料	060100020	平板玻璃	m^2	17.09	6.370	8.200
	144101320	玻璃胶 350 g/支	支	27.35	0.210	0.270
	011100050	方钢 20×20	kg	3.33	16.000	16.000
	015100040	铝合金 L 型 30×12×1	m	2.75	0.500	0.500
	015100050	铝合金 U 型 80×13×1.2	m	14.58	1.170	1.170
	171300600	铝合金方管 25×25×1.2	m	17.95	8.170	9.260
	002000010	其他材料费	元	—	4.50	4.50
机械	002000045	其他机械费	元	—	26.16	27.46

F.3.7.2 **不锈钢栏杆玻璃栏板**

工作内容:制作、放样、下料、焊接、安装、清理等。 **计量单位:**10m

定额编号					LF0099	LF0100	LF0101
项目名称					不锈钢栏杆		
					玻璃栏板		
					半玻	全玻	全玻(弧形)
费用	综合单价(元)				**1889.02**	**1987.22**	**2654.75**
	其中	人工费(元)			1021.20	1071.60	1396.80
		材料费(元)			566.36	599.28	845.62
		施工机具使用费(元)			25.53	26.79	34.92
		企业管理费(元)			159.41	167.28	218.04
		利润(元)			98.14	102.98	134.23
		一般风险费(元)			18.38	19.29	25.14
	编码	名称	单位	单价(元)	消耗量		
人工	000300160	金属制安综合工	工日	120.00	8.510	8.930	11.640
材料	060100020	平板玻璃	m^2	17.09	6.370	8.200	8.200
	144101320	玻璃胶 350 g/支	支	27.35	0.210	0.270	0.270
	170500750	不锈钢方管 37×37	m	18.80	10.290	10.290	—
	200300030	不锈钢法兰盘 ϕ59	个	9.03	11.540	11.540	11.540
	170500300	不锈钢管 D50	m	42.74	—	—	10.290
	030112410	不锈钢六角带帽螺栓 M6×25	套	0.65	34.980	34.980	34.980
	180502800	不锈钢管 U 型卡 3mm	只	2.56	34.980	34.980	34.980
	002000010	其他材料费	元	—	41.81	41.81	41.81
机械	002000045	其他机械费	元	—	25.53	26.79	34.92

F.3.7.3 **铜管栏杆钢化玻璃栏板**

工作内容:制作、放样、下料、焊接、安装、清理等。 **计量单位:**10m

定额编号					LF0102	LF0103	LF0104	LF0105
项目名称					铜管栏杆钢化玻璃栏板			
					半玻		全玻	
					直形	弧形	直形	弧形
费用	综合单价(元)				**2580.30**	**1810.96**	**2781.84**	**3103.56**
	其中	人工费(元)			786.00	192.00	825.60	1074.00
		材料费(元)			1562.28	1562.28	1712.52	1712.52
		施工机具使用费(元)			19.65	4.80	20.64	26.85
		企业管理费(元)			122.69	29.97	128.88	167.65
		利润(元)			75.53	18.45	79.34	103.21
		一般风险费(元)			14.15	3.46	14.86	19.33
	编码	名称	单位	单价(元)	消耗量			
人工	000300160	金属制安综合工	工日	120.00	6.550	1.600	6.880	8.950
材料	144101320	玻璃胶 350 g/支	支	27.35	0.210	0.210	0.270	0.270
	060500100	钢化玻璃 10	m^2	81.20	6.370	6.370	8.200	8.200
	171500270	铜管 ϕ50	m	79.49	10.290	10.290	10.290	10.290
	200700020	铜法兰 ϕ59	个	7.52	11.500	11.500	11.500	11.500
	030125940	铜带帽螺栓 M6×25	套	0.60	34.980	34.980	34.980	34.980
	182510800	铜 U 型卡	只	2.39	34.980	34.980	34.980	34.980
	002000010	其他材料费	元	—	30.27	30.27	30.27	30.27
机械	002000045	其他机械费	元	—	19.65	4.80	20.64	26.85

F.3.7.4 点式玻璃栏板

工作内容：制作、放样、下料、焊接、安装、清理等。

计量单位：10m²

定额编号					LF0106
项目名称					点式玻璃栏板
费用	综合单价（元）				**3281.29**
	其中	人工费（元）			1210.80
		材料费（元）			1713.06
		施工机具使用费（元）			30.27
		企业管理费（元）			189.01
		利润（元）			116.36
		一般风险费（元）			21.79
	编码	名称	单位	单价(元)	消耗量
人工	000300160	金属制安综合工	工日	120.00	10.090
材料	060100020	平板玻璃	m²	17.09	10.300
	010000010	型钢 综合	kg	3.09	172.940
	144107600	结构胶 DC995	L	21.23	1.390
	144104500	耐候胶	L	38.97	2.160
	030440710	不锈钢驳接爪	套	55.56	16.000
机械	002000045	其他机械费	元	—	30.27

F.3.8 石材栏板、扶手(编码:011503B01)

F.3.8.1 石材栏板

工作内容：制作、放样、下料、安装、抛磨光、清理等。

计量单位：10m

定额编号					LF0107	LF0108
项目名称					石材栏板	
					直形	弧形
费用	综合单价（元）				**7186.14**	**8339.93**
	其中	人工费（元）			1163.50	1513.20
		材料费（元）			5679.18	6380.03
		施工机具使用费（元）			29.09	37.83
		企业管理费（元）			181.62	236.21
		利润（元）			111.81	145.42
		一般风险费（元）			20.94	27.24
	编码	名称	单位	单价(元)	消耗量	
人工	000300120	镶贴综合工	工日	130.00	8.950	11.640
材料	144101320	玻璃胶 350 g/支	支	27.35	0.270	0.270
	032134817	固定铁件	kg	4.06	16.000	16.000
	081700900	装饰石材栏板(直形)	m²	683.76	8.200	—
	081700910	装饰石材栏板(弧形)	m²	769.23	—	8.200
机械	002000045	其他机械费	元	—	29.09	37.83

F.3.8.2 **石材扶手、弯头**

工作内容:制作、放样、下料、安装、抛磨光、清理等。

定额编号						LF0109	LF0110	LF0111
项目名称						石材扶手		弯头
						直形	弧形	装饰石材
单位						10m		个
费用	综合单价(元)					**2139.41**	**2930.88**	**114.84**
	其中	人工费(元)				451.10	656.50	26.00
		材料费(元)				1555.14	2080.58	81.81
		施工机具使用费(元)				11.28	16.41	—
		企业管理费(元)				70.42	102.48	4.06
		利润(元)				43.35	63.09	2.50
		一般风险费(元)				8.12	11.82	0.47
	编码	名称		单位	单价(元)	消耗量		
人工	000300120	镶贴综合工		工日	130.00	3.470	5.050	0.200
材料	122302110	装饰石材扶手(直形)		m	143.59	10.600	—	—
	810201010	水泥砂浆 1:1(特)		m^3	334.13	0.054	0.054	0.001
	122302120	装饰石材扶手(弧形)		m	193.16	—	10.600	—
	122302100	装饰石材 扶手弯头		只	80.00	—	—	1.010
	002000010	其他材料费		元	—	15.04	15.04	0.68
机械	002000045	其他机械费		元	—	11.28	16.41	—

F.4 浴厕配件(编码:011505)

F.4.1 **洗漱台(编码:011505001)**

工作内容:定位、画线,钢架制作、刷防锈漆二遍、安装,石材安装、净面等。 **计量单位:**$10m^2$

定额编号						LF0112	LF0113
项目名称						装饰石材洗漱台	
						$1m^2$ 以内	$1m^2$ 以外
费用	综合单价(元)					**5544.62**	**5174.86**
	其中	人工费(元)				2474.16	2264.99
		材料费(元)				2340.09	2241.25
		施工机具使用费(元)				61.85	56.62
		企业管理费(元)				386.22	353.56
		利润(元)				237.77	217.67
		一般风险费(元)				44.53	40.77
	编码	名称		单位	单价(元)	消耗量	
人工	000300120	镶贴综合工		工日	130.00	19.032	17.423
材料	082100010	装饰石材		m^2	120.00	10.600	10.600
	032101210	钢板网		m^2	5.98	13.363	10.500
	010000010	型钢 综合		kg	3.09	243.160	225.110
	810201040	水泥砂浆 1:2.5(特)		m^3	232.40	0.453	0.428
	002000010	其他材料费		元	—	131.34	111.19
	341100400	电		kW·h	0.70	0.280	0.308
机械	002000045	其他机械费		元	—	61.85	56.62

F.4.2 帘子杆(编码:011505003)

工作内容:钻孔、加楔、拧螺钉、固定、清理等。 **计量单位:**副

定额编号					LF0114
项目名称					帘子杆
费用	综合单价(元)				**83.83**
	其中	人工费(元)			2.75
		材料费(元)			80.34
		施工机具使用费(元)			—
		企业管理费(元)			0.43
		利润(元)			0.26
		一般风险费(元)			0.05
	编码	名称	单位	单价(元)	消耗量
人工	000300050	木工综合工	工日	125.00	0.022
材料	030310220	帘子杆	副	79.06	1.010
	002000010	其他材料费	元	—	0.49

F.4.3 浴缸拉手(编码:011505004)

工作内容:钻孔、加楔、拧螺钉、固定、清理等。 **计量单位:**副

定额编号					LF0115
项目名称					浴缸拉手
费用	综合单价(元)				**46.55**
	其中	人工费(元)			3.63
		材料费(元)			41.93
		施工机具使用费(元)			—
		企业管理费(元)			0.57
		利润(元)			0.35
		一般风险费(元)			0.07
	编码	名称	单位	单价(元)	消耗量
人工	000300050	木工综合工	工日	125.00	0.029
材料	213100900	浴缸拉手	副	41.03	1.010
	002000010	其他材料费	元	—	0.49

F.4.4 卫生间扶手(编码:011505005)

工作内容:钻孔、加楔、拧螺钉、固定、清理等。 计量单位:副

定额编号					LF0116
项目名称					残疾人扶手
费用	综合单价(元)				136.82
	其中	人工费(元)			5.38
		材料费(元)			129.98
		施工机具使用费(元)			—
		企业管理费(元)			0.84
		利润(元)			0.52
		一般风险费(元)			0.10
	编码	名称	单位	单价(元)	消耗量
人工	000300050	木工综合工	工日	125.00	0.043
材料	122303000	残疾人扶手	副	128.21	1.010
	002000010	其他材料费	元	—	0.49

F.4.5 毛巾杆(架)(编码:011505006)

工作内容:钻孔、加楔、拧螺钉、固定、清理等。 计量单位:副

定额编号					LF0117	LF0118
项目名称					毛巾杆	毛巾(浴巾)架
费用	综合单价(元)				111.78	111.78
	其中	人工费(元)			5.38	5.38
		材料费(元)			104.94	104.94
		施工机具使用费(元)			—	—
		企业管理费(元)			0.84	0.84
		利润(元)			0.52	0.52
		一般风险费(元)			0.10	0.10
	编码	名称	单位	单价(元)	消耗量	
人工	000300050	木工综合工	工日	125.00	0.043	0.043
材料	213100610	毛巾杆	副	103.42	1.010	—
	213100410	毛巾架	副	103.42	—	1.010
	002000010	其他材料费	元	—	0.49	0.49

F.4.6 毛巾环(编码:011505007)

工作内容:钻孔、加楔、拧螺钉、固定、清理等。　　计量单位:副

定额编号					LF0119
项目名称					毛巾环
费用	综合单价(元)				**20.24**
	其中	人工费(元)			2.25
		材料费(元)			17.38
		施工机具使用费(元)			—
		企业管理费(元)			0.35
		利润(元)			0.22
		一般风险费(元)			0.04
	编码	名称	单位	单价(元)	消耗量
人工	000300050	木工综合工	工日	125.00	0.018
材料	213100510	毛巾环	副	17.09	1.010
	002000010	其他材料费	元	—	0.12

F.4.7 卫生纸盒(编码:011505008)

工作内容:钻孔、加楔、拧螺钉、固定、清理等。　　计量单位:个

定额编号					LF0120
项目名称					卫生纸盒
费用	综合单价(元)				**22.90**
	其中	人工费(元)			4.25
		材料费(元)			17.50
		施工机具使用费(元)			—
		企业管理费(元)			0.66
		利润(元)			0.41
		一般风险费(元)			0.08
	编码	名称	单位	单价(元)	消耗量
人工	000300050	木工综合工	工日	125.00	0.034
材料	213100710	卫生纸盒	个	17.09	1.010
	002000010	其他材料费	元	—	0.24

F.4.8 肥皂盒(编码:011505009)

工作内容:钻孔、加楔、拧螺钉、固定、清理等。　　计量单位:个

		定额编号			LF0121	LF0122
		项目名称			肥皂盒	
					搁放式	嵌入式
费用		综合单价(元)			**8.76**	**57.40**
	其中	人工费(元)			2.38	40.50
		材料费(元)			5.74	5.96
		施工机具使用费(元)			—	—
		企业管理费(元)			0.37	6.32
		利润(元)			0.23	3.89
		一般风险费(元)			0.04	0.73
	编码	名称	单位	单价(元)	消耗量	
人工	000300050	木工综合工	工日	125.00	0.019	0.324
材料	213100210	肥皂盒	个	5.56	1.010	1.010
	040100520	白色硅酸盐水泥	kg	0.75	—	0.155
	002000010	其他材料费	元	—	0.12	0.23

F.4.9 镜面玻璃(编码:011505010)

F.4.9.1 镜面玻璃

工作内容:刷防火涂料、木筋制作安装、钉基层板、镜面玻璃裁割、安装固定角铝、清理等。　　计量单位:$10m^2$

		定额编号			LF0123	LF0124	LF0125	LF0126
		项目名称			镜面玻璃			
					$1m^2$ 以内		$1m^2$ 以外	
					带框	不带框	带框	不带框
费用		综合单价(元)			**2268.94**	**1751.15**	**1878.06**	**1502.89**
	其中	人工费(元)			523.75	282.25	401.13	256.00
		材料费(元)			1603.67	1392.64	1368.54	1177.72
		施工机具使用费(元)			—	—	—	—
		企业管理费(元)			81.76	44.06	62.62	39.96
		利润(元)			50.33	27.12	38.55	24.60
		一般风险费(元)			9.43	5.08	7.22	4.61
	编码	名称	单位	单价(元)	消耗量			
人工	000300050	木工综合工	工日	125.00	4.190	2.258	3.209	2.048
材料	065500510	镜面玻璃	m^2	59.83	11.800	—	11.800	—
	065500520	成品镜面玻璃	套	55.56	—	10.300	—	10.300
	015100030	铝合金型材 25.4×25.4	m	3.40	58.894	—	35.510	—
	050500010	胶合板	m^2	12.82	10.500	10.500	10.500	10.500
	030192980	装饰钉	个	2.56	—	75.562	—	27.514
	050303800	木材 锯材	m^3	1547.01	0.120	0.080	0.090	0.090
	144101320	玻璃胶 350 g/支	支	27.35	4.746	4.746	2.814	2.814
	002000010	其他材料费	元	—	247.38	238.76	191.01	184.21

F.4.9.2 成品镜面、木质镜箱

工作内容：下料、制作安装、固定、清理等全部操作过程。

		定额编号			LF0127	LF0128
		项目名称			安装成品镜面	盥洗室镜箱 木质镜箱
		单位			10套	10m²
费用		**综合单价（元）**			**954.13**	**3488.04**
	其中	人工费（元）			309.38	1877.50
		材料费（元）			561.16	1103.23
		施工机具使用费（元）			—	—
		企业管理费（元）			48.29	293.08
		利润（元）			29.73	180.43
		一般风险费（元）			5.57	33.80
	编码	名称	单位	单价(元)	消耗量	
人工	000300050	木工综合工	工日	125.00	2.475	15.020
材料	065500510	镜面玻璃	m²	59.83	—	9.239
	050500010	胶合板	m²	12.82	—	20.992
	050303800	木材 锯材	m³	1547.01	—	0.118
	065500520	成品镜面玻璃	套	55.56	10.100	—
	002000010	其他材料费	元	—	—	98.80

F.5 雨篷、旗杆(编码:011506)

F.5.1 雨篷吊挂饰面

工作内容：基层龙骨安装、面层安装、刷防护涂料、清理等。 **计量单位**：10m²

		定额编号			LF0129	LF0130
		项目名称			铝塑板雨篷吊顶	铝板雨篷吊顶
					木龙骨	
费用		**综合单价（元）**			**2299.36**	**2754.65**
	其中	人工费（元）			623.38	632.00
		材料费（元）			1507.54	1951.87
		施工机具使用费（元）			—	—
		企业管理费（元）			97.31	98.66
		利润（元）			59.91	60.74
		一般风险费（元）			11.22	11.38
	编码	名称	单位	单价(元)	消耗量	
人工	000300050	木工综合工	工日	125.00	4.987	5.056
材料	091300010	铝塑板	m²	110.00	11.000	—
	090501560	铝单板	m²	145.30	—	11.800
	144101210	玻璃胶	支	21.37	1.516	—
	144102700	胶粘剂	kg	12.82	3.335	0.101
	050300010	木方	m³	820.51	0.104	0.104
	050500010	胶合板	m²	12.82	10.105	10.105
	002000010	其他材料费	元	—	7.51	21.16

F.5.2　金属旗杆(编码:011506002)

F.5.2.1　不锈钢旗杆

工作内容:下料、焊接、材料搬运、预埋铁件、安装、刨光、清理等。　　计量单位:根

定额编号					LF0131	LF0132	LF0133	LF0134
项目名称					不锈钢旗杆			
					手动			
					高度 9m	高度 12m	高度 15m	高度 18m
费用	综合单价(元)				**3185.13**	**4203.38**	**5218.55**	**6435.89**
	其中	人工费(元)			893.52	1194.60	1493.28	1791.96
		材料费(元)			2027.84	2656.13	3284.46	4114.94
		施工机具使用费(元)			22.34	29.87	37.33	44.80
		企业管理费(元)			139.48	186.48	233.10	279.72
		利润(元)			85.87	114.80	143.50	172.21
		一般风险费(元)			16.08	21.50	26.88	32.26
	编码	名称	单位	单价(元)	消耗量			
人工	000300160	金属制安综合工	工日	120.00	7.446	9.955	12.444	14.933
材料	170500600	不锈钢管 $D76$	m	88.89	2.500	3.500	4.500	5.500
	123700010	旗杆球珠	个	27.35	1.000	1.000	1.000	1.000
	170500630	不锈钢管 $D108$	m	192.92	3.000	4.000	5.000	6.000
	032104520	定滑轮	个	5.29	1.000	1.000	1.000	1.000
	170500650	不锈钢管 $D133$	m	247.86	3.500	4.500	5.500	6.500
	031360710	不锈钢焊丝	kg	48.63	4.778	6.370	7.963	9.555
	030113200	高强螺栓	套	7.69	4.000	4.000	4.000	4.000
	140300100	柴油	kg	5.64	—	—	—	35.850
	002000010	其他材料费	元	—	63.59	84.79	105.98	127.18
机械	002000045	其他机械费	元	—	22.34	29.87	37.33	44.80

F.5.2.2　旗帜控制系统

工作内容:安装、调试等。　　计量单位:套

定额编号					LF0135	LF0136
项目名称					旗帜电动升降系统	旗帜风动系统
费用	综合单价(元)				**5631.78**	**7417.38**
	其中	人工费(元)			60.00	120.00
		材料费(元)			5555.56	7264.96
		施工机具使用费(元)			—	—
		企业管理费(元)			9.37	18.73
		利润(元)			5.77	11.53
		一般风险费(元)			1.08	2.16
	编码	名称	单位	单价(元)	消耗量	
人工	000300160	金属制安综合工	工日	120.00	0.500	1.000
材料	246900700	旗帜风动系统	套	7264.96	—	1.000
	246900800	旗帜电动升降系统	套	5555.56	1.000	—

F.5.3 玻璃雨篷(编码:011506003)

F.5.3.1 雨篷骨架制安

工作内容:型材校正、调直、放样、下料、切割铣削加工、钻孔、铁件焊缝油漆、清洗等。

计量单位:10m²

		定额编号			LF0137	LF0138	LF0139
		项目名称			铝合金骨架制安	钢骨架制安	不锈钢骨架制安
费用		综合单价(元)			**2588.81**	**1476.95**	**3452.99**
	其中	人工费(元)			600.00	669.60	744.00
		材料费(元)			1811.69	609.69	2489.36
		施工机具使用费(元)			15.00	16.74	18.60
		企业管理费(元)			93.66	104.52	116.14
		利润(元)			57.66	64.35	71.50
		一般风险费(元)			10.80	12.05	13.39
	编码	名称	单位	单价(元)	消	耗	量
人工	000300160	金属制安综合工	工日	120.00	5.000	5.580	6.200
材料	015100010	铝合金型材	kg	16.20	99.960	—	—
	010000010	型钢 综合	kg	3.09	—	137.640	—
	010000400	不锈钢型材	kg	17.91	—	—	120.600
	002000010	其他材料费	元	—	192.34	184.38	329.41
机械	002000045	其他机械费	元	—	15.00	16.74	18.60

F.5.3.2 雨篷面层安装

工作内容:测量、放线、定位、紧固、骨架制安、调正,安装面层、打胶。

计量单位:10m²

		定额编号			LF0140	LF0141	LF0142
		项目名称			玻璃点支式安装	玻璃胶粘式安装	耐力板(阳光板)安装
费用		综合单价(元)			**2326.47**	**2092.27**	**2546.35**
	其中	人工费(元)			825.36	898.44	710.64
		材料费(元)			1257.46	928.61	1625.93
		施工机具使用费(元)			20.63	22.46	17.77
		企业管理费(元)			128.84	140.25	110.93
		利润(元)			79.32	86.34	68.29
		一般风险费(元)			14.86	16.17	12.79
	编码	名称	单位	单价(元)	消	耗	量
人工	000300160	金属制安综合工	工日	120.00	6.878	7.487	5.922
材料	090901200	耐力板(阳光板)	m²	42.31	—	—	11.000
	060500310	钢化玻璃	m²	57.26	10.300	10.300	—
	030440710	不锈钢驳接爪	套	55.56	7.716	—	7.716
	144107700	结构胶 双组份	L	50.43	1.980	3.960	—
	144104500	耐候胶	L	38.97	3.460	3.460	6.490
	002000010	其他材料费	元	—	4.29	4.29	478.90
机械	002000045	其他机械费	元	—	20.63	22.46	17.77

F.6　招牌、灯箱(编码:011507)

F.6.1　平面、箱式招牌(编码:011507001)

F.6.1.1　基层

工作内容:划线、下料、放样、刨光、截料、焊接、固定、安装成型、清理等。

定额编号					LF0143	LF0144	LF0145	LF0146	LF0147
项目名称					平面招牌		箱式招牌		广告牌钢骨架
							钢结构		
					木结构	钢结构	厚500mm以内	厚500mm以外	
单位					10m²		10m³	10m³	t
费用	综合单价(元)				**1513.17**	**1862.28**	**7757.17**	**5688.35**	**7433.24**
	其中	人工费(元)			462.50	696.25	3988.13	2860.63	2537.88
		材料费(元)			914.13	960.50	2591.74	1983.26	4146.18
		施工机具使用费(元)			11.56	17.41	99.70	71.52	63.45
		企业管理费(元)			72.20	108.68	622.55	446.54	396.16
		利润(元)			44.45	66.91	383.26	274.91	243.89
		一般风险费(元)			8.33	12.53	71.79	51.49	45.68
	编码	名称	单位	单价(元)	消耗量				
人工	000300050	木工综合工	工日	125.00	3.700	5.570	31.905	22.885	20.303
材料	050303800	木材 锯材	m³	1547.01	0.362	0.144	0.385	0.347	0.269
	010000010	型钢 综合	kg	3.09	—	118.540	460.974	324.070	—
	010900011	圆钢 综合	kg	2.35	—	—	97.095	71.466	—
	330104900	钢骨架	kg	2.99	—	—	—	—	1060.000
	002000010	其他材料费	元	—	354.11	371.44	343.56	277.13	560.63
机械	002000045	其他机械费	元	—	11.56	17.41	99.70	71.52	63.45

F.6.1.2　面层

工作内容:下料、打眼、固定、涂胶、安装、清理等。　　**计量单位:**10m²

定额编号					LF0148	LF0149	LF0150	LF0151	LF0152
项目名称					灯箱面层				
					有机玻璃	玻璃	金属板	玻璃钢	铝塑板
费用	综合单价(元)				**1647.59**	**1921.07**	**1197.56**	**637.88**	**1636.46**
	其中	人工费(元)			155.00	155.00	268.38	141.25	156.25
		材料费(元)			1450.70	1724.18	856.67	458.47	1437.99
		施工机具使用费(元)			—	—	—	—	—
		企业管理费(元)			24.20	24.20	41.89	22.05	24.39
		利润(元)			14.90	14.90	25.79	13.57	15.02
		一般风险费(元)			2.79	2.79	4.83	2.54	2.81
	编码	名称	单位	单价(元)	消耗量				
人工	000300050	木工综合工	工日	125.00	1.240	1.240	2.147	1.130	1.250
材料	021700020	有机玻璃 3	m²	89.74	10.600	—	—	—	—
	065500510	镜面玻璃	m²	59.83	—	12.100	—	—	—
	090502920	金属板	m²	76.92	—	—	10.600	—	—
	030192980	装饰钉	个	2.56	—	204.000	—	—	—
	144102700	胶粘剂	kg	12.82	—	—	2.040	—	20.400
	144101320	玻璃胶 350 克/支	支	27.35	10.800	10.800	—	—	—
	022500010	玻璃钢	m²	41.62	—	—	—	10.500	—
	091300010	铝塑板	m²	110.00	—	—	—	—	10.500
	002000010	其他材料费	元	—	204.08	182.62	15.17	21.46	21.46

F.6.2 竖式标箱(编码:011507002)

F.6.2.1 基层

工作内容:画线、下料、放样、刨光、截料、焊接、固定、安装成型、清理等。　　计量单位:10m³

定额编号					LF0153	LF0154
项目名称					竖式标箱	
					钢结构	
					厚 400mm 以内	厚 400mm 以外
费用	综合单价(元)				**8911.69**	**6350.99**
	其中	人工费(元)			4761.88	3393.63
		材料费(元)			2744.10	1955.56
		施工机具使用费(元)			119.05	84.84
		企业管理费(元)			743.33	529.74
		利润(元)			457.62	326.13
		一般风险费(元)			85.71	61.09
	编码	名称	单位	单价(元)	消耗量	
人工	000300050	木工综合工	工日	125.00	38.095	27.149
材料	010900011	圆钢 综合	kg	2.35	97.273	64.849
	010000010	型钢 综合	kg	3.09	750.665	539.286
	002000010	其他材料费	元	—	195.95	136.77
机械	002000045	其他机械费	元	—	119.05	84.84

F.7 美术字(编码:011508)

F.7.1 泡沫塑料、有机玻璃字(编码:011508001)

工作内容:字样排列、打眼、下木楔、拼装字样、成品校正、安装、清理等。　　计量单位:个

定额编号					LF0155	LF0156	LF0157
项目名称					泡沫塑料、有机玻璃字		
					0.2m² 以内	0.5m² 以内	1.0m² 以内
费用	综合单价(元)				**56.69**	**78.45**	**97.67**
	其中	人工费(元)			29.00	44.00	57.75
		材料费(元)			19.85	22.56	24.32
		施工机具使用费(元)			—	—	—
		企业管理费(元)			4.53	6.87	9.01
		利润(元)			2.79	4.23	5.55
		一般风险费(元)			0.52	0.79	1.04
	编码	名称	单位	单价(元)	消耗量		
人工	000300050	木工综合工	工日	125.00	0.232	0.352	0.462
材料	123900030	泡沫塑料有机玻璃字	个	17.09	1.010	1.010	1.010
	002000010	其他材料费	元	—	2.53	5.22	6.96
	341100400	电	kW·h	0.70	0.084	0.112	0.140

F.7.2 木质字(编码:011508003)

工作内容:字样排列、打眼、下木楔、拼装字样、成品校正、安装、清理等。　　　　计量单位:个

定额编号					LF0158	LF0159	LF0160
项目名称					木质字		
					0.2m² 以内	0.5m² 以内	1.0m² 以内
费用	综合单价(元)				**70.33**	**90.52**	**117.59**
	其中	人工费(元)			32.75	45.38	65.00
		材料费(元)			28.73	32.88	35.02
		施工机具使用费(元)			—	—	—
		企业管理费(元)			5.11	7.08	10.15
		利润(元)			3.15	4.36	6.25
		一般风险费(元)			0.59	0.82	1.17
	编码	名称	单位	单价(元)	消耗量		
人工	000300050	木工综合工	工日	125.00	0.262	0.363	0.520
材料	123900010	木质字	个	25.64	1.010	1.010	1.010
	002000010	其他材料费	元	—	2.77	6.91	9.03
	341100400	电	kW·h	0.70	0.084	0.112	0.140

F.7.3 金属字(编码:011508004)

工作内容:字样排列、打眼、下木楔、拼装字样、成品校正、安装、清理等。　　　　计量单位:个

定额编号					LF0161	LF0162	LF0163	LF0164
项目名称					金属字			
					0.2m² 以内	0.5m² 以内	1.0m² 以内	1.0m² 以外
费用	综合单价(元)				**70.53**	**92.96**	**111.27**	**1604.09**
	其中	人工费(元)			28.25	45.13	58.63	64.50
		材料费(元)			34.65	35.64	36.80	1522.16
		施工机具使用费(元)			—	—	—	—
		企业管理费(元)			4.41	7.04	9.15	10.07
		利润(元)			2.71	4.34	5.63	6.20
		一般风险费(元)			0.51	0.81	1.06	1.16
	编码	名称	单位	单价(元)	消耗量			
人工	000300050	木工综合工	工日	125.00	0.226	0.361	0.469	0.516
材料	123900020	金属字	个	32.48	1.000	1.000	1.000	1.000
	002000010	其他材料费	元	—	2.11	3.08	4.22	4.98
	341100400	电	kW·h	0.70	0.084	0.112	0.140	2121.000

G　垂直运输及超高降效
(0117)

说　明

1.垂直运输工作内容包括单位工程在合理工期内完成全部工程项目所需要的垂直运输机械台班；建筑物超高施工降效费是指单层建筑物檐高大于 20m、多层建筑物大于 6 层或檐高大于 20m 的人工、机械降效、通信联络、高层加压水泵的台班费。

2.建筑物檐高是以设计室外地坪至檐口滴水的高度(平屋顶系指屋面板底高度，斜屋面系指外墙外边线与斜屋面板底的交点)为准。突出主体建筑物屋顶的楼梯间、电梯间、水箱间、屋面天窗、构架、女儿墙等不计入檐高之内。

3.本定额装饰工程垂直运输费是按人工结合机械(含施工电梯)综合编制的；主要材料利用已有的设备(不收取使用费)进行垂直运输的，按相应子目人工乘以系数 0.8、机械乘以系数 0.4；主要材料全部通过人力进行垂直运输的，按相应子目乘以系数 1.3。

4.单层建筑物檐高大于 20m 时，按全部定额工日计算超高施工降效费，执行相应檐高定额子目乘以系数 0.2；多层建筑物大于 6 层或檐高大于 20m 时，均应按超高部分的楼层定额工日计算超高施工降效费，超过 20m 时不足一层按一层计算，所在楼层高度处于跨定额子目步距时，按该层顶标高对应的相应定额子目计算。

5.檐高 3.6m 以内的单层装饰工程，不计算垂直运输机械费。

6.本定额垂直运输层高按 3.6m 考虑，如超过 3.6m 时，每超过 1m(不足 1m 按 1m 计算)，按相应定额增加系数 10%。

7.同一建筑物有几个不同室外地坪或檐口标高时，应按纵向分割的原则分别确定檐高；室外地坪标高以同一室内地坪标高面相应的最低室外地坪标高为准。

工程量计算规则

1.建筑物垂直运输工程量分别按不同的垂直运输高度(单层建筑物系檐高)以定额工日计算。

2.超高施工增加工程量应区别不同的垂直运输高度(单层建筑物系檐高),檐高大于 20m 的单层建筑物按单位工程工日计算;多层建筑物按建筑物超高部分(大于 6 层或檐高大于 20m)的定额工日计算。

G.1　垂直运输(编码:011703)

G.1.1　单层(编码:01170301)

工作内容:单位工程在合理工期内完成全部工程项目所需要的垂直运输全部操作过程。　　**计量单位**:100 工日

定额编号					LG0001	LG0002
项目名称					建筑物檐高	
					20m 以内	20m 以外
费用	综合单价(元)				**1370.15**	**1546.54**
	其中	人工费(元)			818.75	928.75
		材料费(元)			—	—
		施工机具使用费(元)			330.17	366.84
		企业管理费(元)			127.81	144.98
		利润(元)			78.68	89.25
		一般风险费(元)			14.74	16.72
	编码	名称	单位	单价(元)	消耗量	
人工	000300020	装饰综合工	工日	125.00	6.550	7.430
机械	002000040	其他机械费	元	—	330.17	366.84

G.1.2　多层(编码:01170302)

工作内容:单位工程在合理工期内完成全部工程项目所需要的垂直运输全部操作过程。　　**计量单位**:100 工日

定额编号					LG0003	LG0004	LG0005	LG0006
项目名称					垂直运输			
					高度(m 以内)			
					30	40	70	100
费用	综合单价(元)				**1077.43**	**1346.80**	**1838.37**	**2076.11**
	其中	人工费(元)			627.00	783.75	1008.75	1121.25
		材料费(元)			—	—	—	—
		施工机具使用费(元)			281.02	351.28	557.05	651.90
		企业管理费(元)			97.87	122.34	157.47	175.03
		利润(元)			60.25	75.32	96.94	107.75
		一般风险费(元)			11.29	14.11	18.16	20.18
	编码	名称	单位	单价(元)	消耗量			
人工	000300020	装饰综合工	工日	125.00	5.016	6.270	8.070	8.970
机械	002000040	其他机械费	元	—	281.02	351.28	557.05	651.90

工作内容:单位工程在合理工期内完成全部工程项目所需要的垂直运输全部操作过程。 **计量单位**:100 工日

定额编号					LG0007	LG0008	LG0009
项目名称					垂直运输		
					高度(m 以内)		
					140	170	200
费用	综合单价(元)				**2386.30**	**2801.19**	**2990.81**
	其中	人工费(元)			1202.50	1302.50	1352.50
		材料费(元)			—	—	—
		施工机具使用费(元)			858.88	1146.75	1272.85
		企业管理费(元)			187.71	203.32	211.13
		利润(元)			115.56	125.17	129.98
		一般风险费(元)			21.65	23.45	24.35
	编码	名称	单位	单价(元)	消耗量		
人工	000300020	装饰综合工	工日	125.00	9.620	10.420	10.820
机械	002000040	其他机械费	元	—	858.88	1146.75	1272.85

工作内容:单位工程在合理工期内完成全部工程项目所需要的垂直运输全部操作过程。 **计量单位**:100 工日

定额编号					LG0010	LG0011	LG0012	LG0013
项目名称					垂直运输			
					高度(m 以内)			
					250	300	350	400
费用	综合单价(元)				**3155.35**	**3310.99**	**3476.70**	**3650.69**
	其中	人工费(元)			1427.50	1497.50	1572.50	1651.25
		材料费(元)			—	—	—	—
		施工机具使用费(元)			1342.14	1408.86	1479.30	1553.27
		企业管理费(元)			222.83	233.76	245.47	257.76
		利润(元)			137.18	143.91	151.12	158.69
		一般风险费(元)			25.70	26.96	28.31	29.72
	编码	名称	单位	单价(元)	消耗量			
人工	000300020	装饰综合工	工日	125.00	11.420	11.980	12.580	13.210
机械	002000040	其他机械费	元	—	1342.14	1408.86	1479.30	1553.27

G.2 超高施工增加(编码:011704)

工作内容:1.工人上下班降低工效、上下楼及自然休息增加时间。2.垂直运输影响的时间。
3.由于人工降效引起的机械降效。4.高层施工用水加压水泵台班。

计量单位:100 工日

定额编号				LG0014	LG0015	LG0016	LG0017	LG0018	LG0019
项目名称				超高施工增加费					
				高度(m 以内)					
				40	60	80	100	140	170
费用	综合单价(元)			**1173.48**	**1435.36**	**1680.59**	**1895.51**	**2106.69**	**2249.40**
	其中	人工费(元)		701.25	806.25	887.50	1010.00	1091.25	1177.50
		材料费(元)		—	—	—	—	—	—
		施工机具使用费(元)		282.75	411.26	553.28	612.61	720.59	753.73
		企业管理费(元)		109.47	125.86	138.54	157.66	170.34	183.81
		利润(元)		67.39	77.48	85.29	97.06	104.87	113.16
		一般风险费(元)		12.62	14.51	15.98	18.18	19.64	21.20
	编码	名称	单位	单价(元)	消耗量				
人工	000300020	装饰综合工	工日	125.00	5.610	6.450	7.100	8.080	8.730	9.420
机械	002000040	其他机械费	元	—	282.75	411.26	553.28	612.61	720.59	753.73

工作内容:1.工人上下班降低工效、上下楼及自然休息增加时间。2.垂直运输影响的时间。
3.由于人工降效引起的机械降效。4.高层施工用水加压水泵台班。

计量单位:100 工日

定额编号					LG0020	LG0021	LG0022	LG0023	LG0024
项目名称					超高施工增加费				
					高度(m 以内)				
					200	250	300	350	400
费用	综合单价(元)				**2534.72**	**2902.37**	**3297.93**	**3396.98**	**3599.08**
	其中	人工费(元)			1295.00	1398.75	1538.75	1585.00	1678.75
		材料费(元)			—	—	—	—	—
		施工机具使用费(元)			889.81	1125.68	1343.41	1383.71	1466.73
		企业管理费(元)			202.15	218.34	240.20	247.42	262.05
		利润(元)			124.45	134.42	147.87	152.32	161.33
		一般风险费(元)			23.31	25.18	27.70	28.53	30.22
	编码	名称	单位	单价(元)	消耗量				
人工	000300020	装饰综合工	工日	125.00	10.360	11.190	12.310	12.680	13.430
机械	002000040	其他机械费	元	—	889.81	1125.68	1343.41	1383.71	1466.73